DES

# MACHINES ET APPAREILS

DESTINÉS

## A L'ÉLÉVATION DES EAUX

PARIS, — IMPRIMERIE DE CH. LAHURE ET C<sup>ie</sup>
Rue de Fleurus, 9

# DES

# MACHINES ET APPAREILS

## DESTINÉS

## A L'ÉLÉVATION DES EAUX

PAR

## ARTHUR MORIN

Général de division d'artillerie
membre de l'Institut, ancien élève de l'École polytechnique
directeur du Conservatoire des Arts et Métiers
membre de la Société centrale d'agriculture
membre honoraire de la Société des Ingénieurs civils de France
membre correspondant de l'Académie royale des Sciences de Berlin
de l'Académie royale des Sciences de Madrid, de l'Académie des Sciences de Turin
de l'Académie royale des Géorgophiles de Florence
de l'Académie de Metz, de la Société industrielle de Mulhouse
de la Société littéraire et philosophique de Manchester
de la Société impériale d'Arts et Manufactures de Toscane

## PARIS

### LIBRAIRIE DE L. HACHETTE ET Cie

BOULEVARD SAINT-GERMAIN, Nº 77

1863

# MACHINES ET APPAREILS

## DESTINÉS

# A L'ÉLÉVATION DES EAUX.

## RAPPEL DE QUELQUES PRINCIPES GÉNÉRAUX.

**1**. *Des machines à élever l'eau.* — L'invention et l'usage des machines à élever les eaux remontent à l'origine des sociétés, et les souvenirs de l'antiquité nous montrent l'importance que tous les peuples y ont attaché. Aussi depuis des siècles presque toutes les formes, toutes les dispositions qu'il est possible d'imaginer ont-elles été connues, employées et décrites dans les ouvrages historiques ou scientifiques.

Mais s'il reste peu de chose à inventer sur ce genre d'appareils, et si la plupart des dispositions présentées comme nouvelles ne sont que des reproductions plus ou moins déguisées d'idées anciennes, il faut cependant remarquer que telle idée ingénieuse qui, à certaines époques, n'était pas exécutable, par suite de l'état des arts et des ressources dont ils disposaient, a pu devenir plus tard réalisable avec succès; nous en pourrons citer bientôt plus d'un exemple.

D'une autre part, ce qui manque à beaucoup de constructeurs pour les guider dans la détermination des bonnes proportions à donner aux appareils employés à l'élévation des eaux, ce sont des règles basées sur les principes de la mécanique.

Le jeu des pompes est d'ailleurs trop connu pour que j'entre dans des détails descriptifs, excepté pour des dispositions spéciales d'une certaine importance, et je m'occuperai donc beaucoup plus des principes généraux à observer dans la construction de ces appareils et des résultats des expériences qui ont été recueillis que des divers dispositifs employés et dont le nombre varie d'ailleurs à l'infini.

La théorie de ces machines est encore trop peu répandue et l'on manque pour la plupart d'entre elles d'expériences précises, qui permettent de les comparer et d'en apprécier les résultats.

Je me propose dans cette seconde partie des leçons sur l'hydraulique d'exposer d'abord la théorie de celles des machines à élever l'eau, pour lesquelles l'application des principes de la mécanique a le plus d'importance et de faire connaître ensuite les résultats des expériences que j'ai pu recueillir ou obtenir moi-même.

**2.** *Rappel de quelques principes.* — Avant d'entrer dans l'examen des divers appareils à employer pour élever les eaux, il est bon de rappeler quelques principes généraux de mécanique et d'hydraulique spécialement applicables à ce genre de machines et que les constructeurs perdent trop souvent de vue.

**3.** *Pertes de force vive et de travail produites par les chocs.* — L'eau, qui n'est pas contenue dans des vases clos, fermés de toutes parts, peut être considérée comme un corps complétement mou, et dès lors les conclusions déduites des considérations sur le choc des corps mous lui sont applicables.

Nous rappellerons ici en peu de mots les conséquences auxquelles nous sommes parvenus aux n°s 95 et 96 des notions fondamentales de mécanique. (2e éd.)

4. *Travail perdu pendant la période de compression du choc de deux corps non élastiques.* — En appelant

M et V la masse et la vitesse du corps choquant avant le choc.

M' et V' la masse et la vitesse du corps choqué avant le choc.

La perte de force vive aura pour expression

$$\frac{MM'}{M + M'} (V \mp V')^2.$$

et la perte de travail correspondante sera

$$\tfrac{1}{2} \frac{MM'}{M + M'} (V \mp V')^2;$$

selon que les corps marchent dans le même sens ou en sens contraire.

Si la masse du corps choquant M est très-grande par rapport à celle du corps choqué, ces expressions se réduisent, pour la force vive à

$$M' (V \mp V')^2,$$

et pour le travail à

$$\tfrac{1}{2} M' (V \mp V')^2.$$

Dans ce cas, qui se présente souvent dans les machines hydrauliques, la vitesse V du corps choquant, qui est la machine elle-même, n'est pas sensiblement altérée.

Si l'eau est prise au repos par la machine, l'on a

$$V' = 0,$$

et le travail consommé pendant le choc s'élève à

$$\tfrac{1}{2} M'V^2,$$

c'est-à-dire à celui qui est nécessaire pour communiquer à la masse choquée la vitesse de la masse choquante qui l'entraîne avec elle.

L'on voit donc que, dans les divers cas, la quantité de

travail à consommer pour faire passer l'eau de son état de mouvement ou de repos à l'état du mouvement des organes de la machine, qui doivent l'entraîner, sera d'autant plus faible que les organes marcheront plus lentement, et l'on devra remarquer que si la vitesse ou la force vive correspondantes se trouvaient ensuite éteintes ou diminuées dans la circulation de l'eau à travers les organes de la machine, le travail moteur qu'elles auraient absorbé se trouverait consommé en pure perte.

Lorsqu'au contraire la masse choquée M′ sera très-grande par rapport à la masse choquante M, ainsi que cela arrive, lorsqu'une veine fluide s'écoule dans un réservoir ou dans une capacité d'une section considérable, par rapport à l'aire de l'orifice alimentaire, l'expression de la perte du travail consommé par les déformations, par les tourbillonnements qui se produisent, se réduit à

$$\tfrac{1}{2} M (V - V')^2.$$

L'on a vu, par exemple aux n⁰ˢ 33 et 163 de la première partie de l'hydraulique, que, quand un liquide passe par un orifice dont l'aire est A′ et le coefficient de la dépense m′, dans un tuyau ou réservoir, dont la section transversale est A et où la masse liquide a une vitesse moyenne U, le travail perdu après le passage par l'effet du choc et des tourbillonnements qu'il occasionne a pour expression

$$\tfrac{1}{2} M \left( \frac{A}{m'A'} - 1 \right)^2 U^2,$$

et que la force vive correspondante à une valeur double.

Si les aires A et A′ sont égales, on sait (n° 33, 1ʳᵉ partie de l'*Hydraulique*), que la perte de force vive se réduit à

$$M \left( \frac{1}{m'} - 1 \right)^2 U^2,$$

et la perte de travail correspondante à

$$\tfrac{1}{2} M \left( \frac{1}{m'} - 1 \right)^2 U^2.$$

L'élargissement brusque d'une conduite ou d'un tuyau de section A qui débouche dans une partie de section O plus grande, où la vitesse moyenne est U, produit un effet analogue. La perte de force vive, après le débouché, a pour expression

$$\mathrm{MU}^2\left(\frac{O}{m\mathrm{A}}-1\right)^2,$$

$m$ étant le coefficient de contraction au débouché du tuyau, lequel est égal à l'unité, si l'orifice a le même diamètre que le tuyau d'amenée.

Le travail consommé par ce changement brusque de vitesse est donc de

$$\tfrac{1}{2}\mathrm{MU}^2\left(\frac{O}{m\mathrm{A}}-1\right)^2 \quad \text{ou} \quad \tfrac{1}{2}\mathrm{MU}^2\left(\frac{O}{\mathrm{A}}-1\right)^2,$$

selon les cas.

5. *Perte de force vive ou de travail moteur à la sortie de l'eau.* — Lorsque le liquide abandonne la machine avec une vitesse V, qui n'est pas nécessaire à l'effet que l'on veut produire, la force vive, dont il est ainsi animé inutilement, se trouve perdue, et le travail correspondant

$$\tfrac{1}{2}\mathrm{MV}^2$$

se trouve alors consommé en pure perte.

Ce cas se présente dans plus d'une machine hydraulique, ainsi que nous le ferons voir plus loin ; mais il est bon d'observer de suite que ce n'est pas celui des pompes à incendie, dont l'effet utile consiste, au contraire, à projeter l'eau avec une grande vitesse, afin qu'elle puisse atteindre les parties les plus élevées des édifices.

Toutes les expressions des pertes de travail moteur que nous venons de rappeler se rapportent à une masse d'eau que nous avons désignée par M et dont on aura la valeur, quand on connaîtra le volume Q de cette quantité d'eau, puisque l'on aura, comme on sait, d'après les notations que nous avons admises,

$$M = \frac{1000\,Q^{m\cdot c}}{9.81},$$

et cette perte se reproduira à chaque seconde de la marche de la machine, si elle débite le volume d'eau Q dans chaque seconde.

**6.** *Conséquences et règles qui découlent de ce qui précède.* — On conçoit donc que, quand une machine hydraulique présente de fréquents changements de sections dans les passages du liquide, il peut en résulter des pertes très-notables de travail moteur et par conséquent une diminution considérable du rendement de la machine. Il importe donc beaucoup de ne pas perdre de vue les considérations que nous venons de rappeler et qui conduisent aux règles pratiques suivantes :

1° Disposer tous les passages de l'eau de manière à éviter ou à atténuer le plus possible les effets de la contraction.

2° Éviter les changements de dimensions des tuyaux et des conduits et par conséquent donner aux tuyaux d'arrivée et de conduite des eaux, ainsi qu'à tous les orifices de passage, des sections aussi voisines que possible de l'égalité.

3° Éviter les changements de direction trop brusques et arrondir convenablement les coudes.

4° Faire en sorte que l'eau entre dans la machine et en sorte avec la plus faible vitesse possible, eu égard à la destination de la machine.

**7.** *Avantages du mouvement continu.* — Nous terminerons en rappelant que pour les appareils hydrauliques, comme pour toutes les machines en général, les mouvements continus présentent de grands avantages sur les mouvement alternatifs, et que quand on sera, par la nature des machines, obligé de renoncer à ce dernier genre de mouvements, l'on devra s'attacher à ne pas diminuer la longueur des périodes et à ne pas augmenter leur nombre au delà de ce qui sera strictement nécessaire.

Il faut de plus remarquer que l'eau étant à peu près incompressible, il se produit, dans le mouvement alternatif des organes des machines où elle circule, des chocs, des ébranlements qui altèrent et dérangent les machines elles-mêmes et nuisent plus ou moins à leur marche et à leur conservation. Il conviendra donc, dans des cas pareils, d'interposer entre les pièces qui peuvent se choquer des corps compressibles qui atténuent les ébranlements.

# DES SOUPAPES.

**8.** *Des soupapes.* — Ces organes, qui, dans leurs mouvements, ferment et ouvrent les passages par lesquels le liquide circule dans les pompes, sont une des parties les plus essentielles de ces appareils. Le choix à faire parmi les divers dispositifs employés dépend du service auquel la machine est destinée, ainsi que des circonstances dans lesquelles elle doit être employée.

Pour les pompes rurales et pour toutes celles qui sont mises à la disposition d'ouvriers inhabiles, il importe d'adopter des dispositions simples, faciles à visiter et à réparer. La nature des eaux à élever doit aussi influer sur le choix à faire. Dans les villes et pour tous les services où l'on a à sa disposition des ouvriers adroits, l'on peut choisir des organes plus précis. Quelques détails sur les divers genres de soupapes, sur leurs avantages et leurs inconvénients, serviront à guider les constructeurs dans le choix à faire.

Parmi les différents genres de soupapes en usage, l'on peut distinguer :

1° Les soupapes à clapet articulées sur le piston ou sur les tuyaux.

2° Les soupapes à plaques ou à soulèvement.

3° Les soupapes tronconiques à siége de même forme en métal ou en matière compressible ;

4° Les soupapes à boulets sphériques en métal ou en matière compressible ;

5° Les soupapes flexibles en cuir ou en caoutchouc.

**9.** *Des soupapes à clapets.* Dans les anciennes pompes et dans un grand nombre de pompes rustiques, les soupapes sont simplement formées d'un morceau de cuir auquel on donne la même forme qu'à l'orifice qu'il doit recouvrir, en le débordant de quelques millimètres. Ce cuir est prolongé sur une partie de son contour par un appendice destiné à former la charnière. Cet appendice est fixé sur le piston à l'aide de clous, ou mieux, au moyen de vis et d'une plaque de serrage interposée entre le cuir et la tête des vis.

Comme le cuir flexible céderait, soit à la pression atmosphérique, soit à celle de la colonne d'eau soulevée, il est nécessaire de fixer la partie qui repose sur le siége à une plaque métallique suffisamment résistante en laiton ou en plomb, contre laquelle ce cuir est ordinairement serré par un ou plusieurs boulons et écrous. La soupape ainsi composée est facile à enlever pour le changement du cuir, et le moindre ouvrier peut la réparer.

Il est nécessaire de donner à la plaque un certain poids, afin que le cuir soit comprimé sur son siége et que la fermeture soit hermétique, c'est pourquoi cette plaque est le plus souvent bombée vers son milieu, en forme de goutte de suif.

Il est bon que le siége des soupapes soit formé par un corps dur dont la surface bien dressée conserve sa forme. Cependant la compressibilité du cuir offre cet avantage que même sur des pistons ou des siéges en bois la fermeture est encore assez hermétique.

Mais le cuir qui forme la charnière se fatigue assez promptement et donne lieu à des interruptions dans le jeu de la pompe. Pour diminuer cet inconvénient, il convient de limiter l'amplitude de l'ouverture du clapet.

Pour les appareils plus perfectionnés, le clapet se compose d'une plaque métallique en laiton, portant un appendice en forme de mâle ou de femelle de charnière, lequel s'articule avec une partie semblable que présente le siége de l'orifice.

Le plus souvent le siége et les bords de la soupape sont dressés avec soin et même rôdés, de manière à rendre le contact aussi parfait que possible, et le joint hermétique. Quelquefois on garnit la soupape d'un cuir, comme dans le cas précédent.

La première disposition, qui est celle que l'on a adoptée pour la plupart des pompes à incendie des villes et pour presque toutes les pompes destinées à élever des eaux claires, n'est pas sans inconvénient dans beaucoup de cas. Elle a, il est vrai, l'avantage que, pour les pompes très-bien exécutées, les soupapes et leur siége se dégradent très-peu ; mais quand les pistons doivent accidentellement marcher rapidement, ces soupapes métalliques éprouvent des chocs répétés qui font vibrer toute la pompe et produisent des ébranlements tels, que quelquefois les écrous de serrage des diverses garnitures se dévissent et donnent lieu à des rentrées d'air ou à l'introduction des garnitures dans les passages. Cet effet a été très-sensible dans les expériences que j'ai eu occasion de faire sur des pompes du modèle de la ville de Paris.

D'une autre part, si la pompe est exposée parfois à fonctionner avec des eaux troubles, ainsi que cela arrive aux pompes à incendie, aux pompes d'épuisement, etc., la présence d'un corps étranger sur le siége de la soupape suffit pour gêner et même pour en interrompre le jeu.

Enfin, dans les grandes pompes, même quand la vitesse du piston ne dépasse pas 0ᵐ.20, la surface considérable du clapet éprouve, lors de sa fermeture, une pression totale proportionnelle à son étendue, et il en résulte des chocs et des ébranlements très-intenses, accompagnés d'un bruit souvent insupportable.

L'usage des clapets métalliques doit donc être limité aux pompes de moyennes dimensions, destinées à élever des eaux claires et marchant doucement. Malgré leur adoption exclusive par le service des pompes de Paris et de Londres qui, à la vérité, ne fonctionnent guère qu'avec les eaux claires des distributions des villes, je persiste à penser qu'on doit leur préférer des soupapes formées de matières compressibles.

Souvent, ainsi que je l'ai dit plus haut, et surtout pour les grandes pompes, les clapets métalliques sont garnis de cuir ou même de fortes plaques de caoutchouc vulcanisé qui amortissent les chocs et qui, par leur compressibilité, permettent encore à la pompe de fonctionner quand des corps étrangers d'un petit volume, des grains de sable, etc., se trouvent sur le siége.

Cette disposition convenable peut être employée toutes les fois que la présence du sable ou celle des autres corps étrangers dans le corps de pompe n'est qu'accidentelle ; mais quand elle peut se renouveler fréquemment, les grains de sable en se logeant dans la garniture finissent par la détruire assez rapidement.

Enfin, les clapets placés sur le siége des orifices ont aussi cet inconvénient que le courant de l'eau se faisant du côté opposé à la charnière, il se forme derrière celle-ci un remous dans lequel viennent se déposer les corps étrangers, ce qui oblige à nettoyer souvent le corps de pompe, quand on élève des eaux troubles.

Les clapets doivent d'ailleurs être limités, dans leur mouvement d'ascension, par des arrêts qui ne leur permettent pas de s'élever au delà de 45° environ, afin qu'ils puissent retomber facilement sur leur siége, car c'est de la prompte fermeture des orifices que dépend l'égalité du volume d'eau fournie par la pompe et de celui qu'engendre le piston.

Il faut éviter que la graisse employée à lubréfier la garniture du piston ne descende au fond du corps de pompe et n'atteigne les siéges des clapets, car lorsque la pompe éprouve de longues interruptions de service, il peut arriver que, par suite de la présence de la matière grasse, le clapet métallique contracte avec son siége une adhérence qui empêcherait, au moment du besoin, la pompe de fonctionner, sans que l'on en découvrît peut-être de suite la cause. Cette observation doit faire préférer la graisse de suif ou le saindoux à l'huile pour le graissage du piston.

Dans les pompes d'une construction soignée, l'on peut disposer les clapets de manière qu'ils s'enlèvent avec leur siége, qui se visse dans le bas du corps de pompe ou sur le piston, ce qui en facilite la visite et la réparation.

**10.** *Des soupapes à plaques à soulèvement.* — Ces soupapes, presque toujours circulaires, sont formées d'une plaque métallique en laiton, qui repose par son bord annulaire sur le siége de l'orifice. A la fonte, l'on a soin de ménager au siége et à la soupape une zone annulaire de quelques millimètres de large, destinée à former le joint que l'on dresse avec soin, et l'on rôde ensuite ces deux surfaces l'une sur l'autre.

Ces soupapes s'élèvent parallèlement à leur siége, de manière à laisser sur leur pourtour un passage annulaire qui doit être au moins égal et même un peu supérieur à celui de l'orifice qu'elles sont destinées à fermer. Elles sont guidées dans leur mouvement d'ascension et de descente soit par une tige perpendiculaire à leur plan et passant par leur centre qui est elle-même dirigée par une douille faisant partie du siége, soit par un cylindre évidé en forme de lanterne, soit enfin par deux plans verticaux à angles droits entre eux qui glissent dans l'orifice.

Un arrêt supérieur ou inférieur à l'orifice limite le jeu de la soupape à la hauteur déterminée par la condition ci-dessus.

Ces soupapes ont une partie des inconvénients des clapets, mais l'eau, trouvant sur tout leur pourtour un passage également libre, il se forme autour de leur siége moins de dépôts de corps étrangers, surtout si l'on a l'attention de disposer le fond du corps de pompe en forme de cuvette pour faciliter la circulation de l'eau et l'entraînement de ces corps.

Elles sont plus faciles à roder que les clapets, et peuvent être disposées de manière à être enlevées aisément, ainsi que leur siége, pour des réparations.

Dans les pompes de dimensions ordinaires, le recouvrement des plaques sur leur siége ne doit avoir que trois à quatre millimètres de large, pour que la surface pressée inférieurement et de bas en haut diffère le moins possible de la surface supérieure pressée de haut en bas.

L'on peut garnir les parties inférieures de ces soupapes d'une plaque de cuir ou de caoutchouc comme pour les clapets, afin de diminuer l'effet des chocs et de faciliter la fermeture du passage.

L'on conçoit d'ailleurs que dans les grandes pompes la pression sur ces soupapes et les chocs qui en résultent occasionneraient des ébranlements dangereux, et c'est ce qui a conduit à construire des soupapes qui, avec une surface et une course assez faibles, permettent cependant d'obtenir un passage suffisamment grand à l'eau affluente.

**11.** *Des soupapes à double siége.* — Le choc des soupapes métalliques sur leur siége occasionne des ébranlements d'autant plus intenses que la vitesse des pistons, que la section transversale du corps de pompe, la hauteur de la colonne d'eau élevée et la surface des soupapes exposées à cette pression sont plus considérables.

Nous avons déjà indiqué précédemment que, pour diminuer les pertes de travail moteur qui se produisent aux passages du liquide par les orifices, il était nécessaire d'une part de diminuer la vitesse des pistons et de l'autre d'augmenter autant que possible l'aire des passages, ce qui conduit à employer des soupapes aussi grandes que les dimensions des tuyaux le permettent.

. Les dimensions du corps de pompe et la hauteur d'élévation dépendent des données mêmes de l'établissement des pompes et ne peuvent guère être modifiées; il reste donc à chercher, par la construction et la disposition même des soupapes, à satisfaire à la condition d'atténuer autant que possible les chocs provenant de leur fermeture, tout en les proportionnant de manière à offrir à l'eau de très-grands passages.

C'est à quoi l'on est parvenu par le dispositif des soupapes dites à double siége, dont l'invention est attribuée à l'ingénieur anglais Hawthorn.

Ces soupapes se composent de deux parties distinctes, le siége fixe et la soupape mobile.

Le siége en bronze a pour base un anneau circulaire qui est placé sur le sommet du tuyau d'aspiration, auquel il est solidement fixé par six boulons. Sur cet anneau reposent et s'élèvent six plans diamétraux formant autant de dia-

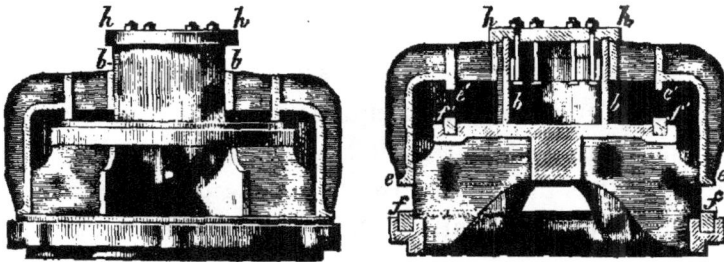

phragmes et qui se terminent à un plateau circulaire plein d'un diamètre un peu plus petit que l'anneau inférieur. C'est sur l'anneau et sur le plateau que sont les deux siéges de la soupape. Ils sont formés par deux cercles _ff_ et _f'f'_ en bois ou en métal tendre, dressés bien parallèlement l'un à l'autre.

Sur le plateau et vers son centre s'élève un cylindre _bb_ exactement tourné qui sert de guide à la soupape dans son mouvement d'ascension et de descente. Les bords extérieurs des six diaphragmes verticaux sont aussi exactement tournés dans le même but. Le cylindre _bb_ est surmonté d'un plateau _hh_ d'un diamètre un peu plus grand qui forme arrêt et limite la course de la soupape. On peut enlever le chapeau pour mettre la soupape en place.

Celle-ci est un cylindre creux, ouvert en entier par sa partie inférieure, qui se termine par un anneau _ee_, parfaitement tourné et destiné à reposer sur le siége inférieur _ff_. La base supérieure de ce cylindre présente six secteurs évidés par lesquels l'eau, qui est remontée entre sa surface et le plateau supérieur du siége, peut s'écouler. Sur cette base s'élève une partie cylindrique qui la dépasse un peu et qui forme en dessous la surface de joint _e'e'_, destinée à reposer sur le siége supérieur $f'f'$, et en dessus une sorte de manchon embrassant le guide cylindrique du siége.

Cette description et la figure ci-contre suffiront, je pense, pour faire comprendre le jeu et les propriétés de cette soupape.

Quand elle repose sur ses deux siéges légèrement compressibles, comme nous l'avons dit, la pression qu'elle éprouve de haut en bas est proportionnelle à l'aire de la surface annulaire $ff$ et à la différence des pressions supérieure et inférieure par unité de surface. Elle est donc beaucoup moindre que celle qu'aurait à supporter une soupape circulaire pleine.

Dès que, par suite du mouvement du piston, la pression de haut en bas devient inférieure à celle de bas en haut, la soupape se soulève, l'eau passe à la fois par-dessous et par les orifices de sa partie supérieure, et le courant, qui se forme ainsi, accélère son mouvement d'ascension. A l'inverse, quand elle doit redescendre, l'eau qui est au-dessous pouvant facilement passer au-dessus, elle tombe assez vite, mais sans donner lieu à un choc trop brusque, quand la fermeture est complète.

Ces soupapes sont appliquées avec succès aux pompes de gros calibre, mais on ne doit pas perdre de vue qu'elles exigent un ajustage parfait, pour que les deux siéges soient en même temps complétement en contact. Par la grandeur des ouvertures qu'elles offrent à l'eau, elles permettent le passage des corps étrangers, qui ne peuvent guère s'arrêter sur leurs siéges très-étroits. Elles sont d'ailleurs renfermées dans des chapelles au moyen desquelles on peut les visiter facilement.

**12.** *Des soupapes trônconiques.* — Un autre genre de soupape à soulèvement, qui fonctionne d'une manière analogue aux précédentes, est formé par un cône qui repose sur un siége de même forme. L'arête génératrice de la surface de ces cônes est ordinairement inclinée à 45° et la surface doit être rodée avec soin sur son siége.

La hauteur du soulèvement est réglée de façon que le passage annulaire ouvert, par la soupape ait une superficie
égale à la section du tuyau d'aspiration.

. Ces soupapes ont l'avantage que les corps étrangers ne
peuvent que rarement s'arrêter sur leur siège.

Mais quand elles sont faites au métal, elles donnent lieu à
des chocs assez intenses et elles sont susceptibles, après une
inaction assez longue, de contracter adhérence avec leur
siége.

L'on évite l'effet des chocs et même en grande partie celui
de la présence de petits corps étrangers en formant les soupapes ou au moins leur surface extérieure d'une matière
compressible, telle que du cuir embouti ou mieux du caoutchouc. Mais cette dernière substance ne doit être mise en
usage que dans les lieux où l'on peut facilement se procurer
des garnitures de rechange, autrement il faut donner la préférence au cuir embouti.

Les soupapes tronconiques peuvent être à double siége
garnies ou non d'anneaux en caoutchouc, comme M. Farcot
l'a fait pour les pompes de la ville d'Angers. (*Voir* l'article
relatif à ces pompes.)

**13.** *Des soupapes à boulets sphériques.* — Ces soupapes,
quelquefois employées pour les béliers hydrauliques et
presque exclusivement adoptées pour
les pompes alimentaires des machines locomotives, sont formées par
une simple sphère, ordinairement en
bronze, tournée avec beaucoup de
soin et qui repose sur un siége en
forme de calotte sphérique.

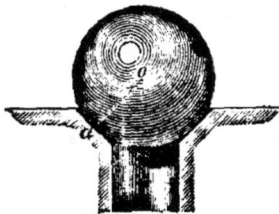

Le boulet complétement libre n'est retenu dans ses mouvements que par un croisillon placé à une certaine distance
de l'orifice, de façon à laisser entre sa surface et celle du
corps de pompe un passage au moins égal à l'aire de l'orifice à couvrir.

Comme il convient que la portion de calotte sphérique qui forme le siége présente une inclinaison assez forte pour que les corps étrangers ne puissent pas y séjourner, l'on pourra en déterminer le rayon par la condition que la tangente au bord inférieur $a$ soit inclinée à 45° sur la verticale.

Ces soupapes s'obstruent rarement, et quand elles sont formées ainsi que leur siége d'un métal assez dur, elles se déforment peu ; mais leur emploi, comme celui des soupapes coniques, est limité aux pompes de faibles dimensions, parce que, dans les grandes pompes, elles éprouveraient des chocs qui les dégraderaient promptement.

Quelques constructeurs ont eu l'idée d'employer, pour former ces soupapes, des boules creuses en caoutchouc les-- tées avec de la grenaille de plomb, ou mieux des sphères métalliques recouvertes d'une enveloppe de caoutchouc. L'on évite ainsi les chocs et l'effet des corps qui séjourne- raient accidentellement sur le siége. Mais il est à craindre que dans un service actif la matière compressible ne soit promptement dégradée. Il faut d'ailleurs alors faire le siége assez peu incliné, pour être sûr que la sphère compressible ne s'engagera pas dans l'orifice, ce qui est quelquefois arrivé.

**14.** *Soupapes en caoutchouc.* — Plusieurs constructeurs ont employé, depuis quelques années, le caoutchouc vulcanisé pour en former non-seulement des garnitures de soupapes, mais des soupapes entières, en profitant à la fois de la rigidité et de l'élasticité de cette substance, à laquelle on peut donner des formes très-diverses et de grandes dimen- sions.

C'est ainsi que M. Letestu père, avait, depuis 1842, pro- posé d'employer, pour les pompes à air des machines à vapeur, de grandes plaques formées de toiles superposées et cousues, et depuis 1853 des plaques de caoutchouc vulcanisé, analo- gues quant à la disposition, à ses soupapes planes en cuir des pompes ordinaires. .

Le même constructeur avait eu. je crois, dès 1852, l'idée

de faire des soupapes en caoutchouc d'une forme analogue
à celle des anches de hautbois, dont les lèvres élastiques
cèdent alternativement dans un sens et dans l'autre à la
pression du liquide, et peuvent par leur ressort produire
une fermeture hermétique.

M. Perreaux a aussi proposé des soupapes analogues *,
dont le corps cylindrique creux est muni d'une ou de deux
brides ou rebords saillants venus au moulage du caoutchouc avec le corps lui-même, et se termine à sa partie supérieure en anche de hautbois, comme l'indiquent les
figures.

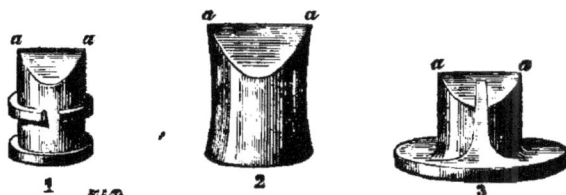

Le modèle nº 1 est employé pour les pompes agricoles, le
nº 2 pour les conduites d'eau, le nº 3 pour des pompes soumises à d'assez fortes pressions.

Ces soupapes, malgré leur flexibilité, ont l'inconvénient de
ne pas présenter au passage de l'eau une ouverture assez
grande.

**15.** *Dispositions pour la visite des soupapes.* — Dans les
pompes de dimensions ordinaires, il faut que le constructeur
ait soin de disposer les soupapes de manière qu'il soit facile
de les visiter, et au besoin de les démonter pour les réparations.

Pour les grandes pompes d'épuisement, l'on ménage de
côté des ouvertures fermées par des plaques qu'on peut en-

---

* Voir le tome IV, 56ᵉ année, du *Bulletin de la Société d'encouragement*, 1857, page 12.

lever, pour retirer les soupapes; ces ouvertures sont nommées chapelles et doivent être facilement abordables.

Quand le piston est plein, on place souvent le corps de pompe parallèlement aux tuyaux d'aspiration et de refoulement, pour rendre sa tige tout à fait indépendante de ces tuyaux, dont la direction peut ne pas être toujours rectiligne.

# DE LA MISE EN MARCHE DES POMPES.

**16.** *Théorie du mouvement de l'eau dans les pompes.* — Il convient de considérer deux périodes distinctes dans le jeu d'une pompe, afin de bien apprécier les règles qui doivent guider dans la construction de ces appareils, quelle que soit d'ailleurs leur disposition.

La première de ces périodes est celle de la mise en train de la pompe ; la seconde est celle de la marche normale.

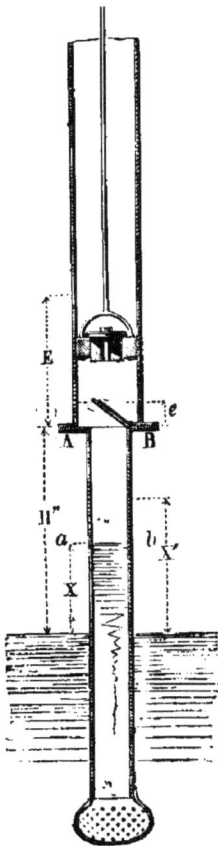

*De la mise en train des pompes.* — Les pompes élévatoires ou foulantes, dont le corps de pompe et les soupapes sont constamment immergés dans l'eau, ne peuvent éprouver aucune difficulté à s'alimenter et à entrer en activité. Quand le piston porte une soupape, elle est soulevée dès qu'il s'abaisse, et l'eau qui passe par son orifice est ensuite soulevée par le piston quand il se relève. Lorsqu'au contraire le piston est plein, la soupape de retenue s'élève dès qu'il monte, et l'eau introduite dans le corps de pompe est ensuite refoulée par le piston dans sa descente.

**17.** *Période d'aspiration.* — Mais les choses ne se passent pas aussi simplement dans les pompes aspirantes. L'élévation de l'eau, pendant la période d'aspiration, n'y a lieu, comme l'on sait, que par suite de l'action de la pression atmosphérique, et elle est limitée d'une manière absolue à une hauteur maximum, qui est celle d'une colonne d'eau capable de produire sur l'unité de surface une pression égale à celle de l'atmosphère. Cette hauteur rapportée au niveau de la mer est en moyenne de 10$^m$.33. Mais il existe, en outre, des circonstances qu'il convient d'étudier, et qui ne permettent pas d'aspirer l'eau jusqu'à cette limite, et dans la pratique ordinaire l'on se borne à aspirer à des profondeurs qui atteignent au plus 8$^m$.00 à 8$^m$.30 : quoique dans certains cas l'on puisse aller notablement plus loin, ainsi que nous le ferons voir par des exemples.

La limite pratique de la hauteur d'aspiration des pompes dépend, comme nous allons le montrer, des dimensions de l'appareil, du poids des soupapes et surtout de l'espace libre que l'on est obligé de laisser entre le piston parvenu au point le plus bas de sa course et le fond du corps de pompe, et auquel l'on a donné le nom d'espace nuisible.

Cherchons à montrer l'influence de ces proportions. A cet effet, considérons la pompe à un instant de la période d'aspiration où l'eau ne s'est encore élevée que d'une certaine -quantité au-dessus du niveau du réservoir inférieur, dans le tuyau d'aspiration, qui contient ainsi de l'eau et de l'air au-dessous de la soupape d'aspiration, et de l'air seulement entre cette soupape et le piston.

Supposons le piston revenu au bas de sa course et sur le point d'en recommencer une nouvelle en s'élevant. Nommons

A l'aire de la section transversale du corps de pompe;

$A_t$ l'aire de la section transversale du tuyau d'aspiration;

$e$ la distance minimum du piston parvenu au bas de sa course au fond AB du corps de pompe;

E la distance maximum à laquelle le piston s'élève au-dessus du fond AB, quand il a atteint le sommet de sa course. Cette course totale sera E — $e$.

K la portion de l'espace nuisible qui provient du vide

formé dans le piston par la disposition des soupapes.
Cet espace est nul dans les pompes à piston plein aspirantes et foulantes; mais il est remplacé par un espace
analogue dû à la disposition des soupapes de refoulement.

L'espace nuisible total est ainsi exprimé par A$e$+K.

H la hauteur de la colonne d'eau qui fait équilibre à la
pression atmosphérique et qui est moyennement de
10$^m$.33, mais qui peut être moindre dans les pays de
montagnes;

H″ la hauteur de la soupape dormante au-dessus du niveau
de l'eau dans le réservoir;

X la hauteur dont le niveau de l'eau s'est déjà élevé dans
le tuyau d'aspiration au-dessus du niveau du réservoir,
par l'effet des coups de piston précédents, au moment où
le piston va fournir une nouvelle course d'aspiration;

X′ la hauteur à laquelle le niveau pourra s'élever dans le
tuyau d'aspiration, à la fin de la course que l'on se propose d'examiner.

Lorsque le piston est arrivé au bas de sa course précédente,
sa soupape s'est refermée, et la pression de l'air comprimé
entre le fond du corps de pompe et le piston faisait équilibre
à la pression atmosphérique et au poids $p$ de la soupape du
piston. Si donc on nomme

S la surface supérieure de la soupape du piston ou celle
du siége sur lequel elle repose;

S′ la surface de l'orifice du piston fermé par la soupape,
laquelle est inférieure à S de toute la surface de recouvrement,

La pression atmosphérique exercera sur la face supérieure
de cette soupape une pression exprimée par

$$1000 \, SH,$$

et l'air contenu sous le piston a dû faire équilibre à cette pression et au poids P de la soupape au moment où elle s'est abaissée. Si donc on nomme H' la hauteur de colonne d'eau qui mesure la pression de ce volume d'air, $H_1 = \dfrac{P}{1000\,S}$ ou la hauteur d'une colonne d'eau qui produirait de haut en bas sur la soupape une pression équivalente à son poids, l'on devra avoir pour l'équilibre entre ces pressions la relation

$$1000\,SH + 1000\,SH_1 = 1000\,S'H',$$

d'où l'on tirera

$$H' = \frac{S}{S'}\left(H + H_1.\right)$$

La surface S étant toujours plus grande que S', et $H_1$ n'étant jamais nul, l'on voit que la pression H' de l'air au-dessous du piston au moment où celui-ci est arrivé au bas de sa course est toujours plus grande que la pression atmosphérique H ; mais l'expression ci-dessus montre en même temps que H' se rapprochera d'autant plus d'être égal à H que le recouvrement de la soupape du piston sur son siége sera plus petit et que cette soupape sera plus légère. Comme, pour faciliter l'ouverture de la soupape d'aspiration, il importe que la pression de l'air au-dessus de cette soupape soit la plus faible possible, il en résulte déjà cette première règle de construction que les soupapes du piston ne doivent avoir que le recouvrement strictement nécessaire pour assurer la fermeture de l'orifice, et qu'elles doivent être aussi légères qu'il sera possible de les faire, sans compromettre cette fermeture.

On remarquera d'ailleurs que, par l'effet de la fluidité de l'air, il est difficile qu'une différence de pression un peu sensible s'établisse, pendant la descente du piston, entre ses deux faces. Cependant il y a certaines garnitures qui s'opposent à peu près également au passage de l'air de dessous en dessus, ou de dessus en dessous, et qui par conséquent permettent un certain excès de la pression inférieure sur celle de l'atmosphère.

Examinons maintenant ce qui se passe quand le piston s'élève.

L'air contenu entre la soupape dormante ou d'aspiration placée en AB et le niveau $ab$ de l'eau dans le tuyau d'aspiration est à une tension mesurée par une hauteur d'eau égale à $H - X$, et son volume est $A_1(H'' - X)$, et en le ramenant à la pression H de l'atmosphère, ce volume d'air devient

$$\frac{A_1(H'' - X)(H - X)}{H}$$

L'air qui est au-dessus de la soupape d'aspiration occupe le volume $Ae + K$, et il est à la pression $H'$, que nous avons déterminée, de sorte qu'en le supposant aussi ramené à la pression H de l'atmosphère, son volume serait

$$(Ae + K)\frac{H'}{H}$$

Le volume total de l'air contenu dans la pompe entre le dessous du piston et le niveau de l'eau dans le tuyau d'aspiration, ramené à la pression atmosphérique, est donc, au moment où le piston va s'élever,

$$(Ae + K)\frac{H'}{H} + \frac{A_1(H'' - X)(H - X)}{H}.$$

Lorsque le piston est parvenu au sommet de sa source $E - e$, la soupape d'aspiration s'est levée, l'air contenu dans le tuyau d'aspiration s'est dilaté, une partie est passée dans le corps de pompe, et l'eau s'est élevée à une hauteur $X'$ au-dessus du niveau du réservoir plus grand que X.

L'air contenu dans le tuyau d'aspiration se trouve alors à une pression mesurée par une colonne d'eau de hauteur $H - X'$, et le volume total occupé par cet air est

$$AE + K + A_1(H'' - X')$$

et en le supposant amené à la pression atmosphérique H,
ce volume deviendra

$$\frac{[AE + K + A_1 (H'' - X')] (H - X')}{H}.$$

Or, dans ce mouvement d'ascension du piston, il n'est pas
sorti d'air de la pompe, et puisque dans les deux cas que
nous venons d'examiner, il a été supposé ramené à la même
pression H, les deux expressions de ce même volume d'air à
la même pression doivent être égales. L'on a donc

$$(Ae + K) \frac{H'}{H} + \frac{A_1 (H'' - X) (H - X)}{H}$$

$$= \frac{[AE + K + A_1 (H'' - X)] (H - X')}{H}.$$

La différence de la hauteur X' à laquelle est parvenue l'eau
après ce nouveau coup de piston, à la hauteur X qu'elle avait
atteinte précédemment, donnerait la hauteur dont le liquide
s'est élevé pendant cette course de piston, et elle pourrait être
facilement déduite de la relation ci-dessus.

**18.** *Limite de la hauteur d'aspiration des pompes.* — Mais ce
qu'il importe de déterminer c'est la limite à laquelle, selon
les proportions de la pompe, l'on peut élever l'eau par l'aspiration, ou, ce qui revient au même, la hauteur maximum
à laquelle on peut placer la soupape d'aspiration. Or, l'on
aura de suite cette limite, si l'on suppose que, d'un coup de
piston à l'autre, l'eau cesse de s'élever dans le tuyau d'aspiration, ce qui revient à supposer que les hauteurs successives d'élévation désignées par X et X' sont égales.
Faisons donc X = X' dans la relation ci-dessus, elle se réduit à

$$(Ae + K) H' = (AE + K) (H - X')$$

d'où l'on tire

$$X' = H - \frac{(Ae + K)}{AE + K} H' = H - \frac{Ae + K}{AE + K} \cdot \frac{S}{S'} (H + H_1).$$

· Cette expression montre que la hauteur à laquelle l'eau peut être aspirée est toujours inférieure à celle qui mesure la pression atmosphérique. La différence exprimée par le terme

$$\frac{(Ae + K)}{AE + K} \cdot \frac{S}{S'} (H + H_1)$$

croît d'ailleurs avec l'espace nuisible $Ae + K$, avec le rapport $\frac{S}{S'}$ de la surface S de la soupape du piston à la surface S' de son orifice, et avec le poids de cette soupape.

Il importe donc de diminuer toutes ces quantités autant que possible, et, pour montrer l'influence des proportions bonnes ou mauvaises, nous allons supposer différents rapports numériques entre les quantités qui entrent dans l'expression ci-dessus.

Admettons d'abord qu'on ait réduit le plus possible les espaces nuisibles; et que l'on ait

$$K = \tfrac{1}{20} AE$$

ou la moitié du volume total compris entre le fond du corps de pompe et le piston arrivé au sommet de sa course

$$e = \tfrac{1}{20} E,$$

ce qui, pour une course du piston de $0^m,42$, par exemple, correspondrait à

$$e = 0^m,021,$$

ce qui peut être regardé à peu près comme un minimum pour une grande pompe

$$\frac{S}{S'} = 1,1 \qquad H_1 = 0^m,02,$$

ce qui revient à dire que la hauteur de la colonne qui ferait équilibre au poids de la soupape du piston ne serait que de $0^m,02$, ou que le poids de cette soupape par centimètre carré de sa surface n'équivaudrait qu'à celui de deux centimètres cubes d'eau ou à deux grammes, ce qui est assez faible.

En substituant ces chiffres dans la formule ci-dessus, l'on trouve

$$\frac{Ae + K}{AE + K} \cdot \frac{S}{S'} (H + H_1) = 1^m,084.$$

De sorte que la hauteur maximum à laquelle l'eau pourrait s'élever par l'aspiration serait, si $H = 10^m,33$,

$$10^m,330 - 1^m,084 = 9^m,246.$$

Nous verrons par des exemples que cette hauteur d'aspiration peut être atteinte dans certaines pompes bien proportionnées.

Mais si nous supposons, comme cela arrive quelquefois,

$$K = \tfrac{1}{10} AE \qquad \frac{S}{S'} = 1,25 \qquad H_1 = 0^m,04 \qquad e = \tfrac{1}{10} E,$$

l'on trouve

$$\frac{Ae + K}{AE + K} \cdot \frac{S}{S'} (H + H_1) = 2^m,356,$$

et, par suite, la hauteur d'aspiration se trouverait dans ce cas réduite à

$$10^m,330 - 2^m,356 = 7^m,974,$$

ce qui montre l'importance des bonnes dispositions.

L'on remarquera que la hauteur $e$ à laquelle le dessous du piston parvient au-dessus du fond AB du corps de pompe, est une quantité qui dépend de la forme donnée à la soupape d'aspiration et au piston, et qu'elle aura d'autant moins d'influence que la course totale $E - e$ du piston sera plus grande et le diamètre du corps de pompe plus petit pour un même volume d'eau. Il y a donc sous ce rapport avantage à augmenter la course du piston.

L'espace nuisible K, qui provient, soit du vide du piston, soit de la présence d'un tuyau latéral ou d'une chapelle, doit toujours être diminué autant que possible. Le recouvrement de la soupape sur son siége, en augmentant le rapport $\frac{S}{S'}$ a une assez grande influence ; il importe de le restreindre à ce qui est strictement nécessaire pour assurer la fermeture des soupapes.

Quant au poids propre de la soupape, qui est mesuré par la colonne $H_1$ de liquide qui lui ferait équilibre, il est toujours assez faible par rapport à l'étendue de la surface couverte, et doit être limité à ce qui est nécessaire pour assurer le contact des surfaces et la fermeture des orifices, et pour qu'elle résiste à la pression de la colonne d'eau.

**19.** *Influence de la soupape d'aspiration.* — La hauteur d'ascension que l'eau peut atteindre par l'aspiration sera même encore un peu inférieure à la valeur que nous venons d'indiquer, parce que vers la fin de l'aspiration le poids de la soupape d'aspiration peut faire équilibre à la pression de l'air dans le tuyau d'aspiration.

En appelant

$p_1$ le poids de cette soupape,

$a_1$ la surface de l'orifice qu'elle recouvre,

ce poids ferait équilibre à celui d'une colonne d'eau d'une hauteur $H_2$ telle que l'on aurait

$$1000\,a_1 H_2 = p_1,$$

d'où

$$H_2 = \frac{p_1}{1000\,a_1},$$

et cette hauteur $H_2$ devra être retranchée de la valeur que l'on a trouvée plus haut pour limite de l'ascension de l'eau par l'aspiration, qui sera ainsi

$$x' = H - \frac{Ae + K}{AE + K} \cdot \frac{S}{S'}(H + H_1) - H_2.$$

Il résulte encore de cette observation que le poids de la sou-

pape dormante devra être aussi faible que possible; tout en
assurant bien la fermeture de l'orifice, afin d'empêcher le
corps de pompe et le tuyau d'aspiration de se vider quand la
pompe ne fonctionne pas. Quelques constructeurs négligent
trop cette condition et donnent à la soupape d'aspiration un
poids trop considérable dans le but de mieux assurer sa fermeture.

**20.** *Influence des orifices de passage de l'eau.* — Nous aurons plus tard l'occasion de montrer de quelle importance
il est de donner à tous les passages de l'eau des dimensions
aussi grandes que possible et des formes qui atténuent les
effets de la contraction; pour le moment, nous voulons seulement faire remarquer que les orifices par lesquels l'eau
peut affluer dans le tuyau d'aspiration et sous le piston doivent être non-seulement assez grands pour que le volume
d'eau qui les traverse remplisse le vide formé par le piston,
mais encore pour que la vitesse de passage ne soit pas trop
considérable.

En effet, la vitesse d'introduction de l'eau dans le tuyau
d'aspiration est tout au plus égale à celle qui correspond à
l'excès de la pression atmosphérique H sur la hauteur d'aspiration, et si celle-ci est grande ou voisine de la limite que
l'on a trouvée plus haut, cette vitesse pourrait être assez faible pour que le volume d'eau admis que l'on obtiendrait, en
la multipliant par l'aire de l'orifice d'admission et le coefficient
de la contraction, fût inférieur au volume engendré par le
piston, si la vitesse de celui-ci était trop grande. Il résulte
déjà de cette observation que la vitesse du piston doit être
toujours assez faible. Mais de plus, même quand la hauteur
d'aspiration n'est pas voisine de sa limite possible, il faut
éviter que l'eau n'arrive dans le tuyau d'aspiration avec
une vitesse beaucoup plus grande que celle qu'elle peut y
conserver, puisqu'il résulterait de son changement brusque
de vitesse une perte de force vive ou de travail moteur. A cet
effet, l'on devra donner à l'orifice d'admission de l'eau dans

le tuyau d'aspiration la plus grande ouverture possible. C'est
à quoi les constructeurs ne font pas toujours assez d'attention pour les soupapes de retenue ou de pied, qu'ils placent
au bas de ces tuyaux, afin de les empêcher de se vider, quand
la pompe est au repos.

Enfin, on diminuera d'autant plus la vitesse d'introduction
de l'eau dans le tuyau d'aspiration que l'on rendra celle du
piston plus faible.

**21.** *Cas où l'on est momentanément obligé de faire marcher le
piston très-vite.* — Il est cependant des cas où, pour amorcer
une pompe aspirante, il faut faire marcher le piston très-vite.
C'est quand la garniture de ce piston n'est pas assez parfaite
pour faire le vide et qu'elle laisse rentrer de l'air au-dessus de
la soupape d'aspiration. Alors, par un mouvement rapide, on
diminue l'influence de ces rentrées d'air et l'on parvient à
faire monter l'eau dans le corps de pompe, et, celle-ci étant
amorcée, l'on ramène la vitesse à sa marche normale.

**22.** *Emplacement de la soupape d'aspiration.* — Comme il
importe de diminuer l'espace nuisible qui, à la fin de chaque
course, existe entre le piston arrivé au point le plus bas de
sa course et la soupape dormante ou d'aspiration, il convient
de placer celle-ci à la partie inférieure du corps de pompe
et le plus près possible de la position la plus basse du piston.
Cette précaution est même utile quand on n'aspire l'eau qu'à
une faible hauteur, attendu qu'elle accélère le moment où
la pompe est amorcée, en diminuant l'espace dans lequel
l'air est alternativement comprimé et dilaté, avant de passer
au-dessus du piston.

**23.** *Observation relative aux pompes aspirantes et foulantes.*
— Les effets et les circonstances de l'aspiration sont les mêmes dans les pompes aspirantes et foulantes à piston plein,
et toute la différence se réduit à ce que l'air comprimé s'é-
chappe par les soupapes de refoulement, placées latéralement,
au lieu de traverser le piston.

Mais il résulte précisément de cette disposition que le piston, pour ne pas masquer les orifices latéraux, ne peut, dans ces pompes, se rapprocher autant de la soupape d'aspiration que dans les précédentes, et que par suite l'espace nuisible y est à proportion beaucoup plus considérable, ce qui est un inconvénient.

En appliquant un raisonnement analogue à celui que nous avons fait pour les pompes aspirantes à piston creux, l'on arriverait à des conséquences semblables, quant à la limite de hauteur à laquelle elles peuvent aspirer l'eau.

**24.** *Observation relative aux pompes placées à une petite hauteur au-dessus du niveau inférieur.* — Tout ce que nous venons de dire sur les précautions à prendre pour accroître la hauteur à laquelle une pompe peut aspirer l'eau, ne s'applique évidemment qu'aux appareils qui doivent être placés à une grande hauteur au-dessus du niveau du bassin inférieur dans lequel ils doivent prendre l'eau.

Mais quand, par la nature du service ou par les dispositions locales, le corps de pompe et ses soupapes peuvent être installés à une petite hauteur au-dessus du niveau inférieur et surtout quand il s'agit de pompes qui fonctionnent avec continuité, il n'est plus aussi nécessaire de limiter l'espace nuisible, et l'on peut disposer les soupapes comme l'exigent les autres conditions du service et du fonctionnement des appareils.

# DU MOUVEMENT DE L'EAU DANS LES POMPES.

**25.** *Circonstances du mouvement de l'eau dans les différentes parties d'une pompe.* — Sans nous arrêter plus longtemps à ces considérations préliminaires, occupons-nous des circonstances du mouvement de l'eau dans les différentes parties d'une pompe, afin de reconnaître l'influence des proportions sur la consommation de travail moteur.

Considérons en particulier une pompe aspirante élévatoire, destinée à porter de l'eau à une grande hauteur, et dont la tige, qui soulève la colonne d'eau, ait une section transversale comparable à celle du corps de pompe et du tuyau d'ascension, que nous supposerons tous deux de même diamètre.

Examinons d'abord ce qui se passe dans la descente du piston, période pendant laquelle la soupape dormante d'aspiration étant fermée, l'eau passe du dessous du piston au dessus, et où l'introduction de la tige déplace un certain volume d'eau, qui passe dans la bâche ou réservoir supérieur. Appelons :

A l'aire du piston et celle de la section du tuyau d'ascension ;

A′ la somme des aires des passages par les orifices du piston, contraction comprise ;

A₁ l'aire de la section transversale du tuyau d'aspiration;

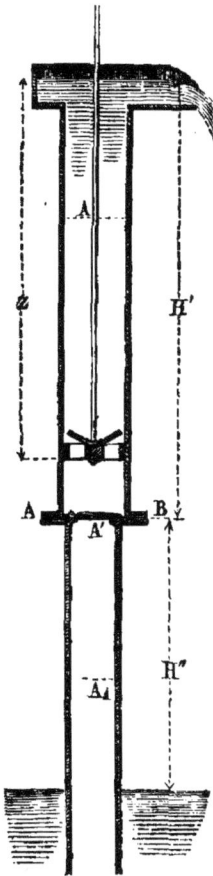

O l'aire de la section de la tige, $d$ son diamètre ;

$A_1'$ la somme des aires des passages par la soupape d'aspiration ;

D le diamètre du corps de pompe ;

D' le diamètre du tuyau d'aspiration ;

V la vitesse moyenne du piston, par laquelle nous remplacerons sa vitesse variable à chaque instant de la course ;

H' la hauteur de la soupape d'aspiration au-dessous du niveau de la bâche ou réservoir supérieur ;

Z la distance du dessous du piston à la surface du niveau de la bâche ou réservoir supérieur ;

H'' la hauteur de la soupape d'aspiration au-dessous du réservoir inférieur ;

P l'effort que le moteur doit exercer de haut en bas pour faire descendre le piston ;

$p$ le poids propre du piston et de l'équipage de ses tiges, déduction faite du poids de l'eau déplacée et que nous supposerons constant ;

F le frottement du piston contre les parois du corps de pompe.

**26.** *Expression du frottement du piston dans les corps de pompe.* — Nous ferons d'abord remarquer que le frottement du piston est généralement difficile à apprécier, et qu'il peut varier pour la même pompe et le même piston, selon leur état respectif.

Lorsque la garniture du piston est formée par un cuir embouti, si l'on nomme

$H_1$ la différence des pressions au-dessus et au-dessous du piston, mesurée par le poids d'une colonne d'eau de hauteur $H_1$ ;

$E_t$ la hauteur de la partie annulaire du cuir qui frotte sur le corps de pompe, la surface de cuir pressée sera

$$3.14 \, DE_t,$$

la pression qui l'appliquera contre le corps de pompe sera

$$1000 \times 3.14 \, DE_t H_t.$$

Le frottement qui en résultera aura donc pour expression

$$F = f . 3140 . DE_t H_t.$$

Formule dans laquelle le rapport $f$ du frottement à la pression sera donné par les tableaux du n° **258** des *Notions fondamentales de mécanique*, 2ᵉ édition, et pourra être pris égal à

$f = 0,29$ pour une garniture de cuir frottant dans un corps de pompe en bois de chêne;

$f = 0,36$ pour une garniture de cuir mouillé, mais non graissé, frottant dans un corps de pompe en fonte;

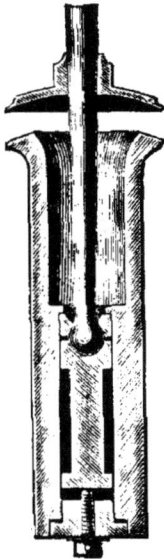

$f = 0,23$ pour la même garniture onctueuse et mouillée d'eau dans un corps de pompe en fonte.

La même formule s'applique aux garnitures des tiges de pistons qui traversent des stuffingboxes quand elles sont disposées de la même manière.

Mais pour les pistons garnis de chanvre, de rondelles de cuir superposées, pour les boîtes à étoupe, il faut recourir à une formule empirique proposée par M. Eytelwein, et qui est

$$F = K_t DH,$$

dans laquelle on fera

K= 7 kilogr. pour un piston et un corps de pompe en
laiton bien poli ;

K = 15   —    pour un piston et un corps de pompe en
fonte ;

K = 25   —    pour un corps de pompe en bois bien
uni ;

K = 50   —    pour un corps de pompe en bois dégradé
par l'usage.

**27.** *Applications.* — Pour apprécier l'influence que le frottement du piston peut avoir, supposons d'abord qu'il s'agisse d'une pompe élévatoire dont le piston soit garni d'un cuir embouti recourbé, ou d'un piston conique du genre de ceux des pompes Letestu, qui, dans l'ascension, soit appuyé contre les parois du corps de pompe par la pression de la colonne d'eau élevée, et qui, au contraire, dans la descente, cède plus ou moins à l'action de l'eau, qui tend à passer de dessous au-dessus du piston.

Soit $D = 0^m,15$ $E_1 = 0^m,015$ $H_1 = 20^m$, $f = 0,36$ pour un corps de pompe en fonte mouillé, mais non graissé.

On aura

$$F = 0,36 \times 3140 \times 0,15 \times 0,015 \times 20 = 50^k,87,$$

et si la course du piston est $C = 0^m.60$, le travail consommé par course par ce frottement sera

$$F.C = 50^m,87 \times 0^m,60 = 30^{km},522.$$

Si le piston avait été garni de rondelles de cuir mises à plat ou de chanvre, la règle empirique de M. Eytelwein aurait conduit au résultat suivant :

$$F = KDH_1 = 15 \times 0,15 \times 20 = 45^k.$$

$$FC = 45^m. \times 0^m.60 = 27^{km}.$$

L'on voit que ces deux estimations diffèrent assez peu l'une de l'autre dans ce cas, et que si cette pompe aspire à $9^m$, ce qui correspond alors à une élévation totale de $29^m$, l'effet utile total d'une course serait

$$1000 \times \frac{0,15^2}{1,273} \times 0,60 \times 29 = 306^{km},24,$$

de sorte que le travail consommé par le frottement du piston serait

$$\frac{30,52}{306,24} = 0,10 \text{ environ de l'effet utile.}$$

Si la largeur du cuir, qui est appuyé contre la paroi du corps de pompe était trop grande, le frottement qui est proportionnel à cette largeur serait augmenté, et l'on voit qu'il importe de réduire cette dimension à ce qui est nécessaire pour empêcher le passage de l'eau.

L'on remarquera que les pistons de ce genre laissant passer l'eau entre leur garniture et la paroi du corps de pompe, quand le piston descend, ils ne peuvent jamais être bien graissés ni même rester onctueux, et que s'ils sont employés à l'élévation des eaux troubles, ils s'usent assez rapidement, ce qui augmente l'étendue de leur surface frottante, en même temps que le rapport $f$ du frottement à la pression.

Les pistons pleins des pompes aspirantes et foulantes, qui ne laissent pas passer l'eau d'une de leurs faces à l'autre peuvent, au contraire, être graissés et maintenus onctueux, ce qui diminue le frottement et le travail qu'il consomme.

Il en est de même des pistons plongeurs qui, en traversant leur boîte à étoupe, peuvent être, à chaque course, lubrifiés d'huile ou de graisse.

Mais il faut faire remarquer que la hauteur de colonne d'eau $H_1$, qui mesure la pression avec laquelle le cuir du piston est appuyé contre les parois du corps de pompe, doit comprendre non-seulement celle de la colonne d'eau réellement élevée, y compris la hauteur d'aspiration, mais encore celle d'une colonne d'eau capable de produire une pression qui, transmise au piston, pourrait vaincre les résistances des parois et développer le travail correspondant aux pertes de force vive.

C'est ce dont il est facile de se rendre compte surtout pour les pompes foulantes. En effet, puisque le piston doit développer dans la période de refoulement non seulement le travail correspondant à l'élévation de l'eau, mais encore celui qui est nécessaire pour vaincre la résistance des parois et celui que consomme l'inertie dans les pertes de force vive éprouvées par le liquide aux passages par les divers orifices, il faut bien qu'il exerce sur le liquide une pression capable de développer ce travail dans chaque course.

Lors donc qu'on aura déterminé séparément dans chaque cas :

1º Le travail utile correspondant à l'élévation réelle de l'eau ;

2º Le travail consommé par la résistance des parois;

3º Le travail absorbé par les pertes de force vive,

On devra faire la somme de ces quantités de travail et en

la divisant par la course du piston, qui est le chemin parcouru, l'on en déduira l'effort total moyen que le piston exerce sur l'eau pour la refouler, puis en rapportant cette pression à l'unité de surface, l'on en déduira la hauteur $H_1$ d'une colonne d'eau capable d'exercer sur le piston et sur ses garnitnres la même pression par unité de surface.

C'est cette valeur de $H_1$ que l'on devra introduire dans le calcul du frottement des pistons garnis de cuir flexible ou embouti.

**28.** *Emploi du manomètre pour la mesure de la pression résistante totale surmontée par les pompes.* — L'on parvient à mesurer facilement, et abstraction faite de tout calcul, la résistance totale éprouvée par les pistons d'une pompe en établissant une communication entre la partie inférieure, du tuyau d'ascension, ou mieux entre le réservoir d'air régulateur et un manomètre, que l'on prend de préférence à air libre.

Cet instrument mesure alors la somme des pressions résistantes, et l'excès de la hauteur qu'il indique sur la hauteur réelle du bassin supérieur de réception de l'eau donne la mesure des résistances passives de l'appareil.

Il est d'autant plus nécessaire de recourir à cet instrument pour comparer entre eux les divers appareils de distribution d'eau, ou pour se rendre compte de leur effet utile, qu'entre les pompes et les bassins de réception, il existe souvent des distances considérables et des conduites plus ou moins complexes, dont les résistances passives consomment une partie très-notable du travail moteur des pompes.

Nous verrons plus tard plusieurs applications de ce qui précède à diverses grandes machines élévatoires.

**29.** *Travail développé par les puissances et les résistances.* — Cherchons à nous rendre compte séparément d'abord du travail développé par les différentes forces mises en jeu, et ensuite des variations et des pertes de force vive que le liquide éprouve dans sa circulation à travers les passages.

Les forces à considérer sont :

1° Les efforts moteurs qui agissent sur la tige, soit pour faire descendre, soit pour faire monter le piston. Appelons le premier P et le second P'.

2° Le poids propre $p$ du piston, de sa tige et de tout l'équipage qui l'accompagne. Il agit comme puissance dans la descente, comme résistance dans la montée. Son travail dans une course double du piston est donc nul.

3° Le frottement du piston et de ses garnitures contre les parois du corps de pompe. En le désignant par F et observant qu'il n'est à peu près le même dans la descente que dans la montée que pour les pistons garnis de chanvre ou de rondelles de cuir, on voit de suite que le travail développé par ce frottement sera toujours résistant.

4° Le travail développé par la résistance que les parois des tuyaux opposent au mouvement de l'eau. Ce travail résistant est presque toujours assez peu considérable, attendu la faible vitesse avec laquelle l'eau circule dans les tuyaux, lorsqu'ils ont une section convenable ; mais il est des cas où il faut cependant en tenir compte. Cela se présente pour certaines pompes foulantes, particulièrement pour les pompes à incendie.

Examinons successivement l'expression du travail de ces différentes forces.

**30.** *Travail des forces extérieures.* — Les puissances P et P' supposées constantes ou remplacées par leurs valeurs moyennes développent dans une course simple, de longueur C, des quantités de travail exprimées par

$$PC \text{ et } P'C,$$

qui, pour une course double, s'ajoutent et donnent pour le travail moteur total

$$(P + P')\, C^{km}.$$

Nous avons dit que le travail dû au poids du piston, de sa tige et de son équipage était nul pour une course double. Il n'y a donc pas lieu d'en tenir compte.

Le travail du frottement F, supposé constant, est dans chaque course mesuré par le produit FC. Pour une course double, il aurait donc, dans cette hypothèse, pour valeur

$$2FC^{km},$$

ou $(F + F')C$, si ce frottement a des valeurs différentes dans les deux courses. Il doit être retranché du travail moteur $(P + P')C$.

Le travail développé par la pesanteur sur l'eau élevée est facile à apprécier directement. En effet, quand le piston descend, il n'entre point d'eau dans la pompe, et il ne sort du tuyau d'élévation qu'un volume d'eau égal à celui de la portion de tige qui est introduite dans le tuyau. Cette eau est remplacée au-dessus du piston par un volume égal, qui passe du dessous de ce piston au dessus, à travers ses soupapes alors ouvertes ; sa sortie donne donc lieu à un travail utile résistant développé par le poids de cette eau. Mais comme dans la montée suivante du piston, la tige sort du tuyau d'élévation, précisément de la même quantité qu'elle y était entrée dans la descente, il en résulte qu'à la fin d'une course double, le volume d'eau contenue dans ce tuyau se retrouve le même qu'au commencement, et qu'il n'y a pas lieu de tenir compte de cet effet de l'introduction et de la sortie de la tige, quant à l'action de la gravité.

Lorsque le piston remonte, il enlève la colonne d'eau qu'il supporte, et en déverse dans le réservoir supérieur un volume égal à celui qu'il a engendré, sauf une perte légère dont nous parlerons plus tard. Cette eau est élevée d'une hauteur égale à celle du point inférieur de la course du piston jusqu'au tuyau de décharge dans le réservoir.

Mais en même temps la pompe se remplit au-dessous par l'aspiration, et un volume d'eau égal s'élève du réservoir inférieur sous le piston ; par conséquent le travail développé par la pesanteur sur l'eau élevée est égal au poids de cette eau multiplié par la hauteur totale H du réservoir ou du tuyau de décharge supérieur au-dessus du réservoir inférieur.

Le volume engendré par le piston dans une course est AC, et par conséquent le travail total développé par la pesanteur sur l'eau élevée dans une course double est

$$1000\,ACH^{km}.$$

Ce travail résistant constitue l'effet utile de la pompe, et s'il n'y avait pas d'autres résistances passives et de pertes de force vive, l'on devrait avoir entre le travail moteur $(P+P')C^{km}.$, le frottement des pistons et le travail résistant de la gravité la relation

$$(P+P')\,C - 2FC = 1000\,ACH, \qquad\qquad \text{ou}$$

$$(P+P')\,C - (F+F')\,C = 1000\,ACH\,;$$

mais les choses ne se passent pas aussi simplement.

**31.** *Influence de la résistance des parois.* — La résistance des parois développe un travail, qui consomme une partie de travail moteur, et dont il faut, dans certaines circonstances, tenir compte en appliquant les règles qui ont été exposées aux n°ˢ 127 et suivants de l'*Hydraulique*, 2ᵉ édition.

Pour en donner l'expression, nous rappellerons qu'au n° **141** de l'ouvrage cité nous avons fait voir que, d'après les notations et les expériences de M. Darcy, la résistance des parois avait pour expression la formule

$$\frac{1000\,SL}{2}\,b_1 U^2.$$

dans laquelle

S représente le périmètre mouillé par le liquide et contre lequel il glisse,

L la longueur du tuyau ou de la colonne liquide frottante,

$b_1$ la valeur du coefficient de la résistance des parois, déduite des expériences de M. Darcy,

U la vitesse relative avec laquelle l'eau glisse par les parois.

Le travail de cette résistance sera égal à son intensité multipliée par le chemin parcouru dans sa direction par le volume d'eau considéré.

Ceci étant rappelé, l'on voit facilement que, dans la période de descente du piston et de sa tige, il se produit deux frottements de l'eau.

Le premier contre la surface du tuyau, dont la longueur totale parcourue est à peu près $H' - \dfrac{C}{2}$, a lieu avec une vitesse de glissement égale à $U = \dfrac{O}{A - O} V$ et par conséquent a pour expression

$$\frac{1000\,SL}{2} b_1 U^2 = \frac{1000 \times 3.14\,D\left(H' - \dfrac{C}{2}\right)}{2} . b_1 \frac{O^2}{(A - O)^2} V^2$$

attendu qu'ici

$$S = 3.14\,D \quad L = H' - \frac{C}{2} \text{ en moyenne.}$$

Le travail consommé par le frottement est donc, pour une course C,

$$\frac{1000 \times 3.14}{2} D\left(H' - \frac{C}{2}\right) b_1 \frac{O^2}{(A - O)^2} V^2 C.$$

Le second frottement développé dans cette demi-course s'exerce contre la tige du piston, qui descend en même temps que l'eau remonte avec une vitesse relative de glissement

$$U = \frac{A}{A - O} V,$$

et a pour expression

$$\frac{1000\,SL}{2} b_1 U^2 = \frac{1000 \times 3.14\,d\left(H' - \dfrac{C}{2}\right)}{2} b_1 \frac{A^2}{(A - O)^2} V^2,$$

attendu qu'ici

$$S = 3.14d \quad L = H' - \frac{C}{2} \text{ à peu près.}$$

Le travail consommé par ce frottement est donc pour une course C,

$$\frac{1000 \times 3.14}{2} \, d\left(H' - \frac{C}{2}\right)b_1 \frac{A^2}{(A - O)^2} V^2.C.$$

Dans la course d'aspiration du piston, il se produit aussi des frottements qui sont :

1° Le frottement de l'eau emportée par le piston avec sa vitesse V, contre les parois du tuyau d'ascension.

Ce frottement a pour expression

$$\frac{1000SL}{2}b_1U^2 = \frac{1000 \times 3.14D\left(H' - \frac{C}{2}\right)b_1V^2}{2},$$

attendu que l'on a ici

$$S = 3.14D \quad L = H' - \frac{C}{2} \text{ en moyenne.}$$

Le travail consommé par ce frottement dans une course simple C est donc

$$\frac{1000 \times 3.14}{2}D\left(H' - \frac{C}{2}\right)b_1V^2C;$$

2° Le frottement de l'eau qui, dans le corps de pompe, suit le piston avec sa vitesse V. Il a pour expression

$$\frac{1000SL}{2}b_1U^2 = \frac{1000 \times 3.14D}{2} \cdot \frac{C}{2}b_1V^2,$$

attendu qu'ici

$$S = 3.14D \quad L = \frac{C}{2} \text{ en moyenne.}$$

Le travail consommé par ce frottement est donc pour une course C

$$\frac{1000 \times 3.14}{2} D . \frac{C}{2} b_1 V^2 . C.$$

L'on voit donc qu'en ajoutant les deux quantités de travail ci-dessus développées dans le tuyau d'ascension et dans le corps de pompe, elles se réduisent à

$$\frac{1000 \times 3,14}{2} DH' b_1 V^2 C^{km} ;$$

3° Il y a de plus le frottement qui se produit dans le tuyau d'aspiration avec une vitesse égale à $\frac{A}{A_1} V$, et qui a pour expression

$$\frac{1000 \, SL}{2} b_1 U^2 = \frac{1000 \times 3,14 \, D'}{2} H'' b_1 \frac{A^2}{A_1^2} V^2,$$

attendu qu'ici

$$S = 3,14 D' \qquad L = H''.$$

Pendant que le piston effectue sa course C, l'eau qui est dans le tuyau d'aspiration glisse à la surface de ce tuyau d'une longueur $\frac{A}{A_1} C$, et le travail consommé par ce frottement est pour une course ascendante représentée par

$$\frac{1000 \times 3,14}{2} D'H'' b_1 \frac{A^3}{A_1^3} V^2 C.$$

En ajoutant toutes les quantités de travail consommées par le frottement de l'eau dans une course double du piston, l'on obtient pour leur somme

$$\frac{1000 \times 3,14}{2} b_1 V^2 C \left[ D \left( H' - \frac{C}{2} \right) \frac{O^2}{(A-O)^2} + d \left( H' - \frac{C}{2} \right) \frac{A^2}{(A-O)^2} \right.$$

$$\left. + DH' + D'H'' \frac{A^3}{A_1^3} \right].$$

Il est facile de reconnaître que, dans la plupart des cas ordinaires, le travail de cette résistance peut être négligé, par suite de la faible vitesse que l'eau prend dans les corps de pompe et même dans les tuyaux d'aspiration, et souvent aussi dans les tuyaux d'élévation bien proportionnés et de peu de longueur.

Faisons, en effet, les suppositions suivantes sur les proportions des diverses parties d'une pompe du genre de celle que nous venons d'examiner :

$$d = 0,2\,\mathrm{D} \quad \mathrm{C} = 0^m,60 \quad \mathrm{V} = 0^m,20 \quad \mathrm{D} = 0^m,15 \quad d = 0^m,03$$
$$\text{et par suite} \quad \mathrm{A} = 0^{mq},0177 \quad \mathrm{O} = 0^{mq},04\,\mathrm{A}$$

$$\mathrm{D}' = 0,66\,\mathrm{D} \quad \text{et par suite} \quad \mathrm{A}_1 = 0^{mq},436\,\mathrm{A}$$

$$\mathrm{H}' = 20^m \quad \mathrm{H}'' = 9^m \quad \frac{\mathrm{O}}{\mathrm{A} - \mathrm{O}} = 0,417 \quad \frac{\mathrm{O}^2}{(\mathrm{A} - \mathrm{O})^2} = 0,00174$$

$$\mathrm{H} = \mathrm{H}' + \mathrm{H}'' = 29^m$$

$b_1 = 0,000593$ pour des tuyaux neufs, et

$b_1 = 0,001186$ pour les tuyaux couverts de dépôts (*Hydraulique*, n° 139),

$$\mathrm{D}_1 = 0^m,10.$$

L'on déduit de ces données

$$\mathrm{D}\left(\mathrm{H}' - \frac{\mathrm{C}}{2}\right)\frac{\mathrm{O}^2}{(\mathrm{A} - \mathrm{O})^2} = 0^m,15 \times 19^m,7 \times 0,174 = \quad 0^q,005$$

$$d\left(\mathrm{H}' - \frac{\mathrm{C}}{2}\right)\frac{\mathrm{A}^2}{(\mathrm{A} - \mathrm{O})^2} = 0^m,03 \times 19^m,7 \times 1,086 = \quad 0^q,642$$

$$\mathrm{DH}'\ldots\ldots\ldots\ldots = 0^m,16 \times 20^m\ldots\ldots\ldots = \quad 3^q,000$$

$$\mathrm{D}'\mathrm{H}'' \times \frac{\mathrm{A}^2}{\mathrm{A}_1^2}\ldots\ldots = 0^m,10 \times 9^m \times 12^m,024\ldots = \quad 10^q,822$$

$$\overline{\phantom{xxxxxxxxxxxxxxxxxxxxxxxxxxxxxxxxxxxxxxxxx}\ 14,368}$$

$$\frac{1000 \times 3,14}{2}\,b_1\mathrm{V}^2\mathrm{C} = 1570 \times 0,001186 \times 0,04 \times 0,6 = 0,0447$$

en supposant que les tuyaux soient salis par des dépôts, ce qui donne

$$b_1 = 0,001186$$

(voir la table de M. Darcy, n$^{os}$ **159** et suiv. de l'*Hydr.*), et, en définitive, le travail consommé par la résistance des parois dans les conduits serait dans ce cas égal à

$$0^{km},646,$$

tandis que l'effet utile correspondant à ces données serait par course

$$1000^{kil} \times \frac{0,15^2}{1,273} \times 0^m,6 \times 29^m = 306^{km},24.$$

L'on voit donc que, dans l'exemple précédent, le travail consommé par le frottement de l'eau dans la pompe est tout à fait négligeable par rapport à l'effet utile.

La vitesse que nous avons supposée au piston, $V = 0^m,20$, est convenable et très-faible. Si elle avait été de $0^m,40$, comme il arrive souvent, le travail consommé par la résistance des parois aurait été quadruple et égal à

$$2^{km},664,$$

quantité encore assez faible dans le cas actuel.

Ce qui montre que dans les pompes de ce genre bien proportionnées l'on peut, sous ce rapport, adopter, sans grand inconvénient, des vitesses plus fortes que dans d'autres conditions.

Dans les grandes pompes élévatoires de mines, à piston creux, le diamètre du tuyau d'aspiration et celui du tuyau d'élévation sont égaux à celui du corps de pompe. Le second même est un peu supérieur au diamètre du piston, afin que l'on puisse au besoin retirer celui-ci, quand cela est nécessaire.

Il résulte de ces proportions que la résistance des parois est alors tout à fait négligeable, et que, sous le rapport de cette résistance, l'on peut faire prendre au piston des vitesses assez grandes, sans inconvénient. Mais on verra plus loin que cette grande vitesse donnerait lieu à d'autres pertes de travail assez sensibles.

**32.** *Calcul de la résistance des parois dans les pompes fou-lantes.* — Si, au lieu d'une pompe élévatoire, dont le tuyau d'ascension a été supposé de même diamètre que celui du corps de pompe, on avait une pompe foulante, dont le tuyau de refoulement n'eût qu'un diamètre $D' = 0^m,10$ ou $\frac{2}{3}$ du diamètre D du corps de pompe, la vitesse de l'eau dans ce tuyau serait

$$\frac{D^2}{D_1'^2}V = \frac{9}{4}V = 2,25\,V,$$

et le chemin parcouru par l'eau dans le tuyau, correspondant à la course C du piston, serait égal à

$$2,25\,C.$$

Dans ces proportions et en supposant que la pompe élève l'eau à la même hauteur, la longueur du tuyau de refoulement serait $L = 20^m$, et le travail consommé par la résistance des parois de ce tuyau serait

$$\frac{1000\,SL}{2}b_1U^2C = \frac{1000 \times 3,14}{2} \times 0,10 \times 20 \times 0,001272$$
$$\times 2,25^3 \times 0,04 \times 0,6 = 1^{km},099;$$

pour une vitesse double du piston $V = 0^m,40$ en $1''$, la quantité de travail consommé par la résistance des parois serait quadruple et égale à

$$4^{km},396,$$

quantité encore assez faible par rapport à l'effet utile.

L'on voit donc que, dans les proportions ordinaires des pompes et quand les conduits de l'eau à la pompe ne sont pas d'une grande longueur et d'un trop petit diamètre, la résistance des parois n'a pas une très-grande influence ; mais il est des cas où elle absorbe au contraire une grande portion du travail moteur, c'est en particulier celui des pompes à incendie et des pompes d'arrosage.

**33.** *Application aux pompes à incendie.* — Mais si, au lieu des proportions précédentes assez convenables pour les diamètres et la vitesse, l'on avait une pompe dont le tuyau de refoulement eût, comme pour les pompes à incendie, un diamètre beaucoup plus petit, dans laquelle la vitesse du piston et par suite celle de l'eau dans le tuyau de refoulement fût beaucoup plus grande, l'influence de la résistance des parois deviendrait plus considérable.

Supposons en effet que l'on ait, comme dans les pompes à incendie du service de la ville de Paris,

$$D = 0^m,125 \quad C = 0^m,255$$

$$D' = 0^m,040 \quad L = 30^m \quad V = \frac{120}{60} \times 0^m,255 = 0^m,51$$

$$\frac{D_2}{D'^2_1} = \frac{\overline{0,125}^2}{\overline{0,040}^2} = 9,765 \quad U = 9,765 \times 0^m,51 = 4^m,98$$

$$S = 3,14 \times 0^m,04 = 0^m,1256 \quad b_1 = 0,00166 \text{ au moins,}$$

d'où

$$\frac{1000\,S L}{2} b_1 U^2 = \frac{125,6}{2} \times 30 \times 0,00166 \times \overline{4,98}^2 = 77^k,52.$$

Le travail consommé par cette résistance, pour une course du piston, sera égal à

$$77^k,5204 \times 4,98\,C = 83^{km},$$

attendu que le chemin parcouru par l'eau dans le tuyau est égal à

$$\frac{D^2}{D'^2_1} C = 4,98\,C.$$

Ce travail de $83^{km}$ par course du piston exige qu'il transmette un effort moyen égal à

$$\frac{83^{km}}{0^m,255} = 325^k,5,$$

et sa surface étant

$$A = \frac{\overline{0,125}^2}{1,273} = 0^{mq},01227,$$

cet effet correspond à la pression d'une colonne d'eau donnée par la formule

$$1000\,AH_1 = 325^{km},6,$$

ce qui donne

$$H_1 = \frac{325^{km},5}{12,27} = 26^m,52,$$

qui devra être ajoutée à celle à laquelle la pompe élève l'eau, pour calculer la hauteur de pression qui produit le frottement de la garniture du piston.

L'on doit remarquer que la quantité de travail consommé par la résistance des parois ne dépend que des dimensions des conduits, de la vitesse qu'y prend le liquide, et non de la hauteur à laquelle l'eau est élevée, de sorte qu'elle acquiert sur le rendement de la pompe une influence relative d'autant plus grande que la hauteur d'élévation est moins considérable.

# RENDEMENT DES POMPES.

**34.** *Expression des pertes de force vive dans les pompes aspirantes et élévatoires.* — Recherchons maintenant l'expression
des pertes de force vive qui se produisent par suite des changements de vitesse éprouvés par le liquide aux divers passages.

Dans la descente du piston, le volume de la tige qui pénètre dans le tuyau d'élévation pendant sa course, est OC, et
l'eau qu'il déplace s'élève dans ce tuyau avec une vitesse $u$
donnée par la relation

$$u\,(A - 0) = 0V, \quad \text{d'où} \quad u = \frac{0}{A - 0}\,V,$$

comme nous l'avons vu en parlant tout à l'heure du frottement du liquide contre les parois.

La force vive que possède le liquide à son débouché dans
le réservoir supérieur, est donc pour chaque course

$$\frac{1000.OC}{g}, \quad \frac{0^2}{(A - 0)^2}\,V^2.$$

Le liquide qui passe du dessous au dessus du piston traverse les orifices dont l'aire est A′ avec une vitesse relative

$$\frac{A}{A'}\,V$$

dirigée de bas en haut, et rencontre une masse liquide qui
n'a dans le même sens que la vitesse

$$\frac{0}{A - 0}\,V.$$

Il perd donc la vitesse

$$\left(\frac{A}{A'} - \frac{O}{A-O}\right) V$$

et comme son volume est AC, la force vive qu'il perd a pour expression

$$\frac{1000\, AC}{g} \left(\frac{A}{A'} - \frac{O}{A-O}\right)^2 V^2.$$

La somme des pertes de force vive produites dans la descente du piston est donc

$$\frac{1000\, C}{g} \left[\frac{O^2}{(A-O)^2} O + \left(\frac{A}{A'} - \frac{O}{A-O}\right)^2 A\right] V^2.$$

Les dimensions de la tige sont déterminées par les conditions de résistance aux efforts qu'elle doit supporter, et ordinairement assez faibles pour que le terme $\frac{O}{A-O}$, et à plus forte raison son carré, puisse être négligé. Mais quelques constructeurs, pour obtenir un débit régulier d'une pompe à simple effet, se sont imposé la condition que la section de la tige eût une superficie O égale à $\frac{A}{2}$, afin que, dans les deux courses simples, il sortît le même volume d'eau du tuyau d'élévation. Dans ce cas l'on aura

$$\frac{O}{A-O} = 1.$$

Quoi qu'il en soit, l'aire O est à peu près donnée dans chaque cas, et pour diminuer la perte de force vive dans la descente du piston, il n'y a que l'aire totale A', contraction comprise, des passages à travers le piston que l'on puisse modifier. L'expression ci-dessus montre qu'il faut faire A' aussi grand que possible et atténuer par des contours convenablement arrondis les effets de la contraction à l'entrée de ces orifices. C'est une précaution que les constructeurs négligent trop en général.

Dans la course d'aspiration le volume d'eau qui est élevé par le piston est $(A-O)C$, et sa masse est $\dfrac{1000(A-O)C}{g}$.

La vitesse avec laquelle cette eau sort du tuyau et débouche dans la bâche supérieure est V. La force vive communiquée à cette masse d'eau et qui vient s'éteindre dans la bâche est donc

$$\frac{1000(A-O)C}{g}V^2.$$

Par l'effet de l'aspiration, l'eau qui pénètre sous le piston et dans le tuyau d'aspiration a pour volume théorique AC, et sa masse est $\dfrac{1000\,AC}{g}$.

Cette eau, en s'introduisant dans le tuyau d'aspiration, dont la section est $A_1$, par son extrémité, avec une vitesse qui est $\dfrac{A}{A_1}V$, y perd après son passage par l'embouchure de ce tuyau une force vive

$$\frac{1000\,AC}{g}\left(\frac{1}{m}-1\right)^2\frac{A^2}{A_1^2}V^2$$

que l'on atténuera en rendant $m$ aussi grand que possible ou en diminuant la contraction à l'entrée et en donnant au tuyau d'aspiration une section aussi voisine que possible de celle du corps de pompe.

Au passage par la soupape d'aspiration, dont l'aire, contraction comprise, est $A_1'$, l'eau est animée d'une vitesse égale à $\dfrac{A}{A_1'}V$, et elle ne conserve après le passage que la vitesse d'ascension V du piston; par conséquent elle perd à ce passage la vitesse

$$\left(\frac{A}{A_1'}-1\right)V$$

et la force vive

$$\frac{1000\,AC}{g}\left(\frac{A}{A_1'}-1\right)^2V^2.$$

La somme des pertes de force vive éprouvées par le liquide dans la période d'aspiration est donc

$$\frac{1000\,(A-O)\,C}{g}\,V + \frac{1000\,AC}{g}\left[\left(\frac{1}{m}-1\right)^2\frac{A^2}{A_1^2} + \left(\frac{A}{A_1'}-1\right)^2\right]V^2.$$

L'on voit que l'on atténuera cette perte en diminuant les effets de la contraction à l'entrée du tuyau et au passage par la soupape d'aspiration, et en rendant les aires $A_1$ de section du tuyau d'aspiration et $A_1'$ des orifices des passages par les soupapes d'aspiration, contraction comprise, aussi voisines que possible de l'aire A de la section du corps de pompe.

En récapitulant toutes les pertes de force éprouvées par le liquide dans une course double, l'on a pour leur somme l'expression

$$\frac{1000\,OC}{g}\cdot\frac{O^2}{(A-O)^2}\,V^2 + \frac{1000\,AC}{g}\left[\left(\frac{A}{A'}-\frac{O}{A-O}\right)^2 + \left(\frac{1}{m}-1\right)^2\frac{A^2}{A_1^2}\right.$$
$$\left. + \left(\frac{A}{A_1'}-1\right)^2\right]V^2 + \frac{1000\,(A-O)\,C}{g}\,V^2.$$

Selon les proportions données aux tuyaux et aux passages, ces quantités peuvent acquérir des valeurs qui exercent beaucoup d'influence sur l'effet utile de la pompe, et l'on voit d'ailleurs qu'elles croissent comme le carré de la vitesse moyenne du piston, ce qui montre que cette vitesse doit être en général très-faible.

L'on remarquera en outre que ces pertes de force vive ne dépendent que du volume d'eau élevé, de sa vitesse et, comme nous venons de le dire, des proportions des passages, et nullement de la hauteur à laquelle on élève l'eau, de sorte qu'elles ont à proportion beaucoup plus d'influence dans le cas de petites hauteurs d'élévation que dans celui des grandes; ce qui explique comment le rendement d'une même pompe augmente avec la hauteur à laquelle elle élève l'eau.

Nous apprécierons ces résultats par les applications que nous allons en faire.

**35.** *Expression du rendement des pompes élévatoires.* — Si, après avoir ainsi examiné les diverses quantités de travail développées et les pertes de force vive qui ont lieu dans une course double du piston des pompes aspirantes et élévatoires, nous voulons les réunir pour leur appliquer le principe de la transmission du travail, nous aurons à exprimer que le travail moteur $(P + P')C$ est égal à la somme de toutes les quantités de travail correspondantes aux diverses résistances et pertes de force vive, et qui sont :

1° Le travail ou effet utile

$$1000\, ACH = MgH^{km};$$

2° Le travail résistant du frottement du piston

$$(F + F')C^{km};$$

3° Le travail total consommé par la résistance des parois des conduites qui a pour expression

$$\frac{1000 \times 3,14}{2}\, b_1 V^2 C \left\{ D\left(H' - \frac{C}{2}\right) \frac{0^2}{(A-0)^2} + d\left(H' - \frac{C}{2}\right) \frac{A^2}{(A-0)^2} \right.$$

$$\left. + DH' + D'H'' \frac{A^3}{A^3} \right\}^{km} = F_1 V^2 C,$$

en désignant par $F_1$ le facteur constant indépendant de la course et de sa vitesse ;

4° La moitié de la somme des forces vives communiquées et perdues pendant cette période, et dont l'expression est

$$\left\{ \frac{1000\, OC}{g} \times \frac{0^2}{(A-0)^2} + \left[ \left(\frac{A'}{A} - \frac{0}{A-0}\right)^2 + \left(\frac{1}{m} - 1\right)^2 \frac{A^2}{A_1^2} \right. \right.$$

$$\left. \left. + \left(\frac{A}{A_1} - 1^2\right) \right] + \frac{1000\,(A-0)C}{q} \right\} V^2 = K V^2 C,$$

en désignant par K le facteur constant indépendant de la course et de la vitesse.

L'on aura donc, pour une course double du piston, la relation

$$(P + P') \, C = M g H + (F + F') \, C + F_1 V^2 C + K V^2 C.$$

D'une autre part, l'effet utile de la pompe est égal au produit du poids $Mg$ de l'eau, réellement élevée par la hauteur H du bassin de réception au-dessus du niveau inférieur, où elle est puisée, ou à $MgH$.

Par conséquent, le rendement de la pompe ou le rapport de l'effet utile au travail moteur aura pour expression

$$\frac{M g H}{M g H + (F + F') \, C + F_1 V^2 C + K V^2 C}.$$

En divisant les deux termes de cette expression du rendement de la pompe par la hauteur H d'élévation de l'eau, elle devient

$$\frac{M g}{M g + \dfrac{(F + F')}{H} \, C + \dfrac{F_1 V^2 C}{H} + \dfrac{K V^2 C}{H}}.$$

Sous cette forme, il est évident que le rendement des pompes de ce genre croît avec la hauteur H à laquelle l'eau est élevée, et qu'il décroît quand la vitesse augmente.

Cette conséquence est tout à fait d'accord avec l'expérience, comme nous le ferons remarquer lorsque nous examinerons les résultats des observations faites sur diverses pompes.

**36.** *Applications.* — Appliquons d'abord l'expression de la perte de force vive éprouvée par l'eau dans les pompes élévatoires à une pompe proportionnée, comme nous l'avons supposé au n° **31,** c'est-à-dire pour laquelle on a

$$D = 0^m,15 \quad d = 0,2D = 0^m,03$$

$$O = 0,04A = 0^{m \cdot q},000705$$

$$A = 0^{m \cdot q},0176$$

$$\frac{O}{A - O} = 0,0417$$

$$A_1 = 0,444A = 0^{m \cdot q},00782$$

$$\frac{A}{A_1} = 2,25 \quad A' = 0,5A$$

$$A'_1 = A_1$$

$$\frac{A_1}{A} = 2$$

$$\left(\frac{A}{A}\right)^2 = 5,0625$$

$$D = 0^m,10$$

$$\frac{1000\,C}{g} = 61,16$$

$$V = 0^m,20$$

$$\left(\frac{1}{m} - 1\right)^2 = 0,443.$$

On trouve

$$\frac{O^2}{(A-O)^2} \times O \ldots\ldots = 0,00174 \times 0,000705\ldots = 0,0000001$$

$$\left(\frac{A}{A'} - \frac{O}{A-O}\right)^2 \times A = 3,835 \times 0,0176 \ldots\ldots = 0,067496$$

$$\left(\frac{1}{m} - 1\right)^2 \times \frac{A^2}{A_1^2} \times A = 0,443 \times 5,0625 \times 0,0176 = 0,039477$$

$$\left(\frac{A}{A_1'} - 1\right)^2 \times A \ldots = 1,5624 \times 0,0176 \ldots\ldots = 0,027500$$

$$(A - O) \ldots\ldots\ldots\ldots\ldots\ldots\ldots\ldots\ldots = 0,016896$$

$$\overline{\phantom{xxxxxxxxxxxxxxxxx}0,151369}$$

et pour la perte de force vive

$$61,16 \times 0,151 \times 0,04 = 372,$$

et par conséquent le travail correspondant à cette perte totale de force vive se réduit, dans les proportions ci-dessus, à

$\dfrac{0,372}{2} = 0^{\text{k.m}},186$ par course, quantité très-faible par rapport à l'effet utile mesuré par le poids de l'eau élevée, et qui est alors, comme on l'a vu, égal à

$$306^{\text{km}},24.$$

Mais si, au lieu des proportions précédentes, qui sont celles des pompes bien construites, l'on avait adopté des passages plus petits, les pertes de force vive seraient devenues plus considérables. Supposons en effet

$$D' = 0,33\,D, \qquad \text{ou} \qquad A_1 = \frac{1}{9}A$$

$$A' = 0,24\,A \qquad A_1' = A_1 = \frac{1}{9}A \quad \frac{A^2}{A_1^2} = 81$$

$$\frac{O^2}{(A-O)_2^2} \times O = 0,00174 \times 0,000705 \;\ldots\ldots\ldots = 0,0000001$$

$$\left(\frac{A}{A^1} - \frac{O}{A-O}\right)^2 \times A = 3,958^2 \times 0,0176 \;\ldots\ldots\ldots = 0,275722$$

$$\left(\frac{1}{m} - 1\right)^2 \times \frac{A^2}{A_1^2} \times A = 0,443 \times 81 \times 0,0176 \ldots = 0,631541$$

$$\left(\frac{A}{A_1^1} - 1\right)^2 \times A \ldots = 64 \times 0,0176 \ldots\ldots\ldots = 1,126400$$

$$(A - O) \ldots\ldots\ldots = 0,016806 \ldots\ldots\ldots\ldots = 0,016896$$

$$\overline{\phantom{xxxxxxxxxxxxxxxxxx} 2,050559}$$

$$61,16 \times 2,051 \times 0,04 = 5,015$$

et par conséquent le travail correspondant à cette perte de force vive serait

$$\frac{5,015}{2} = 2^{\text{km}},506,$$

quantité encore assez faible, par rapport à l'effet utile.

On remarquera cependant que nous avons supposé l'eau élevée à $29^{\text{m}}$ au-dessus du niveau du bassin inférieur, et que les pertes de force vive étant indépendantes de la hauteur d'élévation, elles doivent avoir sur le rendement de la pompe une influence d'autant plus sensible que cette hauteur d'élévation est plus faible.

Ainsi la même pompe n'élevant l'eau qu'à $3^m$ de hauteur, son effet utile par coup de piston ne serait plus que

$$1000 \times \frac{0,15^2}{1,273} \times 0,6 \times 3 = 31^{km},68,$$

et le travail correspondant aux pertes de force vive serait dans ce cas 0,078 de l'effet utile.

Si la vitesse du piston devenait plus grande, toutes les pertes de force vive croissant comme le quarré de cette vitesse, leur influence sur l'effet utile deviendrait beaucoup plus considérable. Si par exemple cette vitesse était doublée et portée à $V = 0^m,4$, le travail correspondant aux pertes de force vive dans la dernière hypothèse serait

$$2^{km},507 \times 4 = 10^{km},028,$$

$$\frac{10,028}{31,68} = 0,316$$

de l'effet utile, ce qui montre combien il est nécessaire de ne donner au piston qu'une vitesse très-faible.

**37.** *Pertes de force vive dans les pompes foulantes.* — Dans les pompes foulantes à piston plein, l'eau est chassée du corps de pompe dans le tuyau de refoulement. Le terme

$$\frac{1000\,OC}{g}\ \frac{O^2}{(A-O)^2} \cdot V^2$$

devient nul. Le terme relatif à la force vive imprimée à l'eau dans le tuyau de refoulement dont nous désignerons l'aire de section transversale par $A''$ sera

$$\frac{1000\,AC}{g}\ \left(\frac{A}{A''}\right)^2 V^2.$$

Si nous appelons encore A' la somme des aires des passages de l'eau par les soupapes de refoulement, contraction comprise, la vitesse par ces passages sera $\frac{A}{A'}$ V. La vitesse dans le tuyau de refoulement est $\frac{A}{A''}$ V. L'eau perd donc, après le passage, la vitesse

$$AV \left(\frac{1}{A'} - \frac{1}{A''}\right),$$

et la force vive

$$\frac{1000\,AC}{g} \left(\frac{1}{A'} - \frac{1}{A''}\right)^2 A^2 V^2,$$

que l'on ne peut rendre nulle qu'en faisant A' = A'', ce qui est assez difficile, quoiqu'on puisse y parvenir en élargissant le tuyau de refoulement à son origine.

Les pertes de force vive à l'entrée du tuyau d'aspiration conservent la même expression que précédemment, par conséquent pour ces pompes les pertes de force vive seront :

1° A l'entrée du tuyau d'aspiration

$$\frac{1000\,AC}{g} \left(\frac{1}{m} - 1\right)^2 \frac{A^2}{A'^2} V^2;$$

2° Au passage par les soupapes d'aspiration

$$\frac{1000\,AC}{g} \left(\frac{A}{A'_1} - 1\right)^2 V^2;$$

3° Au passage par les soupapes de refoulement

$$\frac{1000\,AC}{g} \left(\frac{A}{A'} - \frac{1}{A''}\right)^2 A^2 V^2;$$

4° Au débouché du tuyau de refoulement

$$\frac{1000\,AC}{g}\,\frac{A''^2}{A^2}\,V^2;$$

ou en somme

$$\frac{1000\,AC}{g}\left[\left(\frac{1}{m}-1\right)^2\frac{A^2}{A_1^2}+\left(\frac{A}{A'_1}-1\right)^2+\left(\frac{1}{A'}-\frac{1}{A''}\right)^2 A^2 +\frac{A^2}{A''^2}\right]V^2.$$

En faisant encore les mêmes hypothèses que dans la première application donnée ci-dessus, et posant

$$\frac{A}{A'}=2,25,\ A'_1=A_1,\ A'=0,5A''\ \frac{A}{A'}=4,5,\ \frac{A}{A''}=2,25.$$

Or, on trouve successivement

$$A\left(\frac{1}{m}-1\right)^2\frac{A^2}{A_1^2}=0,0176\times0,443\times5,0625=0,039477$$

$$A\left(\frac{A}{A'_1}-1\right)^2..=0,0176\times1\ldots\ldots\ldots=0,017600$$

$$A\left(\frac{A}{A'}-\frac{A}{A''}\right)^2..=0,0176\times2,25^2\ldots\ldots=0,089120$$

$$A\times\frac{A^2}{A''^2}\ldots..=0,0176\times2,25^2\ldots\ldots=0,089120$$

$$\overline{\phantom{xxxxxxxxxxx}0,235317}$$

Puis, à cause de $V=0^m,2$, et $\dfrac{1000\,C}{g}=61,16.$

On a pour la perte de force vive totale

$$61,66\times0,235\times0,04=0,575,$$

ce qui équivaut à une consommation de travail égale à

$$\frac{0,575}{2}=0^{km},287,$$

quantité très-faible par rapport à l'effet utile qui, dans nos suppositions, est toujours de $306^{km},24.$

Si à ces propositions nous substituons les suivantes, moins convenables

$$\frac{A}{A_1} = 9, \quad \text{et} \quad \frac{A}{A''} = 9, \quad \text{conservant} \quad \frac{A}{A''} = 0,50,$$

$$A'_1 = A_1 \frac{A}{A'_1} = 9.$$

L'on aura :

$$A \left( \frac{1}{m} - 1 \right)^2 \times \frac{A^2}{A_1^2} = 0,0176 \times 0,443 \times 81 = 0,631541$$

$$A \left( \frac{A}{A'_1} - 1 \right)^2 \dots = \dots 0,0176 \times 64 \dots = 1,126400$$

$$A \left( \frac{A}{A'} - \frac{A}{A''} \right)^2 \dots = \dots 8,0176 \times 9 \dots = 0,168400$$

$$A \times \frac{A^2}{A''^2} \dots = \dots 0,0176 \times 81 \dots = 1,425600$$

$$\overline{\phantom{xxxxxxx} 3,341941}$$

et pour la perte de force vive correspondante à une course $C = 0^m,60$ et à une vitesse $V = 0^m,20$ ou $1''$,

$$61,16 \times 3,342 \times 0,04 = 8,196,$$

ce qui équivaut à une perte de travail égale à

$$\frac{8,176}{2} = 4^{km},088,$$

quantité double de celle qui est perdue dans la pompe élévatoire des proportions analogues, ce qui provient de l'effet du tuyau de refoulement supposé plus petit que le tuyau d'élévation de l'autre pompe.

Dans le cas où la pompe ne refoulerait l'eau qu'à 3 mètres, son effet utile par course double du piston étant de $31^{km}.68$, l'on voit que le travail perdu par suite du changement brusque de vitesse du liquide serait

$$\frac{4,088}{31,68} = 0,126 \text{ de l'effet utile.}$$

Si enfin nous supposions que la vitesse du piston fût double et égale à $V = 0^m,40$, la perte de force vive et le travail correspondant seront quadruplés, et ce dernier deviendra égal à $16^{km},352$ ou à

$$\frac{16,352}{31,68} = 0,516$$

de l'effet utile.

En établissant pour les pompes foulantes la relation du travail moteur et du travail consommé par les résistances et dissipé par les changements brusques de force vive, comme nous l'avons fait au n° **55**, l'on arriverait encore, quant au rendement de ces pompes, à la conclusion que ce rendement croît, toutes choses égales d'ailleurs, avec la hauteur à laquelle l'eau est élevée.

**58.** *Calcul du rendement des pompes à incendie, et comparaison avec les résultats des expériences.* — Dans les pompes à incendie simples, sans réservoir d'air, l'eau entre dans le corps de pompe par la pression du liquide contenu dans la bâche, de sorte qu'au point de vue du travail employé à faire marcher la pompe il n'y a pas à tenir compte de la perte de force vive à l'entrée du tuyau d'aspiration ou d'introduction, ni de celle qui est perdue au débouché dans le corps de pompe.

Les seules pertes de force vive qui influent sur le travail moteur, et en absorbent une partie, sont

La perte au passage par les soupapes de refoulement

$$\frac{1000\,AC}{g}\left(\frac{1}{A'} - \frac{1}{A''}\right)^2 A^2 V^2;$$

La perte au débouché du tuyau de refoulement

$$\frac{1000\,AC}{g} \cdot \frac{A^2}{A''^2} V^2.$$

La première de ces pertes est presque toujours assez faible, attendu que $A'$ et $A''$ diffèrent très-peu et peuvent même être rendus égaux dans une bonne construction.

Quant à la seconde, si l'on a, comme dans les pompes du service de la ville de Paris

$$\frac{A}{A''} = 9,765 \qquad A = 0^{m \cdot q},01227 \qquad C = 0^{m},255 \qquad V = 0^{m},51,$$

elle devient

$$\frac{1000 \times 0,01227 \times 0,255}{9,18} \times \overline{9,765}^{2} \times \overline{0,51}^{2} = 7,91,$$

dont la moitié, $3^{km},95$, représente la quantité de travail nécessaire pour imprimer à l'eau la vitesse qu'elle doit prendre dans le tuyau et qui est perdue à la sortie.

Ce calcul suppose que le tuyau n'est pas terminé par une lance d'un plus petit diamètre. S'il en était autrement, il faudrait à cette force vive ajouter celle que le fluide pourrait encore recevoir pour avoir à la sortie par la lame une vitesse suffisante pour qu'il s'élevât dans l'air à la hauteur de 20 à 25 mètres. Mais nous reviendrons plus tard sur cette question.

Cette quantité de travail de $3^{km},95$, que le piston doit développer dans sa course descendante $C = 0^{m},255$, pour imprimer à l'eau la force vive qu'elle prend dans le tuyau de refoulement, correspond à un effort moyen égal à

$$\frac{3,95}{0,255} = 15^{k},49,$$

qui, transmis par un piston d'une surface de $0^{m \cdot q},01227$, correspondrait à la pression d'un colonne d'eau de $1^{m},263$.

En récapitulant les diverses résistances que le piston doit vaincre dans les hypothèses précédentes, nous voyons qu'elles sont exprimées par les hauteurs de colonnes d'eau suivantes :

| | | |
|---|---|---|
| Hauteur de la colonne ascensionnelle .......... | $20^{m},00$ | |
| Hauteur équivalente à la résistance des parois (n° 34)................................ | 26 | 52 |
| Hauteur équivalente à la résistance qui provient de l'inertie................................ | 1 | 26 |
| | $47^{m},78$ | |

Telle est la valeur de la hauteur de pression $H_1$, qui occasionne le frottement du cuir du piston contre les parois du corps de pompe.

D'après cela, en admettant que la garniture en cuir du piston soit onctueuse, ce qui donne pour le rapport du frottement à la pression $f = 0,23$, le frottement d'un piston de pompe à incendie serait dans les proportions ci-dessus

$$F = 0,23 \times 3140 \times 0,125 \times 0,015 \times 47,78 = 86^k,48,$$

et le travail consommé par course de refoulement par cette résistance serait

$$F \times C = 86^{km},48 \times 0,255 = 22^{km},05.$$

En résumant les différentes quantités de travail correspondantes à l'effet utile et aux résistances passives, on a par course, dans le cas d'une élévation de l'eau à 20 mètres :

Effet utile $3^{km},13 \times 20$...................... $= 62^{km},60$
Travail de la résistance des parois (n° **33**)..... $= 83 \quad 00$
Travail correspondant aux pertes de force vive
   pendant la course de refoulement (n° **38**).. $= 3 \quad 95$
Travail du frottement du piston pendant la
   course du refoulement...................... $= 22 \quad 05$
Travail du frottement du piston pendant la
   course d'aspiration, estimé à 1/5 au plus de
   celui de l'autre course.................... $= 4 \quad 41$

Travail moteur total.......... $= 176^{km},01$

Le rapport de l'effet utile réel au travail moteur dépensé, ou le rendement, se réduirait donc, en admettant que le volume d'eau élevé fût réellement égal à celui qu'engendre le piston, à

$$\frac{62,60}{176,01} = 0,355,$$

et si l'on admet, comme le montrent les expériences dont il sera parlé plus loin, que le volume d'eau réellement élevé soit seulement les 0,92 du volume engendré par le piston, ce rendement se réduit à 0,321.

L'expérience faite sur une pompe de ce genre en élevant l'eau à 16$^m$,55, a donné pour le rendement 0,334. (Voir les expériences faites au conservatoire des Arts-et-Métiers sur une pompe à incendie construite par M. Flaud.)

Si l'on suppose la hauteur d'élévation de l'eau réduite à 3$^m$,00 seulement, et la longueur du tuyau de refoulement L = 6$^m$,00, le travail de la résistance des parois et la résistance qui lui correspond seront réduits dans le rapport de 30 à 6 ou de $\frac{1}{5}$, et l'on a alors d'abord pour former la pression H$_1$ les éléments suivants :

Hauteur de la colonne d'élévation.............. 3$^m$,000
Hauteur équivalente à la résistance des parois. ... 5 ,306
Hauteur équivalente à la résistance que produit
  l'inertie................................... 1 ,260
$$H_1 = 9^m,566$$

Le frottement du piston se réduit donc à

$$F = 0,23 \times 3140 \times 0^m,125 \times 0,015 \times 9,566 = 17^k,31,$$

et le travail de cette résistance pendant une course de refoulement devient

$$F.C = 17,31 \times 0,255 = 4^{km},41.$$

D'après cela, le travail moteur doit être
  3$^k$,13 × 3$^m$. ............................... = 9$^{km}$,39
Travail de la résistance des parois............ = 16 ,60
Travail correspondant aux pertes de force vive
  pendant la course de refoulement.......... = 3 ,95
Travail du frottement du piston pendant la
  course de refoulement.................. ..= 4 ,41
Travail du frottement du piston pendant la
  course d'aspiration, estimé dans ce cas à $\frac{1}{2}$ de
  celui de l'autre course (à cause de la plus
  grand influence relative des pressions constantes)..................................= 2 ,20
$$36^{km},55$$

L'effet utile n'étant que de $9^{km},39$, si le volume d'eau élevé est supposé égal au volume engendré par le piston, le rendement, serait

$$\frac{9,39}{36,55} = 0,257;$$

et si l'on tient compte des pertes qui réduisent le volume réellement élevé à 0,92 du volume engendré par le piston, ce rendement n'est plus que

$$\frac{8,64}{36,55} = 0,233.$$

L'expérience faite sur l'une de ces pompes élevant l'eau à $3^m,32$ a donné pour le rendement la valeur moyenne 0,194.

**39.** *Influence du réservoir d'air employé dans les pompes comme appareil régulateur.* — L'on emploie souvent dans les pompes foulantes à simple effet à un seul corps de pompe, et même dans les pompes à incendie à deux corps de pompe un réservoir d'air dans lequel l'eau est introduite en sortant du corps de pompe, et d'où elle passe ensuite dans le tuyau d'ascension ou de refoulement proprement dit.

Ce réservoir a pour objet et pour effet de régulariser le mouvement de l'eau dans le tuyau de refoulement, ainsi qu'il est facile de s'en rendre compte.

Lorsque le piston de la pompe foulante amène l'eau dans le réservoir qui est rempli d'air, cet air se comprime successivement de plus en plus, à mesure que la colonne de liquide du tuyau de refoulement s'élève.

Lorsque cette colonne a atteint toute sa hauteur le déversement commence, et il aurait lieu avec continuité si le mouvement du piston était uniforme et s'il refoulait l'eau avec la même vitesse. Mais dans la période de descente le mouvement du piston s'accélère presque jusqu'à la fin dans les pompes mues à bras, et à transmission directe. Il en est de même du liquide contenu dans la colonne d'ascension; dès lors, l'inertie de cette colonne offrant une résistance à l'accélération, la pression dans cette colonne et surtout à son origine est supérieure à celle qui correspond à la seule hauteur d'élévation, l'air contenu dans le réservoir se comprime de plus en plus, et une portion de l'eau fournie par le piston s'accumule dans ce réservoir, tant que le mouvement s'accélère et d'autant plus que la colonne d'ascension est plus longue et que le mouvement doit y être être plus rapide.

Lorsque le mouvement du piston se ralentit, l'accroissement de pression dans la colonne ascendante cesse, et dès lors l'air contenu dans le réservoir commence à se détendre, en refoulant dans le tuyau d'ascension une portion de l'eau qu'il contient.

Cet effet continue et devient encore plus sensible pendant que le piston remonte et cesse de fournir du liquide. Dans cette période, la détente de l'air du réservoir tend à entretenir le mouvement de l'air dans la colonne d'ascension, et si la compression de l'air a été telle qu'il ait acquis une force élastique plus que double de celle qui correspond à la hauteur de la colonne de refoulement, au-dessus de l'origine du réservoir, le mouvement de l'eau dans cette colonne se continuera aussi jusqu'à la période suivante de refoulement.

L'écoulement aura d'ailleurs lieu avec d'autant plus de continuité que la pression de l'air aura été plus grande, ce qui exige que l'accélération du mouvement de l'eau dans le tuyau d'ascension pendant la période de refoulement soit très-sensible, et que par suite le diamètre de çe tuyau d'ascension soit notablement inférieur à celui du corps de pompe.

Par conséquent, plus on voudra obtenir d'égalité dans le jet d'une pompe à simple effet, au moyen d'un réservoir d'air, plus il conviendra de diminuer la proportion du diamètre du tuyau de refoulement par rapport à celui du tuyau de refoulement.

Mais il ne faut pas perdre de vue que tout changement de vitesse dans le mouvement d'un liquide occasionne une consommation de travail moteur dont une partie est absorbée par les tourbillonnements, et que cette régularité du jet ne s'obtient par conséquent que par une perte de travail. Aussi convient-il de ne s'imposer cette condition que quand elle est nécessaire pour l'effet à produire. Tel est le cas des pompes à incendie, des pompes de jardin, d'arrosage, et de quelques pompes domestiques.

Dans les pompes à incendie qui ont ordinairement deux corps de pompe à simple effet, chacun d'eux refoule successivement l'air dans le réservoir, et la pression de l'air y éprouve moins de variations que dans les pompes à un seul corps.

Ces variations de pression et les irrégularités correspondantes qui en résultent dans le jet sont d'ailleurs d'autant moins sensibles que la capacité du réservoir d'air est plus grande par rapport au volume engendré par le piston dans une course simple ; mais aussi il faut un certain nombre de coups de piston pour que la pression nécessaire s'établisse dans le réservoir. C'est pourquoi dans les premiers moments de la mise en marche des pompes à incendie les pompiers ont l'habitude de boucher avec le pouce l'orifice de la lance, afin que toute l'eau fournie par les pistons soit refoulée dans le réservoir et y comprime l'air assez fortement pour que le jet s'élève à une hauteur ou ait une vitesse suffisante.

**40.** *De la capacité des réservoirs d'air.* — Si l'on examine ce qui se passe dans une pompe à un seul corps et à simple effet, l'on conçoit facilement que, si l'écoulement par le tuyau d'ascension avait lieu avec une continuité parfaite, la quantité d'eau sortie pendant chaque course simple du piston étant la même, il faudrait que pendant la course de refoulement du piston, la moitié de l'eau qu'il introduit dans le réservoir y eût été accumulée, et qu'elle en fût ensuite sortie pendant la période d'aspiration où le piston n'en fournit pas. L'espace occupé par l'air dans le récipient varierait donc d'une course à l'autre de la moitié du volume engendré par le piston, et la densité ou la pression de cet air variant en raison inverse de son volume, on voit de suite qu'elles éprouveraient, comme ce volume lui-même, des variations proportionnelles d'autant moins grandes que le volume du réservoir d'air serait plus grand par rapport à celui qu'engendre le piston.

Dans les pompes à incendie qui ont deux corps à simple effet, qui agissent alternativement, l'irrégularité du produit des pistons est beaucoup moindre que dans le cas précédent, et la capacité du réservoir d'air peut être réduite à douze ou quinze fois le volume engendré par l'un des pistons dans une course simple.

La présence de ce régulateur dans ces pompes, qui sont mues parfois à une assez grande vitesse, a de plus, pour effet, de diminuer beaucoup les coups de bélier et les variations brusques de la vitesse de l'eau dans tous les conduits.

L'emploi du réservoir d'air a donc pour les pompes à incendie un avantage réel; mais il donne lieu à quelques pertes de force vive, parce qu'au débouché de l'eau dans ce réservoir elle perd presque toute la vitesse qu'elle possédait en y arrivant, et qu'il faut lui imprimer de nouveau la vitesse qu'elle doit avoir dans le tuyau de refoulement.

Par conséquent aux pertes de force vive précédemment indiquées, il faudra ajouter celle qui se fait au débouché dans le réservoir. En appelant :

O' la section du conduit qui mène l'eau du corps de pompe au réservoir d'air ;

A' étant toujours l'aire des passages par les soupapes d'arrivée,

$m'$ le coefficient de la dépense à l'entrée de ce conduit, dont on doit avoir soin d'arrondir et d'évaser les bords.

La perte de force vive à l'entrée de ce conduit sera exprimée par

$$\frac{1000\,AC}{g}\left(\frac{1}{m}-1\right).\frac{^2A^2}{O'^2}V^2,$$

et la perte au débouché du conduit dans le réservoir sera

$$\frac{1000\,AC}{g} \cdot \frac{A^2}{O'^2}\,V^2,$$

à cause de la grandeur de la section du réservoir par rapport à celle O′ du conduit.

La perte à l'entrée du tuyau de refoulement sera encore exprimée par

$$\frac{1000\,AC}{g} \cdot \left(\frac{1}{m}-1\right)^2 \cdot \frac{A^2}{A''^2}\,V^2,$$

et la perte au débouché du tuyau de refoulement versant à l'air libre et sans lance sera encore

$$\frac{1000\,AC}{g} \cdot \frac{A^2}{A''}\,V^2.$$

De sorte que dans ce cas la somme totale des pertes de force vive, dont il faut tenir compte, est

$$\frac{1000\,AC}{g} \left\{ \left[\left(\frac{1}{m'}-1\right)^2+1\right]\frac{A^2}{O'^2} + \left[\left(\frac{1}{m}-1\right)^2+1\right]\frac{A^2}{A''^2} \right\} V^2$$

quand le tuyau de refoulement débouche à l'air libre dans un réservoir, ainsi que cela a eu lieu dans quelques-unes des expériences dont il sera parlé plus loin.

Mais si la pompe fonctionne comme pompe à incendie, auquel cas son tuyau est armé d'une lance de jet, la force vive de sortie est l'effet utile produit, et l'expression de la perte de force vive est alors

$$\frac{1000\,AC}{g} \left\{ \left[\left(\frac{1}{m'}-1\right)^2+1\right]\frac{A^2}{O'^2} + \left(\frac{1}{m}-1\right)^2\frac{A^2}{A''^2} \right\} V^2.$$

En appliquant cette expression aux pompes de la ville de Paris, l'on trouverait, dans les proportions indiquées précédemment, que la perte de force vive occasionnée par le réservoir d'air serait égale à 14,86, et la perte de travail correspondante serait de 7$^{km}$,43 par course à la vitesse de

0$^m$,51 par seconde ; mais il convient d'ajouter que la perte de travail faite à l'entrée du réservoir d'air est en partie employée à la compression de l'air, qui en vertu de son élasticité, en restitue une grande partie.

La régularité de l'écoulement obtenue par le réservoir d'air n'est donc pas achetée au prix d'une aussi grande consommation de travail moteur que celle qu'indiquerait la formule précédente.

# DES MACHINES SIMPLES

**41.** *Des machines employées aux épuisements.* — Parmi les appareils destinés à l'élévation des eaux il convient de distinguer ceux dont l'usage n'est que temporaire et relatif à certains travaux, tels que les épuisements pour l'établissement des fondations et ceux dont l'emploi et le service permanent ou régulier exigent des dispositions spéciales.

Les moyens qu'il convient de mettre en usage dans le premier cas et en particulier pour les épuisements dépendent eux-mêmes de l'importance des constructions et de la profondeur dont il faut extraire les eaux. Lorsque, par exemple, il ne s'agit que d'assez faibles quantités d'eau à élever à des hauteurs qui ne dépassent pas 1$^m$,50 à 2 mètres l'on a recours à des moyens simples que nous allons successivement passer en revue.

**42.** *Baquetage.* — Le procédé le plus grossier et cependant le plus en usage pour les épuisements à de petites profondeurs est le baquetage, qui consiste à placer dans une partie inférieure des fondations à épuiser des hommes munis de seaux légers en osier, garnis de cuir ou de toile imperméable, comme ceux qui servent dans les incendies. Ces ouvriers remplissent le seau, l'élèvent et le vident dans une auge ou dans une rigole par laquelle le liquide s'écoule au dehors. Les auteurs qui nous ont fourni des données d'expérience sur les effets de ce mode d'épuisement diffèrent beaucoup entre eux.

D'après Perronnet un homme qui travaille 8 heures par jour peut élever par ce procédé 46 mètres cubes d'eau à 1 mètre de hauteur, ce qui revient à un travail utile de

46 000 kilogrammètres en une journée de 8 heures. M. le général du génie Bergère dans son devis modèle des travaux du génie réduit ce produit à 36 000 kilogrammètres, ce qui paraît un peu faible; tandis que l'aide-mémoire de l'officier du génie de M. Laisné porte le même produit à 10 à 11 mètres cubes élevés par heure à 1 mètre de hauteur, dans un travail de 8 heures, ce qui donne 80 000 à 88 000 kilogrammètres pour le travail journalier d'un homme.

La diversité des circonstances, l'ardeur plus ou moins grande des travailleurs peuvent expliquer ces divergences; mais je crois plus prudent de s'en tenir à l'estimation de Perronnet.

Ce genre de travail est pénible, les hommes ont presque toujours les pieds dans l'eau et ne peuvent guère la verser à une hauteur de plus de 1 mètre à 1$^m$,30. Il serait avantageux de le faire exécuter à la tâche, mais cela est assez difficile et exige l'installation de réservoirs de jaugeage.

**43.** *Écopes.* — L'on emploie d'une manière analogue des ouvriers munis d'écopes ordinaires, ou de pelles creuses en bois, dont on garnit les côtés et la partie qui est du côté du manche, de feuilles de tôle ou de planchettes.

Dans l'emploi de l'écope, il y a une perte de force vive et par suite de travail moteur à l'entrée de l'eau sur l'écope par le choc et une autre à la sortie, par suite de la vitesse inutile que l'eau possède quand elle est lancée. Le canal qui reçoit l'eau doit être assez large pour que toute la traînée de liquide, qui est lancée, puisse y être reçue.

On estime que dans une journée de 8 heures de travail, un homme peut élever 48 mètres cubes d'eau à une hauteur de 1 mètre. Des expériences faites à Auxonne et rapportées par M. le général Bergère portent le produit à 60 mètres cubes élevés à un mètre de hauteur.

**44.** *Emploi du van.* — L'usage d'un van manœuvré par deux hommes paraît être assez avantageux pour des épuisements à la main, lorsqu'il ne s'agit pas d'élever l'eau à plus

de 1 mètre à 1ᵐ,20 de hauteur. Les formes courbes du van .
facilitent l'introduction de l'eau et diminuent l'intensité des
chocs.

**45.** *Écopes hollandaises.* — On nomme ainsi de grandes
écopes suspendues à trois perches, formant une espèce de
chèvre. Un homme balance l'écope, à l'aide de son manche,
et après avoir puisé l'eau la lance dans le canal de décharge. La hauteur d'élévation du jet ne doit guère dépasser
1 mètre.

D'après Bélidor un homme élève dans une journée de travail de 8 heures, 120 mètres cubes à 1 mètre de hauteur, ce
qui est plus que le double du produit obtenu avec des écopes
ordinaires. Cette augmentation du produit utile peut être
attribuée à ce que l'homme ne supportant pas le poids de
l'écope et ne faisant que la balancer tout son travail est à peu
près employé à l'élévation de l'eau.

**46.** *Auges mobiles.* — Pour les épuisements à de petites
profondeurs ou pour élever à de faibles hauteurs des eaux
d'irrigation on emploie dans quelques cas des auges ou gout-
tières mobiles ouvertes par un bout et fermées à l'autre, articulées vers l'extrémité ouverte avec un petit canal qui sert
à déverser l'eau.

Un homme saisissant l'extrémité formée par deux poignées
la plonge dans l'eau pour remplir autant que possible la gouttière, puis, en la relevant, oblige l'eau à s'écouler par l'extrémité ouverte.

Un autre dispositif du même genre est formé par un levier
double en gouttière formant balancier, fermé aux deux bouts
et reposant sur un tréteau au milieu de sa longueur; ce levier
porte un diaphragme au milieu de sa longueur, de sorte qu'en
plongeant alternativement dans l'eau chacune de ses extrémités on les charge d'eau, qui s'écoule vers le diaphragme
du milieu, où elle est arrêtée et obligée de passer latéralement par des trous ménagés aux parois, d'où elle est déversée
dans des rigoles latérales.

Lorsque cet appareil simple est manœuvré doucement il peut réaliser la double condition d'admettre et de laisser écouler l'eau avec de faibles vitesses.

L'on n'a pas de données sur l'effet de ces auges mobiles.

**47.** *Auges à soupapes.* — Bélidor décrit des appareils de ce genre qui ont reçu un léger perfectionnement par l'addition d'une soupape disposée au fond de l'extrémité qui plonge dans l'eau. Le liquide s'introduit par cette soupape en clapet et parvient ensuite à l'autre extrémité de l'auge quand on relève celle-ci (pl. I, fig. 1).

Des auges doubles dites auges à balancier ont été aussi construites dans ce genre (pl. I, fig. 2).

D'après une application faite lors de la fondation du pont d'Orléans des auges à soupapes simples, et rapportées par Perronnet, Navier conclut que l'effet utile d'un homme appliqué à ces machines s'élève au plus à 48 000 kilogrammètres élevés à 1 mètre en 12 heures de travail. Outre cette faiblesse de l'effet utile fourni par un homme, cette machine a l'inconvénient de causer beaucoup d'agitation dans l'eau quand elle y plonge, ce qui nuit à la prise des mortiers fraîchement employés; aussi est-elle abandonnée.

**48.** *Balance à double zigzag.* — L'on a cherché à combiner plusieurs auges analogues aux précédentes, en les disposant en zigzag double sur un balancier vertical, oscillant autour d'un axe horizontal (pl. I, fig. 3).

Dans ce dispositif chaque auge est munie à sa jonction avec la suivante d'un clapet qui permet à l'eau de passer de l'une à l'autre, mais non de revenir en sens contraire. L'eau passe ainsi d'une auge dans l'autre et s'élève jusqu'à l'auge supérieure, d'où elle se déverse dans un canal d'écoulement.

Les chocs nombreux, les pertes d'eau par les clapets rendent cette machine inapplicable.

**49.** *Des seaux à bascule.* — Un moyen fort usité de temps immémorial pour tirer l'eau d'une profondeur de 2 à 3 mètres à l'aide d'un seau consiste à suspendre ce vase, par une perche articulée, à un levier à bascule, chargé à son autre extrémité d'un contre-poids. L'homme agit alors sur la perche qui soutient le seau, en s'y suspendant pour soulever le contre-poids, qui l'emporte sur le poids du seau vide et quand le seau est plein il le tire à l'aide de la perche et l'amène à hauteur de la margelle du puits (pl. I, fig. 4).

L'homme ayant plus de facilité pour agir de haut en bas en se suspendant à la perche, qu'en la tirant de bas en haut, il convient de régler le contre-poids et sa position de façon à tenir compte de cette différence.

A cet effet soient :

$P$ le poids de l'eau à élever ;

$p$ le poids du seau ;

$R$ la longueur du bras de levier de ce côté de la bascule ;

$X$ le contre-poids à déterminer ;

$R'$ la longueur de son bras de levier ;

$F$ l'effort à exercer sur la perche pour descendre le seau et élever le contre-poids ;

$F'$ l'effort à exercer pour élever le seau rempli d'eau.

L'on aura pour la descente la relation d'équilibre

$$(F + p)\, R = X R',$$

et pour la montée

$$(P + p - F')\, R = X R',$$

d'où

$$F + p = P + p - F',$$

et si l'on veut que l'effort à exercer sur la perche en remontant le seau ne soit que la moitié de l'effort à exercer pour le descendre, on prendra $F' = \frac{1}{2} F$ et la relation ci-dessus donnera

$$F = P - \tfrac{1}{2}F, \text{ d'où } F = \tfrac{2}{3}P.$$

Par suite la première relation devient

$$(\tfrac{2}{3}P + p)\,R = X\,R',$$

d'où

$$X = \frac{2P + 3p}{3} \cdot \frac{R}{R'}$$

Si par exemple le seau pèse 8 kilogr. et peut contenir 24 litres d'eau, l'on a

$$R = 3^m,\ R' = 2^m,$$

$$P = 24^{kil},\ p = 8^{kil},$$

et l'on trouve

$$F = \tfrac{2}{3} \times 24 = 16^{kil},\ F' = 8^{kil}$$

et

$$X = \frac{2 \times 24 + 3 \times 8}{3} \times \frac{3}{2} = 36^{kil},$$

en faisant abstraction des résistances passives, qui ont ici peu d'influence, attendu la grandeur du bras de levier. Ordinairement la bascule est formée par une pièce de bois plus grosse et plus lourde du côté du contre-poids que du côté de la perche et si, malgré la différence de longueur que nous avons supposée à ces deux parties, elles ne se faisaient pas naturellement équilibre avec la perche autour de l'axe, il faudrait en tenir compte dans la valeur X du contre-poids, ce qui serait facile.

Navier estime qu'en travaillant à un appareil de ce genre pendant 12 heures, un homme pourrait produire le même travail utile qu'à la sonnette à tiraudes et élever 70 mètres cubes à 1 mètre de hauteur; en supposant toutefois qu'il puise l'eau à 4 ou 5 mètres de profondeur, ce qui est d'ailleurs à peu près la profondeur maximum à laquelle on puisse atteindre avec la perche. Mais il me paraît difficile que, dans les circonstances les plus favorables, on dépasse et atteigne même un travail journalier de 60 000 kilogrammètres élevés à 1 mètre.

# MACHINES D'ÉPUISEMENT.

**50.** *Manége des maraîchers.* — L'on nomme ainsi un puits à manége très-employé aux environs de Paris pour l'arrosage des jardins, et dans lequel on se sert d'un manége d'une construction fort simple pour élever alternativement les deux seaux d'un puits.

Sur un arbre vertical tournant sur un pivot et sur un coussinet supérieur, on fixe deux plateaux perpendiculaires à cet arbre et de même diamètre, distant d'environ 1$^m$, à 1$^m$,30. Sur les circonférences extérieures de ces plateaux, l'on cloue des planchettes larges de 0$^m$,10 environ, jointives ou à claire-voie, mais inclinées à l'axe, de façon à former par leur ensemble une surface à gorge, appelée en géométrie hyperboloïde de révolution. Cette gorge reçoit une corde dont les deux bouts passent chacun sur une poulie séparée, placée au-dessus du puits et supportant un seau. Il résulte de cette disposition que l'un des seaux monte quand l'autre descend.

L'arbre qui porte le tambour est mis en mouvement à l'aide d'un levier sur lequel on fait agir le plus ordinairement des animaux. Comme il faut à chaque élévation de l'un des seaux arrêter le manége, vider le seau et remettre le manége en mouvement en sens contraire, le bras de levier du manége est incliné de manière à permettre au cheval de passer dessous en tournant, et le palonnier est articulé à cet effet.

L'on a imaginé divers mécanismes pour éviter ce changement de sens dans la marche du manége et la perte de temps qui en résulte. Ils n'ont que le défaut de rendre un peu plus dispendieuse l'installation de cet appareil ordinairement employé pour les travaux de la petite culture.

Voici une disposition simple que l'on pourrait adopter.

L'arbre C du manége porterait une poulie à gorge AA, sur laquelle s'enroulerait une corde ou courroie sans fin, qui passerait aussi sur une poulie ou tambour BB.

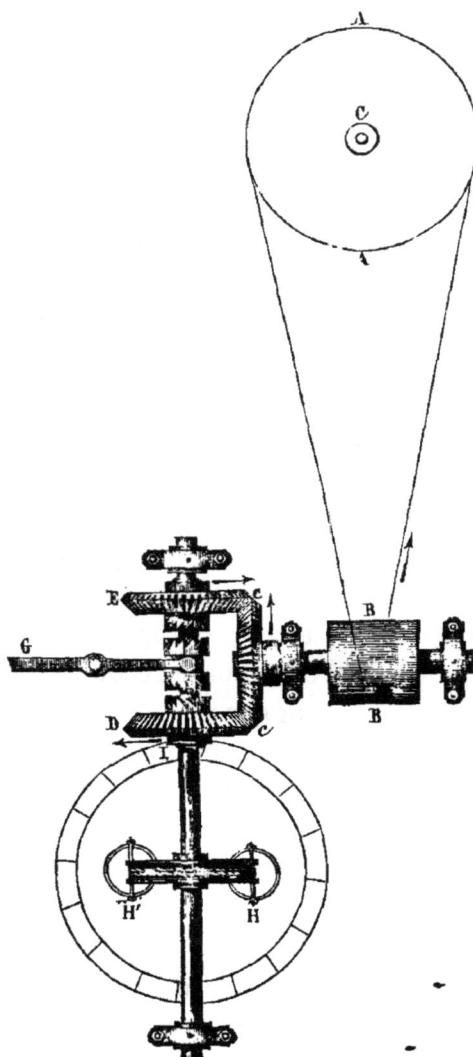

L'arbre de cette poulie BB porterait à son extrémité une roue d'engrenage conique CC conduisant à droite et à gauche deux autres roues d'angle CD et CE mobiles à frottement doux sur l'arbre II, mais qui, par l'action d'un manchon d'embrayage, pourraient être rendues solidaires avec cet arbre II, quant au mouvement de rotation. Enfin, sur l'arbre II, serait montée la poulie ou le treuil du puits auquel seraient suspendus les seaux.

L'on conçoit facilement que si le manége marche dans le sens indiqué par la flèche, toutes les roues tourneront dans celui qui est aussi indiqué par les flèches correspondantes, et si le manchon d'embrayage F est engagé avec la roue dentée CD, le seau H montera et le seau H' descendra. Réciproquement si le manchon F est embrayé avec la roue CE, le seau H descendra, et le seau H' montera.

A l'arrivée de chaque seau à hauteur de la margelle du puits, l'on arrêtera le manége à la voix, on videra le seau plein élevé, l'on embrayera en sens inverse, et l'on remettra le manége en marche. Le cheval sera bientôt habitué à obéir au commandement. L'on pourrait même ne pas arrêter le manége en plaçant le manchon d'embrayage entre les deux roues CD et CE, de façon qu'aucune d'elles n'étant solidaire avec l'arbre II, celui-ci s'arrêterait pourvu qu'on eût retiré le seau plein sur la margelle.

Il est facile d'ailleurs de proportionner les engrenages selon le nombre de chevaux attelés au manége, et le volume d'eau à élever chaque fois.

L'on admet comme résultat général des observations faites sur les manéges de maraîchers les plus simples que l'on peut élever en huit heures de travail :

| | | |
|---|---|---|
| Avec un homme............ | 200$^{mc}$, à 1$^m$, | de hauteur. |
| — un cheval ou un mulet. | 1166 | — |
| — un bœuf................ | 1120 | — |
| — un âne................. | 334 | — |

**51.** *Des puits ordinaires.* — L'on connaît la disposition de ces puits, et l'on sait que dans la plupart des cas l'on se contente d'employer une poulie sur laquelle passe une corde supportant un seau à chacune de ses extrémités. Des deux seaux ainsi mis en mouvement, l'un descend à vide, l'autre remonte plein, l'on n'a donc à élever que l'eau contenue dans le seau montant. Il faut observer cependant qu'au commencement d'une course, le seau vide étant au point le plus élevé, le poids de la longueur de corde AB comprise entre le dessus des deux seaux s'ajoute au poids de l'eau et augmente la résistance, à mesure que le seau vide descend cette longueur de corde à élever diminue jusqu'au moment où les deux seaux sont à la même hauteur ; enfin, au delà de cette position, la plus grande longueur de corde se trouve du côté du seau vide, et son poids agit en faveur de la puissance.

Ces inégalités d'effort qui résultent du poids de la corde ne sont de quelque importance que dans les puits dont la profondeur excède 4 à 5 mètres. Pour les puits plus profonds, l'on peut les annuler, en suspendant sous les seaux un bout de corde attaché à chacun d'eux, et qui plonge toujours dans l'eau. De la sorte, la longueur de corde suspendue de part et d'autre est toujours la même.

L'on admet qu'un homme travaillant 8 heures par jour peut élever à un puits ordinaire 77 mètres cubes d'eau à 1 mètre de hauteur.

**52.** *Puits à treuil.* — Lorsque les puits ont une grande profondeur, le travail à l'aide d'une corde et d'une simple poulie est trop fatigant, et l'on emploie un treuil à manivelle ou à engrenage sur lequel s'enroule la corde. Le plus souvent cette corde ne supporte qu'un seul seau. Quand elle en soutient un à chaque extrémité, l'action de la résistance est plus continue, et le poids de corde à soulever peut être réduit à rien, comme nous l'avons indiqué plus haut.

L'on n'emploie les engrenages que quand le volume d'eau à élever à chaque course est trop considérable pour que l'effort d'un homme agissant sur une manivelle ou sur une roue à poignées soit suffisant pour vaincre la résistance utile, les frottements et la roideur de la corde, ce qui ne présentera aucune difficulté en se reportant aux règles et aux données d'expérience, exposées dans les *Notions fondamentales*, 2ᵉ édition.

Au surplus, on aura une approximation suffisamment exacte pour les cas ordinaires, en estimant le travail consommé par les résistances passives d'un treuil de puits au quart du travail utile mesuré par le poids de l'eau élevée, y compris le poids du seau, s'il n'y en a qu'un.

Dans tous les puits à treuil, qu'ils soient ou non à engrenage, il est prudent d'établir sur l'arbre du treuil une roue à rochet avec un déclic à ressort, qui ne permette pas au seau de redescendre par suite d'une interruption de l'effort moteur; car, faute de cette précaution, il peut arriver des accidents.

Pour régulariser le mouvement du treuil sous l'action variable que l'homme exerce en agissant sur une manivelle, on adapte souvent un volant sur l'arbre de cette manivelle.

Ce dispositif étant l'un de ceux auxquels le travail des hommes s'applique avec le plus d'avantage, on estime que le travail utile d'un homme dans une journée de 8 heures peut être de 170 mètres cubes élevés à 1 mètre de hauteur, c'est-à-dire plus que double de celui qu'on obtiendrait avec un puits ordinaire.

L'on voit donc que, dans tous les cas où les puits seront profonds et les quantités d'eau à élever un peu considérables, l'on devra préférer les puits avec des treuils.

**53.** *Du chapelet.* — L'on employait encore souvent, il y a quelques années, dans les épuisements à faire pour les grandes constructions, un appareil nommé *chapelet*, que l'on disposait tantôt sous une certaine inclinaison, tantôt verticalement.

**54.** *Du chapelet incliné.* — Dans le premier cas, il prend le nom de chapelet incliné et se compose de deux axes horizontaux A et B armés de six ou huit bras qui accrochent et entraînent en tournant les maillons d'une sorte de chaîne sans fin et leur communiquent le mouvement que l'arbre supérieur reçoit d'un moteur (pl. I, fig. 6).

Ces chaînes se font ordinairement en bois et ont la forme indiquée par la figure ci-contre. Au milieu de chaque maillon est assemblée, à l'aide d'une clavette, une planchette perpendiculaire à la longueur de la chaîne, et dont la hauteur est ordinairement égale à la distance qui sépare les axes des maillons. La largeur de cette planchette est égale à deux fois sa hauteur.

La branche inférieure de la chaîne est contenue dans un canal en bois ordinairement ouvert à sa partie supérieure, et dont l'inclinaison est de 30 à 40 degrés à l'horizon.

L'arbre inférieur B plonge dans l'eau et les planchettes entraînées dans le mouvement de la chaîne poussent le liquide devant elles dans le canal et l'élèvent ainsi jusqu'à son extrémité supérieure, où elle se déverse dans le canal de décharge.

L'on est obligé de laisser à ces palettes, qu'on nomme les *grains* du chapelet, un jeu de cinq millimètres au moins de chaque côté, pour faciliter leur circulation dans l'auge. Leur propre poids les appuyant sur le fond de cette auge, l'on peut admettre qu'il n'y a de perte d'eau que sur les deux côtés latéraux.

L'eau qui s'échappe ainsi de l'un des augets formés par les palettes consécutives descendant sur la palette inférieure, et ainsi de suite, de proche en proche, pendant que la palette s'élève, il est facile d'apprécier approximativement la perte de travail occasionnée par le jeu des grains.

Appelons en effet :

J le jeu latéral de chaque côté des palettes, 2J sera le jeu total ;

H' la hauteur du niveau de l'eau dans chaque auget au-dessus du côté inférieur.

L'on pourra considérer l'orifice provenant du jeu comme un déversoir et en calculer la dépense par seconde au moyen de la formule approximative

$$0,40 \times 2 JH' \sqrt{2gH'} = 0,80 \, JH' \sqrt{2gH'}.$$

Ce volume d'eau passant successivement d'une case à l'autre, il descend de toute la hauteur du plan incliné, que nous désignerons par H, et si nous appelons :

V la vitesse uniforme de la chaîne,

L la longueur totale de l'auge,

$\dfrac{L}{V}$ sera le nombre de secondes employées par chaque grain

à la parcourir,

de sorte que la perte de travail due aux fuites, pendant le

temps employé par un même auget à parcourir ce plan incliné, sera pour chaque grain

$$1000 \cdot \frac{0,80\,JH'\sqrt{2gH'}}{V} \cdot HL.$$

Cette expression n'est évidemment qu'approximative, puisque la hauteur H' de l'eau dans chaque auget varie sensiblement pendant la marche du grain ; mais elle suffit pour
montrer que les fuites et les pertes de travail, qui en sont la
conséquence, diminuent à mesure que la vitesse V de la
chaîne augmente.

Il y aurait donc, sous ce rapport, avantage à faire marcher
les chapelets le plus rapidement possible, mais il ne faut pas
perdre de vue que, quand les palettes s'immergent dans l'eau
du réservoir inférieur, qu'elles trouvent en repos, elles éprouvent un choc et impriment à la masse d'eau $\dfrac{1000\,Q}{g}$ que chacune d'elles entraîne avec elle la vitesse moyenne V de la
chaîne. La perte de force vive qui se produit ainsi sur chaque palette, peut être, d'après ce que l'on a vu au n° 4, estimée approximativement à

$$\frac{1000\,Q}{g}V^2,$$

et comme à la sortie du canal cette eau se déverse et possède
encore la vitesse V, qui n'est pas utilisée, il y a aussi à cette
sortie une perte de force vive égale à la précédente ; et, en
résumé, ces deux pertes de force vive équivalent à une perte
de travail moteur exprimée par

$$\frac{1000\,Q}{g}V^{2^{km}}.$$

L'élévation du volume d'eau Q fourni par chaque grain à
la hauteur H exige d'ailleurs un travail moteur qui a pour
expression

$$1000\,QH^{km};$$

de sorte que la quantité totale de travail qui doit être communiquée au chapelet, abstraction faite de celle qui est consommée par les résistances passives, est

$$1000\left\{ QH + \frac{Q}{g}V^2 + \frac{0,80\,JH'\sqrt{gH'}}{V}HL \right\}.$$

Le volume d'eau réellement élevé par chaque grain n'est que

$$Q - \frac{0,80\,JH'\sqrt{2gH'}}{V}L,$$

et l'effet utile a pourexpression,

$$1000\left\{ Q - \frac{0,80\,JH\sqrt{2gH'}}{V}L \right\}H^{km},$$

de sorte que le rendement de la machine, abstraction faite du travail consommé par les frottements, a pour valeur

$$\cdot\frac{Q - \dfrac{0,80\,JH'\sqrt{2gH'}}{V}L}{Q + \dfrac{Q}{g}\dfrac{V^2}{H} + \dfrac{0,80\,JH'\sqrt{2gH'}}{V}L}.$$

**55.** *Résultats d'observation sur les chapelets inclinés.* — La vitesse habituelle de marche des chapelets est environ $V = 1^m,50$.

Des observations faites lors de la construction du pont de la Charité-sur-Loire (voy. Gaüthey, *Traité de la construction des ponts*), et d'autres faites au pont d'Orléans (voy. Perronet, *Description du pont de Neuilly*), ont montré que, dans une journée de travail de 2 heures, un homme agissant à l'aide d'une manivelle faisant 30 tours en 1 minute, élève 68 mètres cubes d'eau à 1 mètre de hauteur, et qu'un cheval attelé à un manége élève 449 mètres cubes à 1 mètre de hauteur dans le même temps.

Ces résultats comparés au travail journalier de l'homme à

la manivelle* qui est estimé à 172800 kilogrammètres en 8 heures et à celui du cheval attelé au manége que l'on évalue généralement à 1166400 kilogrammètres, montrent que le rendement des chapelets inclinés est d'environ 0,39 à 0,38 du travail dépensé par le moteur.

Au moyen de ces données, et sachant quel est le volume d'eau à extraire par seconde d'une hauteur donnée, il sera facile de déterminer le nombre de chapelets et celui des hommes ou des chevaux à employer.

Mais cette machine, facile à réparer et à entretenir, a, outre l'inconvénient d'un faible rendement, celui d'occuper beaucoup de place et d'être d'une installation souvent difficile. Aussi lui préfère-t-on généralement aujourd'hui les pompes à épuisement, dont nous parlerons plus loin.

56. *Du chapelet vertical.* — Ce genre de chapelet diffère du précédent en ce que son tuyau est vertical, fermé sur tout son contour, et ordinairement cylindrique. Les grains du chapelet sont composés de plaques ou rondelles en fer ou en fonte, entre lesquelles est serré un disque de cuir, qui frotte contre les parois du tuyau et s'oppose aux fuites, alors très-faibles, quand la machine a une vitesse suffisante.

D'après une expérience de M. Soyet**, rapportée par M. Gauthey, il paraît que dans un chapelet vertical, dont la manivelle fait 20 à 25 tours en 1 minute, le volume d'eau élevé est au volume engendré par les grains du chapelet à peu près dans le rapport de 0,64 à l'unité, et que, quand la manivelle fait 47 tours en 1 minute, la perte est réduite à fort peu de chose.

Diverses expériences du même ingénieur ont montré que, dans une journée de 8 heures, un homme agissant à l'aide d'une manivelle élève 115 mètres cubes à 1 mètre de hauteur avec un chapelet vertical.

M. le général Bergère*** rapporte que 12 chevaux attelés à

---

* *Aide-mémoire de mécanique*, 4ᵉ édition.
** Voir le *Traité des ponts*, par M. Gauthey.
*** *Analyse des prix.*

un manége, qui faisait mouvoir deux chapelets verticaux, ont élevé par journée de 8 heures et par cheval 674 mètres cubes à 1 mètre de hauteur.

Ces résultats, comparés au travail journalier de l'homme à la manivelle et du cheval au manége*, montrent que le rendement du chapelet vertical est égal à 0,67, c'est-à-dire bien supérieur à celui du chapelet incliné, avantage qui, joint à la plus grande facilité d'installation du chapelet vertical, doit le faire préférer à l'autre.

**57**. *Perfectionnement dont le chapelet vertical paraît susceptible.* — Cette machine élévatoire, dont l'emploi présente, comme on vient de le voir, des avantages assez notables, pourrait être perfectionnée, ainsi que l'a indiqué, il y a longtemps, M. Poncelet dans ses leçons à l'Ecole de Metz. Il suffirait d'aléser la partie inférieure du tuyau, sur une longueur un peu plus grande que l'intervalle de deux grains; le reste du tuyau pourrait alors, sans inconvénient, être un peu plus large que les grains, et l'on éviterait par cette disposition toute perte d'eau et une grande partie des frottements.

L'on doit d'ailleurs, dans tous les cas, évaser le tuyau à son extrémité inférieure et faire passer le bras de la chaîne sur un tambour ou hérisson qui assure la bonne direction des grains et facilite leur entrée dans le tuyau.

**58**. *Emploi du chapelet vertical comme moteur.* — Bien que nous ne nous occupions ici que des machines à élever l'eau, il n'est pas inutile peut-être de dire que depuis longtemps et à diverses reprises cet appareil a été proposé pour servir de moteur hydraulique, en faisant arriver l'eau à sa partie supérieure et la faisant échapper par le bas. La multiplicité des articulations et leur usure rapide, par l'action de l'eau plus ou moins trouble, sont, sans doute, une des causes prin-

---

* *Aide-mémoire de mécanique*, 4ᵉ édition, page 446.

cipales qui ont empêché jusqu'ici cet appareil de se pro-
pager.

On a aussi proposé d'utiliser ce moteur comme appareil
de soufflerie. L'on conçoit, en effet, que si l'intervalle des
grains compris dans la partie alésée du tuyau n'est qu'en
partie rempli d'eau, l'air qui se trouve au-dessus de l'eau
sera forcé de descendre dans le tuyau et pourra passer de
là dans un réservoir spécial analogue à celui des trompes à
air employées dans les Pyrénées.

# MACHINES ÉLÉVATOIRES

## EMPLOYÉES A L'IRRIGATION.

59. *Des norias* ou *chaînes à pots.* — De temps immémorial l'agriculture des pays orientaux emploie l'appareil connu en France sous le nom de *noria* et dans d'autres pays sous celui de *chaîne à pots.* Il consistait primitivement, comme le montre la fig. 7, pl. 1, en un ou quelquefois deux tambours à axe horizontal placés l'un au-dessous de l'autre et sur lesquels passaient deux cordes sans fin parallèles, auxquelles étaient attachés de distance en distance des pots en terre. En imprimant au tambour supérieur, directement ou le plus souvent par l'intermédiaire d'un manége, un mouvement de rotation, les pots venaient successivement passer autour du tambour inférieur, qui était immergé dans l'eau, ils s'y remplissaient, et, entraînés par le mouvement des cordes, ils s'élevaient chargés d'eau. Lorsqu'ils arrivaient ensuite sur le tambour supérieur, l'eau qu'ils contenaient se déversait dans une auge qui la conduisait dans les réservoirs ou rigoles d'irrigation.

Les pots en terre, trop fragiles, dont la figure ci-contre indique la construction rustique sont encore employés en Algérie par les colons mahonais. Malgré leur grossièreté, de semblables norias, que le jardinier, qui les emploie, répare et entretient lui-même, peuvent rendre des services, et nous croyons devoir donner les dimensions principales de l'une d'elles :

| | | |
|---|---|---|
| Lanterne horizontale..... { diamètre. | $1^m$,15 |
| hauteur.. | 0 ,50 |
| Roue verticale........... diamètre. | 1 ,80 |
| Profondeur du puits au-dessous du sol. | 10 ,90 |
| Profondeur d'eau dans le puits....... | 2 ,90 |
| Hauteur d'élévation de l'eau......... | 8 ,00 |
| Nombre de pots en godets........... | 70 ,00 |
| Longueur d'un pot................. | 0 ,30 |
| Diamètre des pots..... { à la bouche.. | 0 ,13 |
| au fond..... | 0 ,10 |

L'effet utile obtenu avec le travail d'un mauvais cheval est par heure de 6000 litres élevés à 8 mètres, ce qui ne correspond qu'à un travail utile égal à

$$\frac{6000 \times 6}{3600} = 13^{km},28,$$

quantité très-faible.

Dans les appareils mieux construits l'on a remplacé les pots par des augets en bois ou en métal.

Les augets en bois ont la forme de caisses prismatiques allongées, fermées de toutes parts et n'offrant pour l'entrée et la sortie de l'eau et de l'air qu'une ouverture réservée à l'une des extrémités. Ces caisses sont fixées sur des cordes ou sur des chaînes sous une certaine inclinaison, de façon que leur orifice de sortie se trouve à sa partie la plus élevée. Après s'être remplies d'eau, elles s'élèvent chargées, et, en tournant autour du tambour supérieur, elles versent leur eau dans une auge placée à côté du tambour supérieur.

Les caisses en bois sont économiques et faciles à réparer, mais elles sont sujettes à des fuites, surtout sous les pays chauds, lorsqu'elles ne sont pas renfermées dans des abris. Aussi les a-t-on remplacées par des caisses en tôle de fer.

Dans tous les cas il faut disposer les pots de manière qu'ils versent toute l'eau qu'ils contiennent le plus près possible du sommet du tambour supérieur, afin d'éviter de l'élever inutilement à une hauteur plus grande que celle à laquelle on la reçoit.

60. *Inconvénients des norias.* — Les appareils fort simples et fort anciens que nous venons de décrire présentent une partie des inconvénients du chapelet vertical. Il se produit une perte de force vive à l'entrée de l'eau dans les pots et une perte à la sortie, et de plus l'on est toujours obligé d'élever l'eau plus haut qu'on ne la reçoit, ce qui constitue une perte de travail.

En faisant marcher les tambours lentement, on atténue les pertes de force vive à l'entrée et à la sortie, mais la perte sur

la hauteur d'élévation ne peut guère être réduite à moins de
0$^m$,50 et même 0$^m$,60 ou 0$^m$,75. C'est d'ailleurs une quantité
à peu près constante dans tous les cas et qui a d'autant
moins d'influence que la hauteur d'élévation est plus considérable.

Un autre défaut des norias, c'est la perte d'eau que font
les pots par le balancement des cordes ou des chaînes, et que
l'on nomme le *baquetage*. On estime cette perte à $\frac{1}{10}$ environ du volume des seaux.

**61.** *Noria de M. Gateau.* — Le grand usage que l'on fait
des norias dans le midi de la France a engagé plusieurs constructeurs à chercher à les perfectionner, sans trop altérer
leur simplicité primitive. Parmi ces essais nous citerons ceux
de M. Gateau, qui s'est proposé particulièrement de diminuer
le baquetage et la perte sur la hauteur d'élévation en disposant les seaux d'une manière plus favorable (pl. I, fig. 8).

Dans les norias de ce constructeur les seaux ont un couvercle à charnière, qui atténue beaucoup la perte par le
baquetage et qui, en s'ouvrant quand le seau est arrivé au
haut du tambour supérieur, facilite le versement de l'eau.
Une bâche placée aussi haut que possible et engagée en
partie sous ce tambour reçoit l'eau versée par les pots, et la
chaîne est obligée par un rouleau à dévier un peu de la verticale après que les augets se sont vidés.

. Pour rendre facile la sortie de l'air que contiennent les pots
descendants au moment où ils plongent dans l'eau, l'on a
disposé à leur fond opposé au couvercle une petite soupape,
qui s'ouvre par son propre poids pendant la descente de la
chaîne. Cette soupape peut dans certains cas donner lieu à
des fuites, et quand on pourra immerger complétement le
tambour inférieur son usage sera superflu, attendu que les
pots achèveront de se vider d'air et de se remplir d'eau quand
ils se relèveront.

**62.** *Rendement des norias.* — L'on peut, comme nous l'avons
dit, atténuer beaucoup les pertes de force vive à l'entrée et à

la sortie de l'eau en les faisant marcher lentement, à $0^m,60$ de vitesse par exemple, en $1''$, mais, dans les grandes norias, il est difficile de réduire le baquetage à moins de 1/10, et la perte de chute à moins de $0^m,75$ ; enfin le travail consommé par les frottements de l'appareil est aussi assez considérable, et pour tenir compte de ces différentes causes de pertes, Navier a proposé de calculer le rendement de ces machines par la formule

$$0,80 \; \frac{H}{H + 0^m,75}$$

lorsque la profondeur H du puits au-dessous de la bâche atteindra ou dépassera 4 mètres. Au-dessous de cette profondeur l'on emploie d'ailleurs rarement les norias et l'on a recours à la roue chinoise dont nous parlerons un peu plus loin.

**63.** *Noria de M. Burel.* — Un système ingénieux de noria a été proposé et construit par M. Burel, officier supérieur du génie, pour les épuisements de longue durée ou pour les élévations d'eau à d'assez grandes profondeurs (pl. II, fig. 1).

Il consiste en un puits au milieu duquel s'élève un pilier et dont la margelle forme une rigole dans laquelle l'eau est reçue et d'où elle se répand dans les canaux d'irrigation ou de décharge.

La noria est supportée par un tambour ou hérisson monté sur un arbre horizontal, qui repose sur un coussinet à pivot, placé au milieu du pilier central. Cet arbre est soutenu dans la position horizontale au moyen d'une roue de voiture, et à son extrémité on attèle un cheval ou un âne.

Lorsque ce manége marche, on conçoit que la roue détermine le mouvement de rotation de l'arbre et du hérisson qui porte la noria, en même temps que tout l'appareil circule autour du puits. La noria parcourt donc l'espace annulaire formé autour du pilier et ses pots sont convenablement disposés à verser l'eau dans l'auge de la margelle.

Ce système dispense de tout engrenage, mais il a divers inconvénients qui paraissent compenser cet avantage. D'abord le mouvement de transport de la noria autour du puits donne lieu de la part de l'eau à une résistance qui absorbe une portion du travail moteur. Le baquetage n'est pas évité et la perte de chute sur la hauteur d'élévation de l'eau est nécessairement un peu plus grande que dans les norias ordinaires. Enfin cette noria exige un puits beaucoup plus large que les autres, ce qui compense et au-delà la dépense des engrenages pour les norias ordinaires.

D'après des expériences publiées dans le *Mémorial de l'officier du génie*, cette machine donnerait un rendement de 0,60 du travail moteur dépensé.

A Saint-Jean-du-Gard, une noria de ce genre, mue par un cheval travaillant 8 heures par jour, a fourni 671 mètres cubes à 1 mètre de hauteur, ou 0,57 du travail moteur.

A Saint-Aunez, un âne attelé pendant 8 heures à une semblable noria a élevé 334 mètres cubes à 1 mètre de hauteur, ce qui paraît bien considérable, puisque l'on n'estime qu'à ce même chiffre le travail développé par un âne agissant sur un manége.

**64.** *Roue chinoise.* — Lorsqu'il ne s'agit que d'élever l'eau d'une hauteur de 5 à 6 mètres au-dessus du niveau du réservoir, on remplace les tambours et la chaîne par une roue ou tambour, à la surface extérieure duquel on fixe les pots, qui sont alors des caisses en bois ou en métal analogues à celles que nous avons décrites précédemment. Ces roues ont reçu le nom de *roues chinoises*, parce qu'on les croit importées de la Chine, où elles sont souvent construites en bambous.

Lorsque ces roues marchent à une faible vitesse, de $0^m,20$, par exemple, en une seconde, les pertes de force vive à l'entrée et à la sortie sont assez faibles; la hauteur d'élévation au-dessus de l'auge qui reçoit l'eau peut être réduite à $0^m,50$ ou $0^m,60$, et comme c'est une quantité constante, elle a d'autant moins d'influence que le diamètre de la roue est plus grand. Les pertes d'eau par le baquetage sont peu de chose

quand les augets ou pots sont convenablement peints ou gou-
dronnés, et je pense que le rendement de ces roues ne doit
pas être inférieur à

$$0,70 \frac{H}{H + 0,60},$$

H étant la hauteur réelle d'élévation de l'eau au-dessus du
niveau du réservoir inférieur.

Il augmentera avec le diamètre des roues, qui peut atteindre
6, 8 et même 10 mètres sans inconvénients.

L'on doit donc regarder la roue chinoise comme l'une des
machines les plus favorables à employer pour l'élévation de
l'eau, tant sous le rapport du rendement que sous celui de la
simplicité de sa construction et de la facilité de son entretien.

**65.** *Expériences sur la roue chinoise du Conservatoire des
arts et métiers.* — La galerie d'expérimentation du Conservatoire des arts et métiers possède un modèle d'une roue de ce
genre, assez grand pour qu'il ait été possible d'exécuter sur
son rendement des expériences, dont les résultats soient applicables dans la pratique.

Cette roue, à arbre en bois, est formée par deux couronnes
de 1$^m$.80 de diamètre extérieur, sur la circonférence desquelles sont fixés trente pots ou augets en bois, fermés par
un bout et ouverts par l'autre, en forme de pyramide tronquée, à bases rectangulaires : l'une de 0$^m$,090 sur 0$^m$,090 de
côté intérieur; l'autre de 0$^m$,052 sur 0$^m$,048. La longueur de
ces pots, dans le sens de la largeur de la roue est de 0$^m$,40,
et ils sont inclinés à 65 degrés sur le plan des couronnes.

La roue plonge habituellement dans le réservoir inférieur,
où elle doit puiser l'eau, de 0$^m$,10 à 0$^m$,12 seulement, et par
suite de sa construction, les pots qu'elle porte se remplissent d'eau quand elle tourne, et l'air qu'ils contiennent s'en
échappe facilement; chaque pot a un volume de 2$^{lit}$,54.

Quand les augets arrivent vers le sommet de la roue, leur
extrémité ouverte y parvenant avant leur fond, l'eau se déverse et tombe dans un canal en bois qui la conduit au bas-

sin de réception. Il est difficile que le fond de ce canal ne soit pas au moins à $0^m,30$ en contre-bas du sommet des couronnes, ce qui constitue une perte sur la hauteur à laquelle l'eau a été élevée.

En supposant donc que la roue ne soit plongée dans le réservoir inférieur que jusqu'à la surface extérieure de ses couronnes, et nommant D le diamètre de cette surface cylindrique, la hauteur d'élévation réelle, ou du point où l'eau est reçue au-dessus du réservoir inférieur, serait au plus égale à

$$H = D - 0^m,40 = 1^m,40$$

dans le cas actuel.

Dans les expériences faites au Conservatoire, à l'aide d'un dynamomètre de rotation, l'eau élevée était reçue dans une grande cuve, où l'on mesurait chaque fois un volume de $1623^{lit}.84$ pendant un temps que l'on observait.

Les résultats de ces expériences sont consignés dans le tableau suivant :

EXPÉRIENCES SUR LA ROUE CHINOISE DU CONSERVATOIRE DES ARTS ET MÉTIERS, AVRIL 1859.

| VITESSE de la circonférence des couronnes en 1" | POIDS de l'eau élevée pendant l'expérience. | HAUTEUR d'élévation réelle ou du point de réception. | TRAVAIL utile. | TRAVAIL moteur indiqué par les dynamomètres. | RENDEMENT. |
|---|---|---|---|---|---|
| m. | kil. | m. | km. | km. | |
| 0,106 | | | | 3856,00 | 0,59 |
| 0,193 | 1623,84 | 1,40 | 2273,34 | 4354,50 | 0,52 |
| 0,278 | | | | 4427,08 | 0,51 |
| 0,330 | | | | 6148,72 | 0,36 |

Ces expériences, bien que faites sur une roue de petite dimension, placée par conséquent dans des conditions très-défavorables, par suite de l'influence de la perte de hauteur d'élévation, qui était $\frac{1}{5,6} = 0,176$ de la hauteur totale, montrent que cette machine rustique, d'une construction fort simple, rendait alors, à petite vitesse, 0,59 du travail moteur dépensé pour la faire marcher.

L'on voit, par la diminution qu'éprouve le rendement à mesure que la vitesse augmente, que cette machine doit fonctionner lentement. Cependant, avec de grandes roues, dont les augets seraient plongés dans l'eau du double à peu près de leur hauteur d'ouverture, et se rempliraient ainsi facilement, l'on pourrait, je pense, élever la vitesse par seconde à $0^m,30$ ou $0^m,40$ à la circonférence, en ayant soin de faire les augets jointifs ou de les entourer d'une enveloppe cylindrique sans vides ni saillies, afin d'éviter ou d'atténuer le plus possible la résistance que les côtés de la roue, dont nous venons de parler, éprouvaient de la part du fluide du réservoir inférieur.

Avec ces précautions, je ne doute guère que de grandes roues de ce genre ne rendissent 0,60 à 0,65 de travail moteur dépensé.

Lorsque les pots sont convenablement immergés dans le réservoir et assez inclinés sur le plan des couronnes, l'on peut compter qu'aux vitesses indiquées ci-dessus, le volume d'eau élevé par chaque auget sera au moins les 0,80 de la capacité totale de cet auget.

Les éléments et les résultats qui précèdent permettront donc de proportionner des roues de ce genre pour élever tel volume d'eau que l'on voudra, en ne perdant cependant pas de vue que ce volume est assez limité.

66. *Roue à tympan.* — L'on emploie encore de nos jours, et l'on a même, par des perfectionnements de construction, remis en honneur une ancienne machine connue de temps immémorial et décrite par Vitruve, que l'on appelle *roue à tympan.*

Elle consistait autrefois en un tambour en bois à fonds pleins, partagé en huit ou en douze secteurs par des cloisons dirigées suivant des rayons. Chacun de ces secteurs avait à la surface extérieure du tambour une ouverture *a* placée près de la cloison qui le séparait du secteur précédent. Vers leur sommet, ces secteurs communiquaient avec un tambour intérieur plus petit, également partagé en un même nombre de secteurs, et qui dépassait, par l'une de ses extrémités, le tambour principal. Ce tambour intérieur portait à la surface extérieure de cette extrémité des ouvertures par lesquelles l'eau, admise dans le tympan, s'échappait et coulait dans une auge disposée pour la recevoir.

D'après cette description succincte, il est facile de concevoir le jeu de la machine. L'eau s'introduit dans les secteurs immergés par leur orifice *a*, et occupe d'abord l'espace angulaire compris entre l'arc *ab* et le fond *bc* du secteur ; elle s'élève pendant la marche de la roue et s'étale sur le fond *bc* à mesure que ce fond se rapproche de l'horizontale, et s'écoule ensuite par le sommet du secteur dans le petit tambour creux, le parcourt dans sa longueur parallèlement à l'axe de rotation, et en sort par les orifices ménagés à la surface de ce tambour.

Dans ce dispositif, l'eau sort nécessairement, à très-peu près, à hauteur de l'axe de la roue, attendu que l'orifice *a'* du petit tambour se trouve à fleur du fond *bc* du secteur, et qu'il ne peut commencer à évacuer l'eau que quand ce fond est presque horizontal, et qu'elle cesse à peu près de couler dès qu'il a dépassé cette hauteur.

Mais l'auge étant nécessairement placée au-dessous de la surface extérieure du petit tambour, il en résulte toujours, sur la hauteur d'élévation, une perte supérieure au rayon de ce tambour.

L'on remarquera de plus que cette perte de hauteur, qui ne peut guère être moindre de $0^m,50$, est une fraction du rayon, et que, pour élever l'eau à une hauteur donnée, la roue à tympan doit avoir un diamètre double de celui de la roue chinoise, ce qui est un inconvénient grave.

La vitesse de la circonférence extérieure du tambour doit toujours être faible et de $0^m,80$ à 1 mètre au plus pour atté-

nuer la consommation de travail produite à l'introduction
de l'eau. A la sortie par l'axe, la vitesse est naturellement
assez faible, et la perte de force vive correspondante est peu
de chose, ainsi que le travail du frottement de l'eau. En résumé, dans cette machine, la seule perte un peu considérable de travail moteur est due à la perte sur la hauteur
d'élévation, et si l'on nomme H la hauteur de l'auge de
réception au-dessus du niveau inférieur, l'on pourra calculer le rendement de la machine par la formule

$$0,80\ \frac{H}{H + 0,50},$$

le coefficient 0,80 servant à tenir compte de toutes les pertes
de résistance autres que la perte sur la hauteur d'élévation,
que nous estimons en moyenne égale à 0$^m$,50, et qui aura
d'autant moins d'influence que la hauteur d'élévation sera
plus considérable.

Perronet rapporte [*] que douze hommes employés à faire
mouvoir un tympan au moyen d'une roue à marcher, ont
élevé chacun 211$^{mc}$,10 à 1 mètre de hauteur.

En comparant ce résultat au travail développé par un
homme sur une roue à chevilles, ce qui revient à peu près
au même que son action sur une roue à marcher, et que l'on
estime à 251 120 kilogrammètres [*], on trouve que le rendement de cette roue à tympan a été de 0,84. Elle avait 6$^m$,30
de diamètre, plongeait dans l'eau de 0$^m$,16, et faisait trois
tours, ce qui correspond à une vitesse de 0$^m$,99 à la circonférence extérieure du tambour.

**67.** *Perfectionnements proposés pour les tympans.* — La construction que nous venons d'indiquer pour les roues à tympan est simple et d'une exécution facile, mais elle présente
quelques inconvénients. Le volume d'eau qui est reçu dans

----

[*] *Traité de l'art de bâtir*, tome II, page 20.
[**] *Aide-mémoire de mécanique*, 4$^e$ édit., page 446.

chaque secteur se trouvant limité par la ligne de niveau qui
passe par son orifice au moment où cet orifice sort du liquide,
il faut, pour que ce volume ne soit pas très-faible par rapport à la capacité de la roue, limiter le nombre des secteurs
et augmenter la profondeur d'immersion. Ce volume, d'abord
compris dans l'angle inférieur du secteur et vers sa circonférence, s'étale vers l'axe à mesure que le secteur s'élève,
son centre de gravité se rapproche de plus en plus de l'axe,
et le bras de levier de cette charge diminue. Il résulte de
cette variation du bras de levier et du petit nombre des secteurs simultanément chargés, qui n'est que de deux ou trois
au plus, des irrégularités de mouvement, et le faible volume
d'eau que chaque secteur peut admettre oblige à donner à la
roue une grande longueur dans le sens de son axe.

L'on a cherché à remédier à ces défauts en remplaçant les
cloisons planes qui forment les secteurs par des cloisons curvilignes, auxquelles l'on a donné la forme de développantes
de cercle (pl. II, fig. 4).

La construction des roues à tympan, avec canaux en développante de cercle ou en spirale, est attribuée à Lafaye, aca-
démicien français, né à Vienne en Dauphiné en 1671, qui en
a donné une description dans les *Mémoires de l'Académie* * pour
l'année 1716. Mais on retrouve cette disposition indiquée dans
l'*Art du fontainier*, par le P. Jean-François, de la compagnie de Jésus, 2ᵉ édition, imprimée à Rennes en 1665, p. 33.

**68.** *Comparaison du tympan des anciens avec le tympan à
développantes de cercle.* — Le motif qui a engagé Lafaye, et,
depuis lui, la plupart des ingénieurs à préférer la forme
courbe en développante de cercle des canaux de la roue à
tympan à la forme antique, où cette roue se composait simplement de secteurs, paraît avoir été d'obtenir une plus grande
égalité dans les bras de levier de la charge d'eau à élever, ou
en d'autres termes dans les valeurs des moments de la ré-

---

* *Mémoires de l'Académie des sciences*, 1717.

sistance utile. Il résulte, en effet, de cette disposition, plus
de régularité dans la marche de la machine ; mais quant à
l'effet utile et au travail moteur à dépenser pour obtenir un
effet donné, l'avantage est nul, car dans un dispositif comme
dans l'autre, il faut élever le même volume d'eau à la même
hauteur. Navier, dans ses notes sur l'architecture hydraulique de Bélidor, avait déjà fait cette remarque.

Mais il y a plus, c'est que l'emploi des développantes à largeur et diamètre égaux ne permet pas d'admettre dans la
roue et d'élever autant d'eau que les secteurs anciens. C'est
ce qui résulte des tracés comparatifs, ainsi que le montre
l'exemple suivant relatif à une roue de 6 mètres de diamètre.

En traçant les augets de cette roue au nombre de huit dans
les deux dispositifs, et supposant la roue successivement
immergée de 0m,60 et de 0m,80, on a trouvé les résultats
suivants :

| PROFONDEUR D'IMMERSION du tympan. | VOLUMES D'EAU ADMIS PAR TOUR DE ROUE et par mètre courant de largeur dans une roue à tympans de 6 mètres de diamètre. | | RAPPORT des VOLUMES admis dans le tympan à développantes à celui que reçoit le tympan à secteurs triangulaires. |
|---|---|---|---|
| | à augets en forme de secteurs triangulaires. | à augets limités par des développantes de cercle. | |
| m. | m. c. | m. c. | |
| 0,60 | 0,25152 | 0,12096 | 0,48 |
| 0,80 | 0,33372 | 0,23088 | 0,66 |

L'on voit donc que pour une même largeur de roue, et par
conséquent pour une même dépense et un même poids, le
tympan des anciens peut élever beaucoup plus d'eau que
celui dont les augets ont la forme de développantes de
cercle.

Si l'on ajoute à cette considération que le tympan à secteurs triangulaires, tel que le décrit Vitruve, est beaucoup

plus facile à exécuter que l'autre, et peut être fait et réparé par de simples charpentiers; l'on en concluera avec nous que la forme antique doit être préférée.

**69.** *Détermination du diamètre du noyau creux du tympan.* — L'un des défauts graves du tympan, c'est que l'eau doit être élevée à une hauteur un peu plus grande que celle de son axe, et qu'elle ne peut être reçue qu'en dessous du cylindre creux par lequel elle s'échappe, ce qui occasionne toujours sur la hauteur d'élévation une perte absolue, qui ne peut guère être moindre de 0ᵐ,50; et comme la hauteur d'élévation de l'eau n'est elle-même qu'une partie du rayon, il en résulte une perte proportionnelle d'effet utile assez grande pour cette seule cause.

Ainsi, par exemple, pour une roue de 6 mètres de diamètre qui doit être immergée de 0ᵐ,80, environ, afin qu'elle élève un grand volume d'eau et dont l'axe ne se trouve plus par conséquent qu'à 2ᵐ,20 au-dessus du niveau de l'eau, cette perte de hauteur de 0ᵐ,50 serait environ 0,23 de la hauteur à laquelle l'eau a été réellement élevée, et l'effet utile, abstraction faite du travail consommé par les résistances passives, se trouverait par ce seul motif réduit à 0,77 du travail moteur.

Il importe donc de ne donner au rayon du tambour intérieur que la dimension nécessaire pour que l'eau s'y écoule facilement et avec une vitesse modérée. Si, par exemple, on s'impose la condition que l'eau s'écoule par ce tambour avec une vitesse moyenne d'un mètre en 1 seconde, l'on aura l'aire de la section libre que doit présenter ce tambour en divisant le volume d'eau $Q$ à élever par la vitesse moyenne. Pour tenir compte de son noyau et de l'épaisseur des cloisons, on augmentera cette aire de 1/4 à 1/5 de la valeur trouvée, et l'on aura la superficie du cercle intérieur du noyau d'où l'on déduira son rayon.

L'on disposera ensuite l'auge, qui reçoit l'eau et la conduit au réservoir ou aux rigoles, de manière à perdre le moins possible sur la hauteur d'élévation.

Ainsi dans le tympan de 6 mètres de diamètre, que nous avons étudié, immergé de $0^m,80$, le volume d'eau admis dans les huit secteurs à faces planes étant partout de

$$Q = 0^{mc},33372,$$

et la vitesse moyenne de l'écoulement de l'eau étant fixée à $1^m,00$ en 1 seconde, l'aire du passage libre que doit offrir le tambour sera

$$S = 0^{m \cdot q},33372,$$

en l'augmentant d'un quart pour tenir compte de l'espace occupé par les cloisons et le noyau. La surface du grand cercle intérieur du noyau devra être égale à

$$1,25 \times 0^{m \cdot q},33372 = 0^{m \cdot q},41715.$$

Le diamètre de ce cercle sera donc

$$d = \sqrt[2]{1,273 \times 0^{m \cdot q},41715} = 0^m,729,$$

dont la moitié $0^m,365$ sera le rayon intérieur du noyau.

Il est difficile qu'en ayant égard à l'épaisseur du métal qui formera le noyau, le fond de l'auge qui reçoit l'eau ne soit pas à $0^m,18$ au moins en dessous de la surface intérieure de ce noyau, et que par conséquent le niveau auquel l'eau sera reçue ne soit pas à $0^m,55$ au moins au-dessous de l'axe.

Donc, dans le cas actuel, la hauteur à laquelle le tympan élèvera l'eau sera de

$$2^m,20 - 0^m,55 = 1^m,65.$$

L'on voit que dans les conditions précédentes un tympan de 6 mètres de diamètre n'élèverait l'eau qu'il fournirait qu'à une hauteur de $1^m,65$.

**70.** *Roues à pots ou à godets.* — La roue à tympan n'élevant l'eau qu'à une hauteur notablement moindre que son rayon, puisqu'elle doit être immergée d'une certaine quantité, et que l'auge d'évacuation est toujours au-dessous de l'axe, il s'en suit que son emploi est restreint à des hauteurs d'élévation assez faibles, de 3 à 4 mètres au plus, à moins d'atteindre des dimensions colossales. C'est ce qui a conduit pour des hauteurs d'élévation qui dépassent ces limites, à employer des *roues à godets*, qui portent à la circonférence extérieure de leurs jantes des espèces de seaux articulés, de manière qu'ils prennent naturellement la position verticale. Ces pots, emportés par la roue dans son mouvement, se remplissent d'eau et s'élèvent jusqu'au sommet. Parvenus à cette hauteur, ils rencontrent un arrêt qui les fait basculer, et l'eau qu'ils contenaient se déverse dans une auge d'évacuation.

Ces roues ressemblent beaucoup, comme on le voit, à la roue chinoise qui leur est bien préférable. En effet, les seaux à leur introduction et par leur circulation dans l'eau doivent donner lieu à une perte de travail bien plus considérable que la roue chinoise, dont tous les augets peuvent être rendus contigus, de manière à ne former qu'une seule surface cylindrique ; d'une autre part, le balancement inévitable des seaux doit donner lieu à un baquetage qui produit un déchet considérable sur le volume d'eau élevée. Enfin, le mouvement continuel des articulations des seaux détermine une usure rapide qui ne se produit pas dans la roue chinoise, dont la circulation et l'entretien sont infiniment plus simples.

Des observations faites au pont de Nemours ont cependant montré qu'une roue de ce genre pouvait rendre 0,65 du travail dépensé par le moteur.

**71.** *Roues à augets employées à Bayonne en* 1834. — Mais si les roues à augets oscillants, dont nous venons de parler, présentent les inconvénients que nous avons signalés, ils ont été évités avec habileté en 1834 par M. le capitaine du génie Niel, aujourd'hui maréchal de France, dans la construction

---

* *Expériences sur la main-d'œuvre*, par M. Boislard, ingénieur en chef des ponts et chaussées, page 67.

d'une roue à augets fixes qu'il a fait construire pour les travaux d'épuisement que nécessitaient les agrandissements des fortifications de la place de Bayonne (pl. II, fig. 5). Nous extrairons les renseignements et les résultats suivants du mémoire que ce savant officier a inséré dans le n° 44 du *Mémorial de l'officier du génie* publié en 1844.

La roue à augets, dont nous voulons parler, était accolée à une roue à marcher, que des hommes mettaient en mouvement. Elle pourrait l'être à tout autre appareil moteur. La planche II, fig. 5, représente une coupe transversale perpendiculaire à l'axe de la roue.

Les hommes qui mettent la machine en mouvement se tiennent à la barre horizontale *g*, (pl. II, fig. 5), et s'élèvent plus ou moins haut, selon la vitesse qu'ils doivent communiquer à la machine, et qui par prudence et pour obtenir, sans trop de fatigue, le meilleur effet, ne paraît pas devoir dépasser 0$^m$,60, ni rester au-dessous de 0$^m$,30. Ces vitesses de la circonférence extérieure correspondaient à peu près à celles de 0$^m$,45 et 0$^m$,225 des marches sur lesquelles montaient les hommes.

Les augets de cette roue étaient en tôle et s'emboîtaient un peu les uns dans les autres. Ils se remplissaient par leur bord extérieur et se vidaient par leur bord intérieur dans une auge placée en dedans de la roue.

**72.** *Théorie des effets de cette roue à augets.* — M. le capitaine Niel a donné, d'après le principe des forces vives, une théorie des effets de cette machine qu'il est bon de reproduire pour la comparer aux résultats des expériences et pour montrer comment on doit procéder en pareil cas [*].

Nommons :

*v* la vitesse de la roue à la circonférence moyenne des deux disques annulaires qui emboîtent les augets;

---

[*] *Mémorial de l'officier du génie*, n° 14, pages 195 et suivantes.

H la hauteur du fond du canal en bois ou de l'auge par laquelle l'eau épuisée s'écoule au-dessus du niveau de l'eau dans l'excavation ;

h la plus grande hauteur de la circonférence intérieure de la roue au-dessus du fond de l'auge ;

r le rayon des tourillons ;

p le poids de l'eau fournie dans un tour ;

q celui des hommes placés sur le tambour ;

$m = \dfrac{p}{g} = \dfrac{p}{9,81}$ la masse de l'eau dont le poids est $p$ ;

Q le poids de la roue avec sa charge.

Supposons la vitesse devenue uniforme, et appliquons à la machine en mouvement le principe des forces vives d'après lequel, pour un temps donné, la somme des quantités de travail imprimées dans un sens, moins celle des quantités de travail qui le sont en sens opposé, doit être égale à la moitié des forces vives qui ont été acquises et de celles qui ont été perdues dans le même temps.

Considérons ce qui a lieu pendant que la machine fait une révolution :

1° Un poids d'eau $p$ a été élevé à une hauteur dont la moyenne est $H + \frac{1}{2} h$, ce qui correspond à une quantité de travail résistant

$$p \left( H + \tfrac{1}{2} h \right);$$

2° Si $t$ est le temps qu'a mis la machine à faire un tour, compté en secondes, et $h'$ la hauteur verticale dont les hommes placés sur les tambours remontent leur centre de gravité aussi dans une seconde ; ils auront produit une quantité de travail moteur égale à $qh't$.

3° Si nous désignons par $f$ le rapport à la pression au

frottement exercé contre les tourillons, dont $r$ est le rayon, l'intensité de ce frottement sera mesurée par

$$\frac{f}{\sqrt{1+f^2}} Q,$$

ou plus simplement par $fQ$, attendu la petitesse de $f^2$ vis-à-vis de l'unité (voir aux *Notions fondamentales*), et le travail résistant de ce frottement par tour de roue sera..

$$fQ \times 6,28r.$$

La somme des quantités de travail moteur et résistant développé par tour sera donc

$$qh't - p (H + \tfrac{1}{2} h) - fQ \times 6,28r.$$

Considérons maintenant les forces vives :

1° La roue a pris, au repos, une masse d'eau $m = \dfrac{p}{g}$, et lui a imprimé une vitesse $v$ ; il en résulte une première perte de force vive, par l'effet du choc des augets sur l'eau et de la masse considérable de la roue par rapport à celle de l'eau choquée (voir aux notions fondamentales);

2° Lorsque la roue a déposé cette eau dans l'auge, elle l'a abandonnée avec la force vive $mv^2$ qu'elle possédait, et qui est également perdue pour la machine. Cet effet est analogue à ce qui se passe dans les roues hydrauliques.

La somme des forces vives perdues est donc égale à $2mv^2$. Par conséquent l'équation qui donne les conditions du mouvement sera

$$qh't - p (H + \tfrac{1}{2} h) - fQ \times 6,28r = mv^2.$$

Elle donne, pour l'effet utile,

$$pH = qh't - \tfrac{1}{2} ph - fQ \times 6,28r - \frac{p}{g} v^2.$$

Ce qui met en évidence que $h'$, $r$ et $v$ doivent être le plus petits qu'il est possible. La valeur du rayon $r$ du tourillon dépend des règles de la résistance des matériaux, celle de $h$ dépend du tracé des augets, et ne peut guère être moindre de $0^m,30$.

**75.** *Tracé des augets.* — Le tracé des augets doit satisfair e à deux conditions essentielles : la première, c'est que le même nombre d'hommes suffise pour faire marcher la roue, quelle que soit la quantité dont elle plonge dans l'eau[*] ; la seconde, c'est que quand les augets prennent leur plus grande charge d'eau, ils ne la versent pas avant d'arriver au canal de fuite, ou après l'avoir dépassé.

Pour satisfaire à la première condition, il faut :

1° Que les augets prennent le plus d'eau possible quand il y en a peu dans l'excavation, et, par conséquent, que leur contour extérieur se rapproche le plus possible de celui de la roue ;

2° Que les augets ne prennent pas une trop forte charge quand ils plongent profondément dans l'eau ; ce qui s'obtient en les rétrécissant dans leur partie supérieure, c'est-à-dire en rapprochant le point $g$ du point $d$ et en augmentant la pénétration de l'une dans l'autre ou leur nombre.

La deuxème condition exige, pour être satisfaite :

1° Que l'auget vide son eau le plus vite possible ;

2° Que la paroi intérieure soit assez prolongée en dedans de la roue pour que l'eau ne commence pas à tomber avant de pouvoir arriver dans l'auge, et c'est ici que la hauteur $h$ de cette auge se relie au tracé des augets.

En effet, soit $ab$ la plus grande hauteur que le niveau de

---

[*] M. Niel dit que dans une première roue, construite à Bayonne, cette condition n'étant pas satisfaite, il était impossible de la faire marcher quand elle plongeait dans l'eau jusqu'à son axe. Peut-être cependant n'aurait-on pas éprouvé cette difficulté si l'on avait tenu les marches de la roue plus larges.

l'eau puisse atteindre dans les travaux, l'auget, en sortant, se chargera d'une quantité d'eau dont le profil sera $d'k'h'$. D'un autre côté, si $ge$ est la trace du plan qui contient la partie supérieure des parois du canal d'échappement, l'auget n'apportera à cette hauteur que la quantité d'eau $ekg$ ou $e'k'g'$, le surplus sera tombé en route (la ligne $e'g'e'$ étant tracée de manière à faire avec $g'k'$ le même angle que $ek$ avec $gk$). Il faut donc que les deux sections $d'k'h'$, $e'k'g'$ aient la même surface, ou que les deux triangles $d'e'f'$ et $g'h'f'$ soient égaux ; condition qui peut être satisfaite en faisant varier, soit la pénétration réciproque des augets, soit la hauteur du canal d'échappement.

3° Enfin, il faut que l'auget verse toute son eau dans ce canal, et l'expérience a appris que cette condition était satisfaite jusqu'à une vitesse de $0^m,60$ en 1 seconde, si la paroi intérieure $gk$ avait déjà dépassé l'horizontale lorsque le point $g$ arrivait dans le plan vertical passant par l'axe de la roue.

Pour tracer les augets, il faudra donc connaître la plus grande et la plus petite valeur que pourra prendre H ; on se donnera pour la hauteur du sommet de la circonférence intérieure au-dessus du canal ou auge de réception, une valeur voisine de $0^m,30$, puis on supposera que la largeur de la couronne sera d'environ $0^m,40$, et alors, connaissant la hauteur H du fond du canal de réception au-dessus du niveau inférieur, ainsi que la profondeur $H_1$ à laquelle la roue peut descendre au-dessous de ce niveau, le diamètre de la roue aura pour première valeur approximative :

$$D = 0^m,40 + 0^m,30 + H + H_1.$$

Ensuite, au moyen de ce qui précède, on déterminera par tâtonnement, sur une épure semblable à la figure, la section verticale des augets, de telle manière que, si l'on nomme $n$ le nombre de ceux qui sont pleins d'eau en même temps et S la surface $d'k'h'$ de la section verticale de l'eau qu'ils contiennent, on ait pour $nS$ $(H + \frac{1}{2}h)$ un produit à peu près constant, malgré les variations de H.

Si l'on ne trouve pas une solution satisfaisante, on se donnera une plus grande valeur de $h$, ce qui revient à augmenter le diamètre de la roue, et l'on fera un nouveau tâtonnement qui deviendra d'autant plus facile qu'on se sera donné plus de latitude dans la valeur de $h$; mais cela aura lieu, comme nous l'avons dit, aux dépens de l'effet utile.

Pour terminer ce qui est relatif aux augets, nous ferons remarquer que, à cause de la vitesse de la roue, ils se chargent un peu plus que ne semble l'indiquer la hauteur de l'eau dans laquelle ils plongent; ainsi, avec une vitesse de $0^m,30$ par seconde, la roue se charge comme si l'eau avait $0^m,05$ de hauteur de plus qu'elle n'a réellement; avec une vitesse de $0^m,60$, comme si l'eau était plus haute de $0^m,10$.

**74.** *Nécessité d'un clapet.* — Tant que l'eau du bassin que l'on épuise ne vient pas recouvrir le débouché intérieur des augets, l'air qui les remplit s'échappe par un côté quand l'eau entre par l'autre; mais dès que l'eau monte plus haut, il faut donner à l'air une autre issue. C'est dans ce but qu'on a placé au fond des augets un petit clapet que son poids tient ouvert ou fermé, selon qu'il doit laisser échapper l'air ou retenir l'eau.

**75.** *Vitesse de la roue.* — La vitesse qui convient le mieux au mouvement de la roue est comprise entre $0^m,30$ et $0^m,60$ par seconde : au-dessous de $0^m,30$, le mouvement perd de son uniformité, et au-dessus de $0^m,60$ les hommes ont un mouvement trop accéléré.

La hauteur $h'$, dont les hommes peuvent s'élever à chaque pas, varie de $0^m,20$ à $0^m,10$ ou $0^m,12$. L'on pense qu'en moyenne il faut faire $h' = 0^m,15$. La vitesse V du bord des augets peut être prise égale à $V = 0^m,45$, et à l'aide de ces données, la relation qui donne l'effet utile de la roue devient

$$p\mathrm{H} = 0,15 \times qt - \tfrac{1}{2} p \times 0^m,30 - 0,05 \times 6,28\,\mathrm{Q}r$$
$$- \frac{p}{9,81} \times \overline{0,45^2},$$

ou, en négligeant le travail assez faible du frottement,

$$p\mathrm{H} = 0,15\,qt - \tfrac{1}{2}p \times 0,30 - \frac{p}{9,81} \times \overline{0,45}^2,$$

d'où l'on tirerait, pour déterminer le poids d'eau, qu'un poids donné $q$ d'hommes peut élever, en un temps $t = 1''$,

$$p = \frac{0,15 \times q}{\mathrm{H} + 0,15 + \dfrac{\overline{0,45}^2}{9,81}},$$

ou pour calculer le nombre d'hommes pesant chacun 70 kilogrammes en moyenne, qu'il faudrait placer sur la roue à marches pour élever en 1 seconde un poids $p$ d'eau à une hauteur H,

$$q = \frac{p\left(\mathrm{H} + 0,15 + \dfrac{\overline{0,45}^2}{9,81}\right)}{0,15}.$$

**76.** *Résultats d'observations.* — Cinq ouvriers pesant moyennement 71 kilogrammes chacun étant sur le tambour, on a mesuré à plusieurs reprises la quantité d'eau fournie par la roue. Dans une seconde, elle élevait $22^k,55$ à $2^m,50$ de hauteur. Elle faisait un tour en 42 secondes, et les hommes remontaient leur centre de gravité de $0^m,19$ par seconde. Ils fournissaient donc chacun un travail moteur égal à $71^k \times 0^m,19 = 13^{km},49$, et l'effet utile réalisé par homme était

$$\tfrac{1}{5} \times 22^k,55 \times 2^m,50 = 11^{km},26.$$

Le rendement de la machine dans cette expérience était donc égal à

$$\frac{11,26}{13,49} = 0,83$$

du travail moteur.

Dans une autre expérience, avec un homme de plus sur la roue, elle faisait un tour en 25 secondes, et les hommes élevaient leur centre de gravité de $0^m,20$. Chacun d'eux fournissait donc un travail moteur égal à

$$71^k \times 0^m,20 = 14^{km},2.$$

La roue élevait alors par seconde $28^k,19$ d'eau à $2^m,50$ de hauteur ; l'effet utile par homme était donc

$$\tfrac{1}{6} \times 28^k,19 \times 2^m,50 = 11^{km},75,$$

et le rendement de la roue était, dans cette deuxième expérience,

$$\frac{12^{km},75}{14,20} = 0,82.$$

**77.** *Règle pratique.* — Pour des proportions qui ne différeraient pas beaucoup des précédentes, l'on pourra donc, avec sécurité, adopter, pour calculer le poids des hommes à placer sur la roue, la formule simple

$$q = \frac{p\,(H + 0,15)}{0,15 \times 0,82},$$

en négligeant le terme très-faible $\dfrac{\overline{0,44}^{\,\mathrm{s}}}{9,81}$ relatif à la perte de force vive, et le travail dû au frottement des tourillons, dont le coefficient 0,82 tient implicitement compte ainsi que de la perte faite en moyenne sur la hauteur d'élévation de l'eau, que l'on a néanmoins conservée dans la formule.

L'on voit que cette roue, d'une construction facile et simple, peut, dans beaucoup de cas, rendre des services pour des travaux d'épuisement ou pour des irrigations.

. **78.** *Des roues à aubes planes emboîtées dans un coursier circulaire, appelées Flashweels.* — Ces roues, qui sont, comme on l'a vu dans l'*Hydraulique*, l'un des meilleurs récepteurs hydrauliques que l'on puisse employer dans certains cas, sont aussi, dans les mêmes circonstances, très-convenables pour l'élévation des eaux à des hauteurs qui n'excèdent pas 3 à 4 mètres (pl. III, fig. 1).

La construction de la roue et celle de son coursier doivent rester à très-peu près les mêmes. Pour que les aubes se chargent bien d'eau et la conservent en l'élevant, il convient que la roue soit noyée complétement sur toute la largeur des aubes, et que celles-ci n'aient que le jeu strictement nécessaire dans le coursier. Les joues du coursier doivent être prolongées un peu au delà de l'horizontale déterminée par l'intersection de la circonférence extérieure de la roue et de la surface du niveau d'aval. Plus loin elles se terminent par un arrondissement pour faciliter l'arrivée de l'eau, qui doit remplacer celle qui a été élevée.

Comme il faut prévoir un abaissement du niveau du réservoir, l'on devra donner aux aubes une grande largeur dans le sens du rayon, et afin qu'en temps d'eaux fortes ou moyennes la roue ne se charge pas trop et n'élève que ce qui est nécessaire ; on pourrait disposer à l'aval un vannage alimentaire, de manière à régler suffisamment la hauteur du niveau d'aval. Ces sujétions sont un inconvénient de ce genre d'appareil en ce qu'elles obligent à certaines époques à élever l'eau d'une plus grande hauteur qu'il ne serait nécessaire d'après l'état des niveaux ou à en élever plus qu'il ne faudrait.

Du côté d'amont le coursier se relève jusqu'à la hauteur à laquelle il faut verser l'eau, et comme le liquide s'écoule par le niveau à mesure que les palettes l'atteignent, il n'y a que fort peu de perte sur la hauteur d'élévation, et beaucoup moins qu'avec les roues précédentes.

Il convient que la vitesse de la circonférence extérieure atteigne au plus 1$^m$,00 en 1 seconde, afin que la perte de travail à l'entrée et à la sortie de l'eau soit très-faible.

On remarquera que cette roue ne supporte qu'en partie le poids de l'eau qu'elle élève, ce qui rend la pression exercée sur ses tourillons moindre que dans les autres roues.

L'on voit par ces détails que ces roues peuvent être employées très-avantageusement à l'élévation des eaux à de faibles hauteurs, pourvu que le niveau du réservoir où elles les puisent ne soit pas trop variable.

L'on ne possède pas d'expériences directes sur le rendement de ces appareils, mais on peut sans crainte admettre avec Smeaton qu'il doit s'élever au moins à 0,70 ou 0,75 du travail moteur.

**79.** *Établissement d'une roue à aubes pour l'élévation de l'eau.* — L'établissement d'une semblable roue ne présente aucune difficulté.

Le rayon de la roue devra être un peu supérieur à la hauteur maximum d'élévation au-dessus du fond du coursier, dont la situation dépendra de celle du réservoir. La hauteur des aubes dans le sens du rayon sera égale à la plus grande élévation que l'on admette pour le niveau d'aval au-dessus du fond du coursier. L'écartement des aubes à la circonférence extérieure sera compris entre $0^m,30$ et $0^m,40$.

D'après ces bases, le tracé de la roue et du coursier perettra de déterminer l'aire de la section d'eau qu'une aube pourra entraîner à partir de la verticale passant par l'axe et faire remonter dans le coursier. En appelant :

A cette aire ;

L la largeur de la roue ;

E l'écartement des aubes à la circonférence,

$V = 1^m,00$ au plus la vitesse de la circonférence ;

N le nombre d'aubes qui passent dans $1''$ par la verticale et qui sera $N = \dfrac{V}{E}$.

Le volume d'eau maximum que la roue pourra élever en $1''$ sera :

$$Q^{m.c} = ALN = \frac{ALV^{m.c}}{E}.$$

Mais comme il faut tenir compte des pertes, que l'on ne peut guère estimer à moins de $\frac{1}{10}$, on aura seulement pour

$$Q = 0,9 \frac{ALV}{E}.$$

Si le volume d'eau Q à élever en 1″ est donné, A et E étant déterminés comme on l'a dit plus haut, ainsi que V, l'on déduira de cette expression la largeur de la roue

$$L = \frac{QE}{0,9\,AV}.$$

H étant la hauteur moyenne d'élévation, l'effet utile à obtenir sera

$$1000\,QH^{k.m}.$$

Si nous admettons que cet effet utile ne soit que 0,70 du travail moteur à dépenser pour le produire, ce travail moteur T sera

$$T = \frac{1000\,QH^{k.m}}{0,70}.$$

Ce qui permettrait de déterminer la force du moteur à employer et qui, selon les cas, pourra être un manége, une roue hydraulique ou une machine à vapeur.

EXEMPLE. Supposons qu'il s'agisse d'élever $0^{m.c}100$ par seconde à $3^m,00$ de hauteur, ce qui peut suffire pour l'irrigation d'une prairie en terre franche de 80 à 100 hectares, les aubes étant supposées écartées de $E = 0^m,30$ et le fond du coursier à $0^m,40$ au-dessous du niveau des eaux d'aval,

Le rayon de la roue devra être supérieur à

$$3^m + 0^m,40 = 3^m,40 ;$$

on lui donnera environ $3^m,80$.

La vitesse V de la roue sera réglée à

$$V = 0^m,90.$$

L'aire de la section d'eau comprise entre les deux aubes inférieures sera d'environ

$$A = 0^m,30 \times 0^m,40 = 0^{m.q},12.$$

Le nombre d'aubes qui passera par seconde sera

$$N = \frac{V}{E} = \frac{0,90}{0,30} = 3.$$

L'on aura donc

$$L = \frac{QE}{0,9\,AV} = \frac{0^{m \cdot c},100 \times 0,30}{0,9 \times 0,12 \times 0,90} = 3^m,09.$$

soit
$$L = 3^m,10.$$

L'effet utile devant être

$$1000\,QH = 100^k \times 3^m = 300^{k \cdot m}.$$

Le travail moteur à développer sera

$$T = \frac{300}{0,70} = 428^{km},57 = 5^{ch},71.$$

**80.** *De la vis d'Archimède.* — Cette machine, dont l'invention est attribuée au célèbre géomètre dont elle porte le nom, est l'une de celles que Vitruve a décrites et qui étaient employées dans les temps les plus reculés. Sa construction actuelle diffère un peu de celle qu'indique Vitruve (pl. III, fig. 2).

Elle se compose de deux surfaces cylindriques ayant le même axe. La plus grande, qu'on nomme l'enveloppe, a ordinairement un diamètre égal à $\frac{1}{12}$ de sa longueur totale, qui n'excède guère 5 à 6 mètres. Le cylindre intérieur est plein et s'appelle le noyau ; son diamètre est $\frac{1}{3}$ de celui de l'enveloppe ou $\frac{1}{36}$ de la longueur. Entre ces deux surfaces cylindriques sont comprises et assemblées trois surfaces hélicoïdales dont la trace forme avec la surface de l'enveloppe un angle de 67 à 70 degrés.

Les surfaces hélicoïdes se forment avec des planchettes minces ou mieux avec des feuilles de tôle que l'on engage dans des rainures pratiquées à la surface du noyau et sur celle de l'enveloppe. Nous indiquerons plus loin les tracés à exécuter pour la construction de l'appareil.

Il est nécessaire de placer la vis sous une inclinaison voisine de 45 à 50 degrés à l'horizon et on lui communique le mouvement à l'aide de manivelles et de bielles, de poulies et d'engrenages, selon les circonstances et la nature du moteur que l'on emploie.

L'extrémité de la vis ne doit être qu'en partie plongée dans l'eau et à peu près jusqu'à hauteur de son centre. L'on conçoit qu'alors, lorsque le rayon qui termine l'une des spires arrive à la surface du niveau du réservoir et plonge dans l'eau, l'air qui occupait cette extrémité de la spire se trouve refoulé vers le haut de la vis à mesure que la spire pénètre de plus en plus dans l'eau, et si l'inclinaison de la vis est telle que le niveau de l'eau ne s'élève pas assez haut dans la vis pour noyer la spire tracée sur le noyau et empêcher l'air de passer dans la partie supérieure, cet air s'échappera librement.

A mesure que la vis tourne sur son axe l'eau passe de spire en spire et s'élève successivement jusqu'au sommet, où elle se dégorge dans une auge disposée à cet effet.

Nous n'entrerons pas ici dans l'étude assez délicate du volume occupé dans la vis par l'eau qui y est admise et qu'on nomme l'arc ou l'espace hydrophore, et nous nous bornerons à en fixer approximativement la valeur d'après les résultats connus de l'expérience.

**81.** *Avantages et rendement de la vis d'Archimède.* — L'on remarquera que, dans cet appareil, l'eau entre avec une vitesse très-faible et en sort de même, et que par conséquent les pertes de force vive et de travail à l'entrée et à la sortie y sont peu considérables. Il n'y a pas de pertes sur le volume d'eau admis et les seules résistances nuisibles à vaincre sont le frottement des axes de rotation et celui de l'eau sur les spires.

Il résulte de ces observations que le rendement de la vis doit s'approcher beaucoup du maximum lorsqu'elle fonctionne dans des conditions favorables.

L'emploi de cet appareil présente d'ailleurs de grandes

facilités ; il est transportable, d'un poids modéré et peut s'installer à peu près dans tous les travaux. La hauteur à laquelle il peut élever les eaux n'a de limite que la longueur de la vis. Il faut cependant observer que la condition de l'incliner à 45 ou 50 degrés peut obliger parfois à élever l'eau plus haut qu'il ne serait nécessaire.

D'après quelques expériences de MM. Gauthey et Lamandé, il paraîtrait néanmoins qu'un seul homme travaillant à l'aide d'une manivelle pendant 8 heures par jour à cette machine ne pourrait élever que 110 mètres cubes d'eau à 1 mètre de hauteur, ce qui ne correspondrait qu'à 0,64 du travail qu'il développerait et qui est estimé, comme on sait*, à 172800 kilogrammètres.

Ce résultat paraît un peu faible et des expériences plus précises nous semblent nécessaires pour déterminer le rendement de cette machine.

**82.** *De la pompe spirale.* — Cette machine à élever l'eau, attribuée à tort au ferblantier André Wirtz de Zurich, paraît avoir été inventée par le Hollandais Wetman en 1746. Malgré les avantages que la simplicité de sa construction semblerait offrir, elle a été peu employée jusqu'ici, et il m'a paru intéressant de l'étudier et surtout de faire quelques expériences pour en déterminer le rendement. Commençons par donner une description de l'appareil et de son mode d'action (pl. III, fig. 3).

La machine consiste en un tuyau qu'il convient de faire en cuivre et à section circulaire, et que l'on enroule sur un cylindre ou sur un noyau de forme tronconique, de manière à former des spires hélicoïdes qui enveloppent ce noyau. La première de ces spires se termine à un rayon et tangentiellement au noyau ; la dernière se recourbe en se rapprochant de l'axe, de manière à se raccorder avec un tuyau de même diamètre dirigé suivant cet axe, ou plutôt formant lui-même

---

* *Aide-mémoire de mécanique*, 4ᵉ édit., page 446.

l'axe de rotation. Ce dernier tuyau s'emboîte avec le coude horizontal que forme à sa partie inférieure le tuyau d'ascension ordinairement vertical.

Le jeu de cette machine est facile à comprendre. Supposons-la en effet immergée jusqu'à hauteur de son axe. Il est facile de voir que, quand le noyau tourne et que l'extrémité $a$ du tuyau arrive à la surface de l'eau, elle pénètre dans le liquide, y parcourt à peu près une demi-circonférence, et que lorsqu'elle reparaît à la surface, la moitié de la première spire se trouve remplie d'eau.

Si l'on appelle R le rayon moyen correspondant de l'axe de la spire, lequel est égal au rayon extérieur du noyau augmenté du rayon intérieur R' du tuyau, le volume d'eau que contiendra cette première spire sera

$$3,14\,R \times \frac{D^2}{1,273} = 3,14\,RA$$

en nommant

$$A = \frac{D^2}{1,273}$$

l'aire de la section transversale intérieure du tuyau, dont le diamètre est D.

Dans la seconde demi-révolution la même spire se remplit d'air, puis continuant son mouvement, elle se charge d'une nouvelle quantité d'eau, tandis que le précédent volume qu'elle avait admis est passé dans la deuxième spire, dont il occupe la moitié inférieure, l'autre se trouvant remplie d'air.

De proche en proche l'eau arrive à la dernière spire, puis au tuyau de l'axe et passe dans le tuyau d'ascension.

Jusque-là les pressions de l'air contenu dans toutes les spires étaient les mêmes, mais dès que l'eau s'élève au-dessus de l'axe dans le tuyau d'ascension, l'air de la dernière spire se comprime de plus en plus, l'eau s'élève dans la branche de la spire placée du côté de la colonne, et dès qu'elle atteint son sommet elle retombe dans la spire suivante.

Bientôt toutes les spires sont ainsi remplies et la machine est arrivée à son état normal.

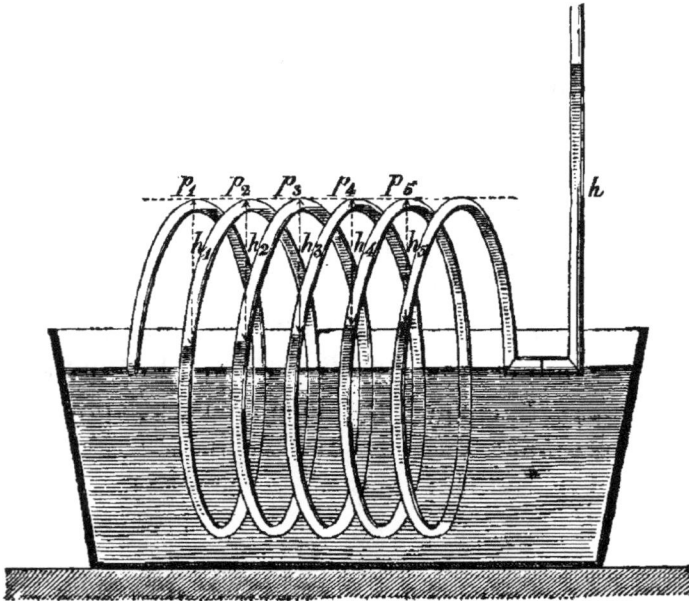

Appelons alors

P la pression atmosphérique mesurée par une colonne d'eau de $10^m,330$;

$h$ la hauteur à laquelle l'eau est parvenue dans le tuyau d'ascension au-dessus du niveau du réservoir;

$p_1 = P$, $p_2$, $p_3$, $p_4$, $p_5$, les pressions de l'air contenu dans les spires supposées au nombre de cinq complètes, exprimées en colonnes d'eau;

$h_1$, $h_2$, $h_3$, $h_4$, $h_5$, les hauteurs des colonnes d'eau qui mesurent la dénivellation du liquide entre le sommet d'une spire et le niveau de l'eau dans la spire suivante;

$H = 10^m,330$, la hauteur qui correspond à la pression atmosphérique $P = p$.

on aura, entre les pressions, les relations

$$p_5 = P + h - h_5$$

$$p_4 = p_5 - h_4$$

$$p_3 = p_4 - h_3$$

$$p_2 = p_3 - h_2$$

$$p_1 = p_2 - h_1$$

et en les ajoutant

$$h = h_1 + h_2 + h_3 + h_4 + h_5.$$

L'on voit par là que la hauteur d'élévation de l'eau est égale à la somme des hauteurs des colonnes de pression des diverses spires. Mais par l'effet de la compression que la colonne d'ascension exerce sur l'air contenu dans la cinquième spire, et qui se transmet de proche en proche jusqu'à la première, toutes ces hauteurs, excepté la première $h_1$, sont moindres que le rayon moyen R du tambour. Donc la hauteur d'élévation de l'eau dans le tuyau vertical au-dessus du niveau du réservoir, quand la machine est au repos, mais chargée, a dans ce cas pour limite supérieure la somme des rayons des spires.

Si, comme il arrive le plus souvent, la machine n'est pas immergée jusqu'à son axe, le volume d'air introduit deviendra plus grand et occupera partout des hauteurs plus grandes, et la hauteur totale $h$ d'élévation sera plus considérable. Ainsi la machine devrait, entre certaines limites, élever l'eau d'autant plus haut qu'elle serait moins immergée ; mais comme d'un autre côté l'arc chargé d'eau diminuerait en même temps, la quantité d'eau élevée serait moindre à chaque tour, ce qui établirait une sorte de compensation.

Dans la marche de la machine, l'air qui a été comprimé dans la dernière spire, et qui passe dans le tuyau d'ascension, se détend et par sa force élastique restitue le travail développé pour le comprimer. Or, puisque pour l'amener à cet état il a fallu élever l'eau à la hauteur $h - R$ au-dessus de l'axe, il s'ensuit qu'en se détendant de la pression $h$—R à la pression atmosphérique, cet air relèvera la colonne d'eau de la même quantité, tout en s'élevant avec elle à mesure qu'il se détend.

Il faut néanmoins remarquer qu'une partie de l'air peut passer à travers l'eau ; surtout si la machine élevait peu de liquide et beaucoup d'air, et si son tuyau avait un grand diamètre.

Donc, en définitive, si la machine est immergée jusqu'à l'axe, lorsque l'air s'échappera du tuyau, il aura soulevé l'eau à une hauteur $h$ égale à la somme des hauteurs de dénivellation dans les spires, augmentée de $h$—R, ou en tout $2h$—R. Or, comme $h$ a pour limite supérieure la somme des rayons des spires, la hauteur limite d'élévation de l'eau sera donc égale au double de la somme des rayons diminuée du rayon de la dernière spire.

Dans le cas où le tuyau est cylindrique, tous les rayons sont égaux, et la hauteur totale d'élévation de l'eau a pour limite

$$(2N - 1)R$$

en appelant N le nombre des spires.

Vers cette hauteur et même un peu avant qu'elle soit atteinte, l'eau refluera dans le réservoir par la première spire, si la machine est immergée jusqu'à son axe. Mais si le niveau est un peu inférieur à l'axe, ce qui arrive toujours, les hauteurs de dénivellation d'une spire à l'autre étant plus grandes, la hauteur d'ascension pourra atteindre la limite $(2N-1)R$ et même dans certains cas la dépasser un peu.

Je ne pousserai pas plus loin ces considérations théoriques. Je ne les étendrai même pas au cas où le tuyau de la pompe est de forme tronconique, parce que l'on arrive à des relations algébriques trop compliquées pour être usuelles. Je me borne donc à indiquer le jeu de la machine et la limite à laquelle elle permet d'élever l'eau, ce qui suffit pour la proportionner convenablement, ainsi qu'on le verra quand j'aurai fait connaître les résultats des expériences exécutées par mes soins au Conservatoire des arts et métiers.

**85.** *Expériences faites au Conservatoire des arts et métiers.* — La machine sur laquelle on a opéré était l'un des modèles de l'Institut agronomique de Versailles. Le diamètre du tambour cylindrique était de 1$^m$, les spires étaient en zinc à section carrée de 0$^m$,06 sur 0$^m$,06 de côté ou 0$^{mq}$,0036 de section. Leur nombre a varié de 6 à 5, et même à 4; mais, dans ce dernier cas, il s'est produit des fuites d'air par des défauts de soudure, et l'effet utile a été notablement diminué. Ces accidents ont d'ailleurs montré qu'il fallait préférer un tuyau à section circulaire à un tuyau à section rectangulaire.

Dans la série d'expériences faites avec six spires, l'on a successivement fait varier la hauteur d'élévation de l'eau depuis 0$^m$,91 jusqu'à 6$^m$,03, et l'on a aussi opéré à différentes vitesses, afin de reconnaître l'influence de la rapidité de la marche sur l'effet utile.

Le travail moteur était développé par un homme qui agissait sur une manivelle dynamométrique de 0$^m$.344 de rayon moyen.

L'eau élevée était recueillie dans une caisse doublée en plomb et jaugée avec soin. Le produit du poids de cette eau par la hauteur de l'extrémité supérieure du tuyau d'ascension au-dessus du niveau du réservoir, qui était maintenu constant, donnait l'effet utile de la machine, et le rapport de cet effet utile au travail moteur fournissait le rendement de la machine.

EXPÉRIENCES SUR LA POMPE SPIRALE,

FAITES AU CONSERVATOIRE DES ARTS ET MÉTIERS.

| NUMÉROS des expériences. | VITESSES | | EFFORT MOYEN au bouton de la manivelle. | TRAVAIL MOTEUR en 1". | POIDS D'EAU ÉLEVÉ en 1". | HAUTEUR d'élévation. | EFFET UTILE. | RENDEMENT. |
|---|---|---|---|---|---|---|---|---|
| | du bouton e la manivelle dynamométrique en 1". | de la circonférence moyenne des spires. en 1". | | | | | | |
| La spirale avait six spires. | | | | | | | | |
| | m. | m. | kil. | km. | kil. | m. | km. | |
| 1 | 0.426 | 0.644 | 11.065 | 4.730 | 0.901 | 0.95 | 0.856 | 0.181 |
| 2 | 0.472 | 0.726 | 8 600 | 4.050 | 0.772 | 0.95 | 0.733 | 0.181 |
| 3 | 0.515 | 0.792 | 12.280 | 6.350 | 1 145 | 1.00 | 1.145 | 0.180 |
| 4 | 0.417 | 0.641 | 13.850 | 5.780 | 0 854 | 1.94 | 1.666 | 0.294 |
| 5 | 0.437 | 0.671 | 14.350 | 6.280 | 0.950 | 1.94 | 1.842 | 0.280 |
| 6 | 0.537 | 0.825 | 17.350 | 9.380 | 1.195· | 1.94 | 2.300 | 0.245 |
| 7 | 0.365 | 0.562 | 17.870 | 6.503 | 0.810 | 2 90 | 2.350 | 0.375 |
| 8 | 0.412 | 0 633 | 19.450 | 8.000 | 0.910 | 2.90 | 2.640 | 0 330 |
| 9 | 0.450 | 0.692 | 19.700 | 8.860 | 0.975 | 2.90 | 2.830 | 0.322 |
| 10 | 0.431 | 0.667 | 19.100 | 8 300 | 0.962 | 2.93 | 2.830 | 0.341 |
| 11 | 0.380 | 0.584 | 23.150 | 8.780 | 0.841 | 3.97 | 3.340 | 0.375 |
| 12 | 0.435 | 0.668 | 22.700 | 9 800 | 0.964 | 3 97 | 3.830 | 0.388 |
| 13 | 0.450 | 0 692 | 24.200 | 10.900 | 0.995 | 3.97 | 3.950 | 0.365 |
| 14 | 0.556 | 0.855 | 24.500 | 13.600 | 1.250 | 3.97 | 4.870 | 0.360 |
| 15 | 0.237 | 0.365 | 17 600 | 4.171 | 0.495 | 5.14 | 2.550 | 0.598 |
| 16 | 0.336 | 0.516 | 19.772 | 6.643 | 0.762 | 5.14 | 3.830 | 0.580 |
| 17 | 0.378 | 0.582 | 20.300 | 7.673 | 0.791 | 5.14 | 4.080 | 0.530 |
| 18 | 0.427 | 0.656 | 23.070 | 9.850 | 0.930 | 5.14 | 4.760 | 0.492 |
| 19 | 0.260 | 0,400 | 18.965 | 4.930 | 0.550 | 5.54 | 3.060 | 0.640 |
| 20 | 0.275 | 0.423 | 20.470 | 5.628 | 0.601 | 5.54 | 3.350 | 0.600 |
| 21 | 0.285 | 0.438 | 18.000 | 5.130 | 0.565 | 5.54 | 3.140 | 0.630 |
| 22 | 0.175 | 0.269 | 17.750 | 3.106 | 0.293 | 6.03 | 1.755 | 0.560* |
| 23 | 0.297 | 0.457 | 23.451 | 6.956 | 0 618 | 6.03 | 3.720 | 0.550* |
| 24 | 0.315 | 0.484 | 23.000 | 7.245 | 0.674 | 6.03 | 4.080 | 0.560* |
| La spirale avait cinq spires. | | | | | | | | |
| 25 | 0.243 | 0.374 | 19.950 | 4.604 | 0.586 | 4.48 | 2.630 | 0.600 |
| 26 | 0.224 | 0.345 | 20.000 | 4.480 | 0.597 | 4.54 | 2.700 | 0.540 |

* Il y avait dégorgement de l'eau par l'orifice d'entrée de la première spire.

**84.** *Conséquences des résultats consignés dans le tableau précé-*

*dent.* — L'examen des résultats contenus dans ce tableau montre :

1° Que pour une même hauteur d'élévation le rendement de la pompe spirale augmente à mesure que la vitesse des spires diminue, ce qu'il était facile de prévoir *a priori.* Il paraîtrait, en général, convenable que cette vitesse des spires n'excédât pas $0^m,30$ ou $0^m,40$ en $1''$;

2° Que le rendement de la machine augmente au fur et à mesure que la hauteur d'élévation se rapproche de la somme des diamètres des spires diminuée d'un rayon, ou de la limite supérieure que nous avons indiquée, et qu'alors il atteint la valeur 0.60 à 0.64 ;

3° Qu'au delà de la même limite il y a dégorgement irrégulier de l'eau par la première spire, et qu'alors le rendement de la machine diminue.

Il convient de remarquer que dans les expériences le niveau de l'eau dans le réservoir étant maintenu à $0^m,05$ au-dessous de l'axe, le volume d'air introduit était supérieur au quart de celui d'une spire, ce qui contribuait à accroître la somme des hauteurs de dénivellation et compensait les effets de la compression ; ce qui explique comment la limite d'élévation a pu être atteinte.

Ainsi, dans le cas où il y avait six spires enroulées sur le tambour cylindrique de 1 mètre de diamètre, la limite théorique d'élévation était de $6^m,00 - 0^m,50 = 5^m,50$, et le maximum de rendement correspondait à cette hauteur et était égal à 0,64. De même, en employant cinq spires, la hauteur maximum devait être de $5^m,00 - 0^m,50 = 4^m,50$, et l'on a obtenu en effet un rendement de 0,60 en élevant l'eau à $4^m,48$.

On voit donc que cette machine simple, qui n'a aucune soupape, marchant lentement à une vitesse de $0^m,30$ à $0^m,40$ en $1''$ à la circonférence moyenne des spires, et immergée à peu près à hauteur de son axe, peut élever l'eau à une hauteur très-voisine de la somme du diamètre des spires diminuée d'un rayon, et qu'alors le rendement de la machine s'élève à 0,64.

En augmentant donc le nombre des spires, on peut accroître, pour ainsi dire à volonté, la hauteur d'ascension.

Un homme pouvant sans fatigue, et dans un travail continu de 8 heures par jour, développer à l'aide d'une manivelle un travail moteur égal à 172 800$^{km}$, il s'ensuit qu'avec cette machine l'effet utile exprimé en eau élevée pourrait facilement atteindre 0,64 × 172 800$^{km}$ = 110 592 ou 110$^{km}$ mètres cubes élevés à 1$^m$,00 par journée de 8 heures, ou 13$^m$,8 à 1$^m$,00 en une heure.

Ces résultats montrent tout le parti que l'agriculture pourrait tirer de cette machine, si facile à établir et d'une construction peu dispendieuse.

**85.** *Proportion des tuyaux.* — On devra, pour la solidité de l'appareil et pour diminuer les chances de fuites, employer des tuyaux en cuivre à section circulaire, dont le diamètre sera facile à calculer d'après le volume d'eau à élever. En supposant, par exemple, que la vitesse des spires soit de 0$^m$,40 en 1″, le volume engendré par leur section intérieure, en une seconde, serait

$$\frac{d^2}{1\,273} \times 0^m,40 \text{ en } 1''.$$

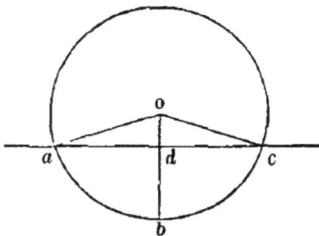

Mais la première spire ne plonge dans l'eau que pendant la partie de la circonférence correspondante à l'arc *abc*, dont la flèche est *bd*, et par conséquent le volume d'eau que la première spire introduit dans la machine à chaque tour est égal au volume précédent, réduit dans le rapport de l'arc *abc* à la circonférence entière. Il est donc égal à

$$\frac{d^2}{1,273} \times 0^m,40 \times \frac{abc}{\text{circonf}^e\,ab}.$$

Si, par exemple, comme dans la pompe spirale que nous avons essayée, l'on a

$$od = 0^m,06 \quad ob = 0^m,50;$$

l'on en déduit

$$\cos cod = \frac{0,06}{0,50} = 0,12,$$

$$\text{arc } abc = 2\,\text{arc } cob = 176^0 13',$$

et

$$\frac{abc}{\text{circonf}^e\, ob} = \frac{176^0 13'}{360^6} = 0.489.$$

Le volume d'eau introduit par seconde serait donc

$$\frac{d^2}{1,273} \times 0,40 \times 0,489,$$

à la vitesse de $0^m,40$ en $1''$.

La pompe essayée avait des spires en zinc à section carrée de $0^m,06$ environ à l'extérieur, et à l'intérieur de $0^m,054$ au plus, à cause des emboîtements des diverses spires et des soudures faites dans les angles. La section transversale de ces spires, libre pour le passage de l'eau, était donc au plus égale à $0^m,054^2 = 0^{mq},002916$ ; de sorte que dans la condition d'immersion indiquée plus haut, en nommant V la vitesse moyenne des spires, le volume d'eau arrivé par seconde devait être donné par la formule

$$Q = 0^{mq},002916 \times 0,489 \times V = 0^{mc},001427\,V.$$

En comparant les volumes d'eau indiqués par cette formule avec ceux qui ont été recueillis dans les expériences, et prenant au hasard, pour exemple, les 1re, 14e et 19e expériences, on trouve les résultats suivants :

| Nombre des expériences. | Volumes d'eau élevés en 1″ | |
|---|---|---|
| | d'après la formule. | d'après l'expérience. |
| 1 | $0^{lit},919$ | $0^{lit},901$ |
| 14 | 1  211 | 1  230 |
| 19 | 0  571 | 0  550 |

On voit par ces exemples que la règle précédente pourra

servir à calculer, avec l'approximation désirable, le volume d'eau élevé par seconde par la machine.

D'après cela, ce volume Q sera exprimé, pour le cas où l'on emploiera des tuyaux à section circulaire du diamètre $d$, par

$$Q = \frac{d^2}{1,273} \, V \times k,$$

$k$ étant le rapport de l'arc immergé $abc$ à la circonférence entière, rapport que l'on déduira du tracé et des dispositions locales. En admettant qu'il ait la valeur $k = 0,489$ que nous venons de trouver tout à l'heure, cette formule se réduirait à

$$Q = 0,3841 \, d^2 V,$$

d'où l'on tirerait

$$d = \sqrt{\frac{Q}{0,384 \, V}},$$

et si $V = 0^m,400$, comme cela paraît convenir, on aurait

$$d = \sqrt{\frac{Q}{0,154}}.$$

Quant au rayon R du tambour sur lequel on enroule les spires et au nombre N de celles-ci, ils sont liés, comme on l'a vu, à la hauteur d'élévation H de l'eau par la relation

$$(2N - 1)R = H.$$

Le rayon R devra presque toujours être égal à $0^m,40$ ou $0^m,50$ pour les machines mues à bras, et plus grand pour celles qui seront conduites par des moteurs plus puissants. Cette dimension étant donnée, l'on déduira de la relation précédente le nombre des spires.

Il importe pour la bonne marche de cette machine qu'elle soit immergée d'une quantité à peu près constante; si donc le niveau du réservoir où elle devrait puiser l'eau, était variable, il conviendrait de la placer sur une espèce de radeau flottant, dont le mouvement pourrait être réglé et guidé de manière qu'il n'en résultât pas de difficulté dans la manœuvre.

Dans ce cas, le mouvement pourrait être transmis à l'axe de la machine à l'aide de poulies à gorge avec une corde sans fin, ou de hérissons à dents avec une chaîne articulée sans fin, ou enfin avec une bielle et une manivelle selon les circonstances.

86. *Assemblage du tuyau des spires avec le tuyau d'ascension.* — Le tuyau qui, en s'enroulant sur le cylindre, forme les spires, se recourbe pour servir d'axe creux de la machine, et vient reposer par une portée sur un coussinet. Son assemblage avec le tuyau d'ascension, qui est fixe, doit être tel que la pompe puisse tourner librement et qu'il ne se produise pas de perte d'eau. Voici comment est disposé l'ajustage de ces pièces dans les pompes spirales du Conservatoire.

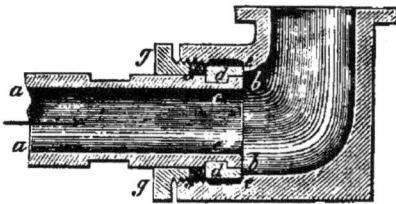

L'extrémité *ab* du tuyau, qui dépasse le coussinet, est tournée cylindriquement, et on y a ménagé une gorge annulaire *cc*. Dans cette gorge, on introduit un anneau d'acier *dd* en deux pièces exactement tourné à l'intérieur et à l'extérieur, et qui peut être amené en contact avec le bord *ee* bien dressé de l'origine du coude du tuyau ascendant. De l'autre côté de cet anneau *dd* est une rondelle de cuir *ff*.

L'embouchure horizontale du tuyau d'ascension est filetée et reçoit un écrou annulaire *gg*, que l'on serre à volonté, de manière à obtenir entre la rondelle de cuir, l'anneau d'acier *dd* et l'embase *ee*, un contact assez intime pour que l'eau ne puisse pas s'échapper, et cependant assez doux pour qu'il n'en résulte pas un frottement capable de faire résistance au mouvement ou de produire l'usure des surfaces. On pourrait disposer un godet de graissage au-dessus du coude, mais l'expérience de plusieurs années n'en a pas montré la nécessité dans les machines du Conservatoire des arts et métiers.

# POMPES ROTATIVES.

**87.** *Des pompes rotatives.* — Ce genre de pompes, que l'on a reproduites depuis quelques années comme nouvelles et pour lesquelles l'on a pris beaucoup de brevets, était connu depuis bien longtemps ; mais la perfection que leur construction exige, pour qu'elles soient d'un bon usage, n'avait pas permis de les utiliser à une époque où les arts mécaniques étaient trop peu avancés.

On trouve dans le recueil du capitaine A. Ramelli, page 59 *, la description d'une pompe rotative du genre de celles qu'on nomme aujourd'hui pompes américaines. Elle se compose d'un tambour fixe en partie immergé dans l'eau et sur lequel s'embranche un tuyau de refoulement, à une ou deux branches. Dans l'intérieur de ce tambour cylindrique, et qui doit être parfaitement alésé, se trouve un cylindre plein placé excentriquement au précédent, portant quatre rainures dans lesquelles sont placées des ventelles en métal, qui sont incessamment repoussées vers la circonférence du tambour fixe par des ressorts placés dans ces rainures, mais qui dans certaines positions sont obligées de rentrer dans le noyau plein par l'effet de l'excentricité.

Il résulte de cette disposition que, le cylindre plein tournant dans le sens indiqué sur la figure, la palette 1, pl. III, fig. 6,⁴ tend à pousser devant elle l'eau qu'elle rencontre, et la refoule dans le conduit de refoulement R. Le contact du noyau avec la surface du cylindre creux empêche le liquide de passer d'un côté à l'autre de la palette, qui est rentrée dans la coulisse qui lui est destinée.

---

* *Le diverse e artificiose machine del capitano Agostino Ramelli, ingeniore del cristianissimo re di Francia et di Polonia*, 1588.

Un autre dispositif, dans lequel les palettes, au lieu de rentrer dans le noyau, sont articulées à sa surface, est aussi représenté par Ramelli, et produit évidemment un effet analogue (pl. III, fig. 5).

**88.** *Pompes à engrenage.* — Dans ces machines, deux pignons portant un nombre égal de dents qui doivent être ajustées avec soin, et qui engrènent l'un avec l'autre, sont renfermés dans une enveloppe de forme ovoïde qui les emboîte exactement à leur contour extérieur. La partie inférieure de la boîte communique par un tuyau d'aspiration, qui doit être muni d'une soupape d'arrêt, avec le réservoir d'où l'on veut élever l'eau ; la partie supérieure reçoit le tuyau d'ascension ou de refoulement. Ce dispositif, anciennement connu, a été reproduit de nos jours comme nouveau. (Voir le recueil de Grollier de Servière ; Lyon, 1719.)

On conçoit facilement que cette pompe étant une fois amorcée, si l'on imprime le mouvement aux deux pignons dans le sens indiqué sur la figure, il se produira à la partie inférieure une aspiration, et un refoulement à la partie supérieure. La quantité d'eau élevée dépendant beaucoup de la vitesse de rotation, l'on est en général conduit à faire marcher ces machines assez rapidement. Cependant, si elles étaient bien exécutées, l'on pourrait probablement diminuer notablement cette vitesse.

Il est d'ailleurs évident que, sans s'exposer à dégrader rapidement de semblables pompes, l'on ne peut les employer à élever que des eaux claires, et que, pour ne pas être obligé de les amorcer chaque fois que l'on veut élever de l'eau, il faut munir le tuyau d'aspiration d'une soupape de retenue.

**89.** *Pompes rotatives diverses.* — Il existe un grand nombre de dispositifs de pompes rotatives. Ils ont tous les inconvénients que nous avons signalés au n° 88, et ne nous paraissent pas préférables à celui dont nous allons parler, qui paraît être plus en usage et sur lequel il a été fait au Conservatoire des expériences dynamométriques.

**90.** *Pompe rotative de M. Stolz.* — Cette pompe, du genre de celles que nous avons décrites au n° 87, est particulièrement propre à l'élévation des eaux claires ou exemptes de la présence de corps étrangers. Au lieu de puiser l'eau directement dans le réservoir, elle est disposée de manière à l'aspirer d'une certaine hauteur, comme le montre la figure 6, pl. III.

Essayée à la manivelle dynamométrique, et manœuvrée par un seul homme comme pompe aspirante et foulante à la vitesse de 65 tours de manivelle, ce qui était un mouvement trop rapide correspondant à une vitesse de $2^m,06$ en $1''$ du point d'application de l'effort, elle a élevé un volume d'eau de $0^{lit},935$ par seconde à une hauteur de $7^m,06$, ce qui correspond à un effet utile de $6^{km},50$. L'effort moteur moyen était de $7^{kil},33$, et le travail moteur de

$$7^{kil},33 \times 2^m,06 = 15^{km},10,$$

le rendement de cette pompe a donc été égal à

$$\frac{6,50}{15,10} = 0,43, \qquad \times$$

résultat très-favorable pour une aussi petite pompe.

On doit remarquer, d'une part, qu'un homme ne pourrait fournir dans un service continu un travail moteur égal à $15^{km}$, et, de l'autre, que l'emploi de ces pompes ne peut sans inconvénient être étendu à des eaux troubles ou chargées de sable fin qui en dégraderaient rapidement les organes et l'ajustage.

**91.** *Pompe rotative à engrenages, par M. Leclerc.* — Ce constructeur a présenté à l'exposition de 1849 une pompe du genre de celles qui ont été décrites au n° 89, et sur laquelle j'ai fait faire des expériences avec la manivelle dynamométrique (pl. III, fig. 7).

Avec un travail moteur moyen de $30^{km},08$ par seconde,

. beaucoup trop considérable pour un seul homme dans un service continu, l'effet utile a été

$$5^{lit} \times 1^m,85 = 9^{km},25,$$

et le rendement égal à

$$\frac{9,25}{30,06} = 0,307.$$

En élevant l'eau à $7^m,06$ de hauteur, le rendement a été de $0^m,315.$

Ce rendement eût été plus considérable si, dans ces expériences, le constructeur n'eût voulu à tort faire marcher la machine à la vitesse trop grande de 50 tours en 1'.

# MACHINES ÉLÉVATOIRES

## A FORCE CENTRIFUGE.

**92.** *Machines élévatoires à force centrifuge.* — Ce genre de machines a été reproduit à diverses époques sous bien des formes différentes, parmi lesquelles l'une des plus anciennes est celle de Le Demours.

L'appareil (pl. III, fig. 8) se compose d'un arbre vertical mobile autour de son axe et portant deux bras horizontaux $aa'$ et $bb'$, auxquels est fixé un tuyau légèrement incliné $cc'$ dont l'extrémité inférieure $c'$ est munie d'un clapet de retenue qui peut s'ouvrir en dedans et dont l'extrémité supérieure est recourbée pour verser l'eau dans une auge circulaire destinée à la recevoir.

On conçoit qu'en faisant tourner l'arbre avec une certaine rapidité, l'action de la force centrifuge, éloignant l'eau de l'axe, tendra d'abord à la faire monter dans le tuyau $cc'$ et la forcera à se déverser dans l'auge.

Le travail développé par la force centrifuge devra donc être égal à celui qui correspond au poids de l'eau élevée, augmenté de celui qui est consommé par les résistances passives, et de la moitié des pertes de forces vives, et de celle de la force vive avec laquelle le liquide quitte le tube.

Ces pertes sont évidemment considérables, et il n'est pas nécessaire d'en faire le calcul pour reconnaître que le rendement d'une semblable machine doit être nécessairement. très-faible.

**93.** *Pompe à force centrifuge du marquis Ducrest,* colonel du régiment d'Auvergne. — On trouve dans les *Essais*

---

* *Essais sur les machines hydrauliques*, par M. le marquis Ducrest, colonel en second du régiment d'Auvergne, Paris, 1777, page 227.

*sur les machines hydrauliques* publiés par cet officier supérieur, la description d'une *pompe tournante ou à force centrifuge*. Comme elle a beaucoup d'analogie avec d'autres appareils du même genre que l'on a présentés comme nouveaux, il ne sera pas inutile d'en donner une idée succincte. (Pl. III, fig. 9.)

La machine se compose d'un tuyau vertical OG qui s'élargit à sa partie inférieure, où il y a une soupape de retenue. A sa partie supérieure, ce tuyau, qui forme l'arbre de la machine, est assemblé avec deux ou plusieurs bras creux avec lesquels il communique directement et sans l'intermédiaire d'aucune soupape.

Si l'on suppose que ce tuyau étant rempli ainsi que ses bras, la soupape d'arrêt G étant fermée, il reçoive au moyen d'une roue ou poulie QQ' un mouvement de rotation suffisamment rapide, la force centrifuge, qui se développera dans les bras, forcera l'eau qu'il contient à sortir et à se déverser dans l'auge circulaire qui règne alentour de la circonférence décrite par leur extrémité. Le vide qui tendrait ainsi à se former dans le tuyau sera rempli par l'action de la pression atmosphérique, qui fera lever la soupape d'arrêt.

Le jeu de cette machine qui, depuis Ducrest, a été proposée comme nouvelle par diverses personnes, avec des modifications plus ou moins heureuses, est donc facile à comprendre, et l'on voit de même aisément que la vitesse de sortie du liquide et la force vive qu'il possède quand il quitte les bras, correspondent à un travail perdu d'autant plus considérable qu'elles sont elles-mêmes plus grandes. Il importe donc de faire en sorte que l'eau sorte avec la plus petite vitesse absolue possible, et c'est à quoi plus d'un constructeur de machines de ce genre n'a pas réfléchi.

**94.** *Pompe à force centrifuge de M. Piatti.* — Cet ingénieur a présenté au Conservatoire, pour y être soumise à des expériences, une machine élévatoire qui a figuré à l'exposition universelle de 1855.

Cette machine se compose de plusieurs enveloppes tronconiques en tôle, placées concentriquement autour d'un axe vertical. La petite base de ces cônes étant à la partie inférieure et plongeant dans l'eau, l'on conçoit que pendant le mouvement de rotation de l'appareil l'action de la force centrifuge, repoussant l'eau sur les arêtes inclinées des cônes, la force à s'élever à des hauteurs qui dépendent de la rapidité du mouvement.

Il résulte de cette description succincte que la machine de M. Piatti offre, quant à son principe, une grande analogie avec celle de Le Demours, que nous avons citée au n° 92. Elle n'en diffère que parce qu'elle se compose de plusieurs enveloppes concentriques, tandis que celle de l'ingénieur français n'avait qu'un tuyau ou qu'une seule enveloppe.

La disposition adoptée par M. Piatti l'oblige à établir entre ses enveloppes tronconiques des diaphragmes au nombre de trois au moins pour maintenir l'enveloppe intermédiaire, et ces diaphragmes forment des cloisons qui s'opposent au mouvement giratoire relatif de l'eau sur la surface des cônes.

Une semblable machine peut fournir un grand volume d'eau, mais à moins d'employer des cônes d'un poids très-considérable l'on ne peut songer à élever cette eau à des hauteurs un peu grandes.

Des expériences faites à l'occasion de l'exposition universelle de 1855 ont d'ailleurs prouvé que cette machine, comme toutes celles du même genre, ne réalise que 0,20 au plus du travail moteur et qu'elle est, sous ce rapport important, bien inférieure à beaucoup d'autres appareils destinés à l'élévation des eaux.

95. *Des pompes à force centrifuge.* — Parmi les machines destinées à élever l'eau, qui figuraient aux expositions de Londres en 1851 et de Paris en 1855, les plus remarquables étaient, sans contredit, les pompes à force centrifuge, dont il existait, à Londres, trois modèles différents, que nous avons eu l'occasion d'étudier au point de vue de leur rendement.

Ces trois modèles étaient construits sur les mêmes principes que les ventilateurs aspirants, et se composaient d'une roue à palettes planes ou courbes, animée d'un mouvement de rotation très-rapide, exactement emboîtée sur les côtés dans une enveloppe ouverte vers l'axe.

La roue et son enveloppe peuvent être plongées dans l'eau du réservoir inférieur, ou placées au-dessus du réservoir, avec lequel elles sont alors mises en communication au moyen d'un ou de deux tuyaux d'aspiration munis à leur partie inférieure de soupapes d'arrêt ou de clapets de pied.

Dans l'un et l'autre dispositif, lorsque la roue est entièrement recouverte d'eau et qu'on la fait tourner avec une certaine vitesse, l'action de la force centrifuge repousse vers la circonférence extérieure l'eau qui y est contenue, et il en résulte vers l'axe une diminution de pression d'autant plus grande que la roue marche plus vite. Par conséquent, l'eau du réservoir inférieur se trouve aspirée vers l'intérieur de la roue, et y pénètre en vertu de l'excès de la pression de l'atmosphère sur la pression intérieure. L'eau refoulée par la roue dans le tuyau d'ascension s'élève à une hauteur qui dépend de la vitesse du mouvement.

On voit donc que ces machines fonctionnent comme pompes aspirantes et foulantes, et que la hauteur d'aspiration ainsi que celle de refoulement et la quantité d'eau élevée dépendent directement de la vitesse imprimée à la roue à aubes.

Remarquons cependant, dès à présent, que dans tous ces dispositifs la hauteur d'aspiration est limitée par la condition que l'excès de la pression atmosphérique sur la pression intérieure soit suffisant pour communiquer à l'eau une vitesse telle que la machine soit toujours alimentée. L'on a effectivement observé au Conservatoire, qu'à certaines vitesses de la roue et même à la faible hauteur à laquelle l'aspiration se faisait, l'alimentation se trouvant insuffisante, le jeu de la machine était interrompu.

Au surplus, sauf les cas où les conditions locales exigeraient impérieusement que l'eau fût aspirée d'une hauteur déterminée, qui ne peut jamais atteindre plus de 10 mètres, il est préférable de placer la roue à une petite hauteur au-dessus du niveau du réservoir inférieur. On aura ainsi le moyen d'élever l'eau plus haut et de faire marcher la roue plus vite avant d'avoir à craindre que son jeu ne s'interrompe.

**96.** *Pompe à force centrifuge de M. Appold.* — Dans la pompe de ce genre, qui est installée au Conservatoire des arts et métiers, la roue est placée à une hauteur de $0^m,950$ environ au-dessus du niveau du réservoir inférieur. Elle a $0^m,230$ de diamètre extérieur et $0^m,073$ de largeur, parallèlement à son axe. Un plateau plein la sépare en deux parties distinctes, et les deux plateaux ou couronnes extérieures ont au centre une ouverture de $0^m,116$ de diamètre pour l'introduction de l'eau. Une sorte de cône à génératrice curviligne, dont la base est sur le diaphragme ou plateau intérieur et le sommet sur l'axe, sert à changer graduellement et sans choc la direction des filets fluides qui entrent vers le centre dans le sens de l'axe, et doivent pénétrer sur les aubes dans le sens du rayon.

Les aubes, au nombre de six, sont curvilignes, et disposées de manière que les filets fluides y entrent à certaine vîtesse à peu près sans choc, et en sortent presque tangentiellement à la circonférence extérieure. Ce qui atténue beaucoup et annule presque la force vive avec laquelle l'eau quitte la roue.

La roue est latéralement emboîtée dans une enveloppe annulaire en fonte, avec toute la précision nécessaire pour que l'eau affluente soit obligée d'y pénétrer par les orifices centraux. Sur toute sa circonférence extérieure elle est complétement libre, et l'eau qui en sort débouche sans obstacle dans l'enveloppe annulaire, qui communique avec le tuyau cylindrique d'ascension dont le diamètre est de $0^m,036$.

Deux tuyaux latéraux d'aspiration amènent l'eau aux orifices centraux d'introduction et sont munis à leur pied de soupapes d'aspiration et de retenue. Ces tuyaux ont de diamètre, à la partie inférieure, 0$^m$,370, au corps 0$^m$,345, et à leur rencontre avec la roue 0$^m$,116. Les soupapes d'aspiration ont 0$^m$,225 de diamètre.

On voit que le constructeur s'est attaché, avec raison, à proportionner sa machine de manière à nè laisser prendre à l'eau dans les tuyaux d'aspiration et de refoulement que de faibles vitesses, et que ce n'est qu'au passage à travers la roue que le liquide acquiert la vitesse nécessaire pour produire l'aspiration et l'ascension.

La pompe du même système qui fonctionnait à l'exposition de Londres en 1851 était entièrement plongée dans l'eau, mais cette disposition oblige à quelques sujétions pour la mise en marche, et comme d'ailleurs le niveau du réservoir inférieur peut baisser, il nous paraît préférable, pour les cas analogues, d'employer des tuyaux d'aspiration comme dans la machine qui existe au Conservatoire, en ne donnant d'ailleurs à la hauteur d'aspiration que la plus petite dimension possible.

On pourrait aussi placer tout l'appareil à côté du réservoir inférieur, dans un bassin étanche et vide d'eau, et y disposer la roue de manière qu'elle fût au-dessous du niveau le plus bas du réservoir, avec lequel elle communiquerait librement par deux tuyaux ou manches inclinées, qui conduiraient l'eau dans les ouvertures centrales.

Une roue ainsi disposée serait toujours amorcée et recouverte par l'eau, qui, au repos, s'élèverait dans l'enveloppe à la hauteur du niveau du réservoir. Des soupapes de retenue placées à l'entrée des deux tuyaux d'amenée empêcheraient la colonne ascendante de rétrograder. Cette disposition nous paraît préférable aux deux précédentes.

**97.** *Expériences sur les pompes de M. Appold.* — Les premières expériences dynamométriques faites sur ces machines sont celles que nous avons eu l'occasion d'exécuter sur l'appareil qui était établi à l'exposition universelle de Londres, en 1851. Pour mesurer le travail moteur, nous avons employé l'un des dynamomètres de rotation du Conservatoire, et, afin de mettre en évidence les avantages de la forme curviligne donnée aux aubes par le constructeur, l'on a essayé successivement dans le même appareil :

1° La roue à aubes courbes adoptée par l'auteur;

2° Une roue de mêmes dimensions ayant des aubes planes inclinées à 0$^m$,45 sur le rayon;

3° Une roue semblable à aubes planes dirigées dans le sens du rayon.

Ces trois roues avaient 0$^m$,305 de diamètre extérieur, leurs ouvertures centrales avaient 0$^m$,1525 de diamètre, les couronnes 0$^m$,076 de largeur dans le sens du rayon, et la largeur parallèle à l'axe était de 0$^m$,079. La roue avait un diaphragme intermédiaire plein, l'eau y entrait des deux côtés.

Les résultats des expériences exécutées sur ces trois modèles de roues sont consignés dans le tableau suivant :

| NUMÉROS des expériences. | VOLUME d'eau élevé en litres en 1″. Q | HAUTEUR d'élé-vation. | EFFET utile en 1″. | TRAVAIL moteur dépensé en 1″. T. | RENDE-MENT. | NOMBRE de tours de la roue en 1″. N | U |
|---|---|---|---|---|---|---|---|
| | | | | Avec les aubes courbes. | | | |
| | lit. | m. | km. | km. | | | m. |
| 1 | 150.0 | 2.590 | 413.06 | 717.60 | 0.588 | 828 | 5.450 |
| 2 | 124.0 | 2.745 | 340.00 | 525.00 | 0.648 | 718 | 4.555 |
| 3 | 87.0 | 5.690 | 500 00 | 771.00 | 0.649 | 792 | |
| 4 | 97.2 | 5.690 | 552.00 | 807.80 | 0.685 | 792 | |
| 5 | 93.5 | 5.897 | 554.00 | 810 00 | 0.680 | 788 | |
| 6 | 94.6 | 5.897 | 558.00 | 859 00 | 0.650 | 800 | |
| 7 | 32.3 | 7.970 | 261.00 | 697.00 | 0.375 | 843 | |
| 8 | 51.0 | 8.235 | 424.00 | 891.00 | 0.475 | 876 | |
| | | | | Avec les aubes planes inclinées à 45° sur le rayon. | | | |
| 1 | 42.40 | 5.480 | 233.00 | 583.00 | 0.398 | 694 | |
| 2 | 55.81 | 5.480 | 306.00 | 698.00 | 0.434 | 690 | |
| | | | | Avec les aubes planes dirigées dans le sens du rayon. | | | |
| 1 | 35.87 | 5.480 | 197.00 | 810.00 | 0.243 | 720 | |
| 2 | 27.90 | 5.480 | 153.00 | 660.00 | 0.232 | 624 | |

**98.** *Conséquences des expériences.* — Ces expériences montrent d'une manière évidente :

1° Que la pompe à aubes courbes de M. Appold, quand elle est immergée dans le réservoir inférieur et marche à une vitesse convenable pour la hauteur d'ascension désirée, rend un effet utile compris entre 0,65 et 0,70 du travail moteur dépensé, résultat supérieur à celui que l'on peut obtenir de la plupart des autres machines à élever l'eau;

2° Que la forme courbe des aubes et le tracé adopté par l'auteur sont beaucoup plus favorables que l'usage des aubes planes, inclinées ou non sur le rayon, ainsi que les principes théoriques devaient d'ailleurs le faire présumer.

Si l'on remarque de plus que cette machine, avec une roue d'un très-petit diamètre, fournit un volume d'eau considérable et est d'une installation assez facile, l'on en conclura que pour des épuisements permanents, des élévations d'eau pour des irrigations, pour des jeux d'eau, etc., elle est susceptible d'être employée très-avantageusement.

On verra toutefois que la vitesse à laquelle il faut la faire marcher, croissant avec la hauteur d'élévation, son emploi doit être limité à des hauteurs inférieures à 10 mètres.

**99.** *Considérations théoriques sur les pompes à force centrifuge.* — Nommons

T le travail moteur transmis par seconde à la poulie montée sur l'arbre même de la roue ;

V la vitesse angulaire de cette poulie et de la roue en 1″, laquelle est égale à $\dfrac{6^m,28}{60}$ N, N étant le nombre de tours de la roue en 1′.

R′ le rayon extérieur de la roue

M la masse d'eau élevée en 1″, égale à $\dfrac{1000 Q}{9,81}$, si Q exprime en mètres cubes le volume de cette eau.

On sait que le travail développé en 1″ par la force centrifuge (n° **172**, Notions fondamentales) sur une masse M, qui,
soumise à un mouvement de rotation, s'éloigne de l'axe, en
passant de la distance R″ à la distance R′ de l'axe, a pour
expression

$$\frac{MV_1^2(R'^2 - R''^2)}{2}$$

et comme dans le cas actuel la force vive $MV_1^2 R''^2$ que possède la masse de liquide M, qui entre dans la roue à chaque
seconde, en remplissant l'intervalle de ses aubes, est aussi le
résultat de la force centrifuge, il s'ensuit que le travail total
transmis par cette force est

$$\frac{MV_1^2 R'^2}{2}.$$

Si l'on fait abstraction des frottements, le travail T du moteur doit donc être égal à celui de la force centrifuge qu'il
produit, et l'on a d'abord la relation

$$T = \frac{MV_1^2 R'^2}{2}.$$

D'une autre part le travail de la force centrifuge qui produit tout le mouvement de l'eau dans l'appareil, doit être
égal à celui qui correspond à l'élévation de la masse d'eau
$M = \dfrac{1000Q}{g}$ à la hauteur totale H, augmenté de la moitié de
ceux qui correspondent aux diverses pertes de force vive
qui sont

$Mu^2$ à l'entrée dans le tuyau d'aspiration quand il y en a
un, $u$ étant la vitesse perdue après le passage;

$Mu'^2$ à l'entrée sur les aubes de la roue, $n'$ étant la vitesse
perdue à l'entrée;

$Mw^2$ à la sortie des aubes de la roue, $w$ étant la vitesse absolue avec laquelle l'eau quitte la roue;

on doit avoir la relation

$$\frac{MV^2_1R'^2}{2} = MgH + \frac{Mu^2}{2} + \frac{Mu'^2}{2} + \frac{Mw^2}{2},$$

en faisant abstraction de la vitesse d'ascension de l'eau dans le tuyau vertical, où elle est et doit être toujours assez faible.

En combinant cette relation avec la précédente, l'on a donc

$$T = MgH + \frac{Mu^2}{2} + \frac{Mu'^2}{2} + \frac{Mw^2}{2}$$

d'où l'on tire pour l'expression de l'effet utile $MgH$,

$$MgH = T - \frac{Mu^2}{2} - \frac{Mu'^2}{2} - \frac{Mw^2}{2},$$

qui montre que l'on doit chercher à annuler ou au moins à rendre aussi faibles que possible les pertes de force vive indiquées ci-dessus.

La 1$^{re}$ $Mu^2$ à l'entrée par la soupape de retenue ou d'aspiration est à peu près nulle dans les cas où la roue est plongée dans le bassin inférieur, ce qui montre l'avantage de cette disposition, qui a en outre celui d'éviter la perte de travail, assez faible d'ailleurs dans les machines bien proportionnées, que pourrait occasionner le frottement du liquide contre les parois du tuyau d'aspiration.

La 2$^{me}$ $Mu'^2$, relative au passage de l'eau du centre de la roue sur les aubes, peut être très-atténuée et presque annulée par le tracé que nous indiquerons au n° 101.

Il en est de même de la perte de force vive qui a lieu à la sortie, que l'on peut rendre très-faible par un bon tracé des aubes.

**100.** *Formules pratiques déduites de l'expérience.* — Sans nous étendre davantage sur ces considérations théoriques, et en nous réservant d'indiquer un peu plus loin les moyens d'atténuer autant que possible les pertes de travail dont nous venons de parler, nous nous contenterons de recourir aux résultats des expériences que nous avons eu l'occasion d'exécuter et qui ont été rapportés au n° 97.

Il résulte des expériences faites sur la pompe de M. Appold, à aubes courbes, placée au-dessous du niveau du réservoir inférieur et par conséquent sans tuyau d'aspiration ni soupape d'arrêt, que l'effet utile s'élève dans les conditions convenables de vitesse à 0,65 au moins du travail moteur. Il s'ensuit donc qu'alors la perte de travail produite par les diverses causes que nous avons énumérées, s'élève à 0,35 T, et que l'on a pour représenter les résultats de l'expérience, dans le cas du maximum d'effet,

$$M g H = 1000 \, QH = 0,65 \, T = 0,65 \, \frac{MV_1^2 R'^2}{2}$$

d'où l'on déduit, pour déterminer la vitesse de la circonférence extérieure de la roue correspondante à ce maximum la relation

$$V_1^2 R'^2 = \frac{2 g H}{0,65} \quad \text{d'où l'on tire}$$

$$V_1 R' = \frac{\sqrt{2 g H}}{0,806} = 1,24 \sqrt{2 g H},$$

Réciproquement l'on a pour la hauteur à laquelle une roue donnée peut élever l'eau

$$H = \frac{0,65 \, V_1^2 R'^2}{2 g} = 0,034 V_1^2 R'^2$$

ou attendu que $V_1 = \dfrac{6,28 \, N}{60} = 0,147 N$,

$$H = 0,00073 \, N^2 R'^2.$$

On voit que cette hauteur dépend du nombre de tours de la roue en 1′ et de son rayon extérieur, de sorte que l'un de ces facteurs étant donné ou limité comme nous l'indiquerons plus loin, l'on pourra encore disposer de l'autre pour élever l'eau à une hauteur donnée.

On verra que cette règle s'accorde assez bien avec l'observation.

**101.** *Rapport des aires d'entrée et de sortie de l'eau à travers la roue, et règles pratiques.* — Le mouvement de l'eau s'accélérant par l'action de la force centrifuge depuis son introduction par les deux ouvertures centrales jusqu'à sa sortie par la circonférence, il convient de déterminer la dimension de cette roue de manière que l'eau en sorte en remplissant les orifices, afin qu'il ne se fasse pas dans l'intérieur même de la roue des tourbillonnements ou des remous susceptibles d'occasionner des pertes de force vive.

Dans les deux pompes de ce système que j'ai eu l'occasion d'expérimenter et qui ont donné un rendement de 0.65, la somme des aires des orifices d'évacuation, qui a pour valeur très-approximative

$$2\pi R'L\sin a,$$

$a$ étant l'angle formé par le dernier élément des aubes avec la tangente à la circonférence extérieure, et ordinairement égal à 20°, ce qui donne sin $a = 0.342$, était d'environ 0.75 de la somme des aires des deux passages centraux, dont les diamètres étaient la moitié du diamètre extérieur de la roue et dont les deux surfaces avaient ensemble pour expression

$$\frac{\pi R'^2}{2}$$

On avait donc la relation

$$0,75\ \frac{\pi R'^2}{2} = 2\pi R'L \times 0,342$$

d'où l'on tire la relation

$$L = \frac{0,75}{1,368} R' = 0,55 R' \text{ environ.}$$

L'expression de l'aire des orifices d'évacuation de l'eau à la circonférence extérieure de la roue devient, au moyen de cette relation,

$$2\pi R'L \times \sin a = 1.181 R'^2.$$

D'une autre part, la force vive communiquée à l'eau qui traverse la roue, en suivant ses aubes courbes, est due au travail développé sur cette eau par la force centrifuge, et l'on a, d'après le principe des forces vives,

$$\frac{1000Q}{g} V^2 = \frac{1000Q}{g} V_1^2 R',$$

en nommant V la vitesse avec laquelle l'eau quitte le dernier élément de l'aube dans le sens de la tangente à cet élément.

D'où l'on déduit pour cette vitesse relative de sortie

$$V = V_1 R';$$

ce qui est d'ailleurs, pour ainsi dire, évident, puisque l'eau suit l'aube, marche avec elle et la quitte à l'extrémité avec une vitesse relative égale à celle avec laquelle l'aube l'abandonne, et qui, vu la petitesse de l'angle $a$, diffère très-peu de celle de la circonférence même de la roue.

Il suit de là que le volume d'eau Q débité par la roue a pour expression

$$Q = 2\pi R'L \sin a \times V_1 R' = 1,181 V_1 R'^3,$$

et comme on a vu que pour le maximum d'effet il convient d'établir la relation

$$V_1 R' = \frac{\sqrt{2gH}}{0,806} = 1,24\sqrt{2gH},$$

cette relation revient à

$$Q = 1,465 R'^2 \sqrt{2gH},$$

ce qui donne la valeur convenable du rayon extérieur R' de

la roue pour élever un volume d'eau demandé Q à l'aide de la formule

$$R' = \sqrt{\frac{Q}{1,465\sqrt{2gH}}}.$$

On peut donc au moyen des formules précédentes, déduites à la fois des principes théoriques et des résultats de l'expérience, déterminer toutes les proportions de la roue à aubes courbes qui est l'élément principal de ce genre de machines.

En récapitulant ces formules on voit que l'on déterminera :

1° Le rayon extérieur de la roue par la formule

$$R' = \sqrt{\frac{Q}{1,465\sqrt{2gH}}};$$

2° Le rayon R″ des orifices centraux d'admission par la relation

$$R'' = \frac{R'}{2};$$

3° La largeur de la roue L dans le sens de l'axe sera donnée par

$$L = 0,55\,R';$$

4° La vitesse de la circonférence extérieure correspondante au maximum d'effet sera

$$V_1 R' = \frac{\sqrt{2gH}}{0,806},$$

et le nombre N de tours que la roue devra faire en 1′ sera

$$N = \frac{60\,V_1 R'}{2\pi R'} = \frac{60\sqrt{2gH}}{0,806.2\pi R'} = 11,85\,\frac{\sqrt{2gH}}{R'}.$$

L'angle $a$ du dernier élément des aubes avec la circonférence extérieure de la roue sera de 20°. Quant à l'angle $a'$ de leur premier élément avec la circonférence intérieure de la roue, l'on peut le déterminer d'après les proportions précédentes de manière à éviter presque complétement, à l'entrée de l'eau sur l'aube, le choc contre ses premiers éléments.

La vitesse que l'eau a acquise par l'effet de l'aspiration produite par la force centrifuge au moment où elle arrive à la surface cylindrique intérieure de la roue, dont le rayon est $R''$, doit être $V'' R''$ et elle est dirigée dans le sens du rayon. D'une autre part, la vitesse à la circonférence de cette même surface décrite par le bord intérieur des aubes est aussi $V'' R''$. La vitesse relative d'introduction de l'eau sur les aubes qui est la résultante de ces deux vitesses égales et perpendiculaires, forme donc avec le rayon et avec la tangente des angles de 45°, et c'est celle qu'il convient de donner à la tangente du premier élément de cette aube, pour que l'eau entre sans choc sur les aubes. Par conséquent, l'angle $a'$ que la courbe de l'aube doit faire avec la tangente à la circonférence intérieure de la roue étant aussi déterminé, la recherche du rayon de courbure des aubes reviendra donc à ce problème de géométrie : *Tracer entre deux circonférences concentriques données, un arc de cercle qui rencontre la circonférence extérieure sous un angle $a = 20°$ dans le cas actuel et la circonférence intérieure sous un angle $a'$ donné, $a'$ étant,* dans le cas particulier qui nous occupe, égal à 45°.

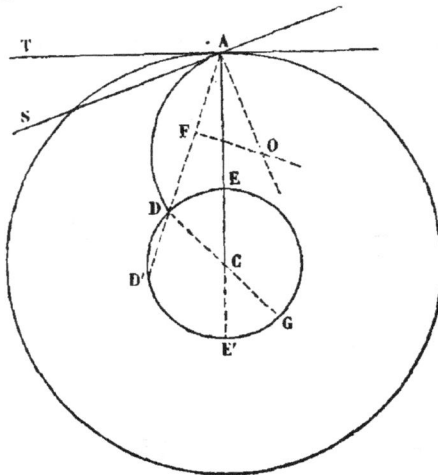

La construction suivante donne la solution de ce problème.

Choisissez un point A quelconque de la circonférence extérieure pour le bord de l'aube, menez en A la tangente AT à cette circonférence et tracez une ligne AS faisant avec AT un angle $a = 20°$. Élevez en A une perpendiculaire AO sur AS, elle devra passer par le centre cherché ; menez le rayon

AC qui coupe la circonférence intérieure en E. A partir de ce point, prenez sur la circonférence intérieure un arc $ED' = a + a'$. La ligne AD sera la corde de l'arc cherché, et en élevant au milieu F de cette corde une perpendiculaire FO à sa longueur, le point O où elle rencontrera AO sera le centre de l'arc cherché, dont le rayon sera OA.

*Conséquences de ce tracé des aubes.* — Il résulte de ce tracé que l'eau entre à peu près sans choc sur leur premier élément intérieur et que la vitesse absolue avec laquelle elle sort de la roue est nécessairement très-faible, attendu que la vitesse relative de sortie de l'eau le long de l'aube est à très-peu près égale à la vitesse de rotation du dernier élément de cette aube et que ces deux vitesses font un très-petit angle $a = 20°$.

On satisfait donc à peu près aussi à la double condition générale que l'eau entre sans choc et sorte sans vitesse.

---

* Pour justifier cette construction, on fera remarquer d'abord que l'angle CAO est égal à l'angle $a$, et en appelant $c$ l'angle CAD, l'on a $OAD = a + c$. Mais le triangle AOD devant être isocèle, puisque OA et OD sont des rayons d'un même arc de cercle, il s'ensuit que l'angle $ADO = a + c$. De plus l'angle $CDO = a'$, comme compris entre deux perpendiculaires aux tangentes $m$D à la circonférence intérieure et à l'arc cherché, lesquelles doivent faire un angle égal à $a'$.

L'on a donc dans le triangle ADC l'angle

$$ADC = a + c + a',$$

et par suite

$$ADC - CAD = a + a'.$$

La différence de ces angles est donc connue et le problème revient à construire le triangle CAD dont on connaît les côtés CA et CD, et dont les angles CDA et CAD diffèrent d'une quantité donnée $a + a'$.

Or on a

$$ADC = 180° - CDD' = 180° - \frac{D'E'}{2} - \frac{E'G}{2}$$

$$CAD = \frac{D'E'}{2} - \frac{DE}{2},$$

d'où     $ADC - CAD = 180° - D'E'$, attendu que $DE = E'G$,

ou     $ADC - CAE = ED' = a + a'$;

ce qui donne la direction de la sécante AD' et par suite le point D.

Nous verrons tout à l'heure que les aubes qui ne remplissent pas ces conditions sont beaucoup moins favorables que celles dont nous venons d'indiquer le tracé.

**102.** *Observation sur la limite de la vitesse que l'on peut imprimer à une pompe à force centrifuge.* — Lorsque l'on veut construire une machine de ce genre ou s'en servir pour élever l'eau à une hauteur donnée, il ne faut pas perdre de vue que le liquide ne s'y introduit que par la diminution de pression que l'action de la force centrifuge produit vers l'axe, et que cette pression vers l'axe a pour limite inférieure le vide absolu. A cette limite, si elle pouvait être atteinte, l'eau entrerait dans la roue sous la pression totale de l'atmosphère, en supposant la roue noyée, avec une vitesse égale à

$$\sqrt{19,62 \times 10^m,33} = 14^m,24,$$

ou à

$$\sqrt{19,62 \, (10^m,33 - h)},$$

$h$ étant la hauteur de l'axe au-dessus du niveau inférieur. Il faudra donc s'assurer si la somme des aires des passages centraux, qui est

$$2\pi R''^2 = \frac{\pi R'^2}{2},$$

est telle, que l'on ait encore

$$m \times 2\pi R''^2 \times 14^m,24 > Q,$$

$m$ étant le coefficient de contraction à l'entrée de ces orifices, lesquels peuvent être disposés de façon que l'on ait au moins

$$m = 0,75.$$

Si le produit

$$m \times 2\pi R''^2 \times 14^m,24$$

était égal à Q, et à plus forte raison s'il lui était inférieur, il se produirait des interruptions dans l'alimentation de la roue.

Cet effet étant dû à ce que cette roue marcherait trop vite, par rapport aux dimensions de ses orifices de passage de l'eau, il faudrait augmenter les orifices, et par conséquent le rayon extérieur, de manière à rendre le produit

$$m \times 2\pi R''^2 \times 14^m,24$$

notablement supérieur au volume d'eau Q à élever, et alors on déterminerait en conséquence la vitesse angulaire ou le nombre N de tours en 1′ convenable au maximum d'effet, par la formule

$$V_1 = 0,147 N = \frac{1,24\sqrt{agH}}{R'}$$

ou

$$N = \frac{8,435\sqrt{2gH}}{R'}.$$

**103.** *Application.* — Si par exemple l'on voulait élever $0^{m \cdot c},050$ d'eau à $15^m$ de hauteur, et que par prudence on s'imposât la condition que le volume

$$m \times 2\pi R''^2 \times 14^m,24$$

fût double de celui de l'eau à élever, l'on aurait, en faisant

$$m = 0,75, \quad 2\pi = 6,28 \quad \text{et} \quad Q = 0^{m \cdot c},100,$$

$$R'' = 0^m,122$$

et par conséquent dans les proportions admises plus haut

$$R' = 0^m,244 \quad \text{ou} \quad D' = 0^m,488,$$

et par suite

$$N = \frac{8,435\sqrt{19,62 \times 15}}{0,244} = 593 \text{ tours en } 1'.$$

Il faut remarquer que, dans l'aspiration de l'eau, lorsque les orifices d'aspiration ne sont pas à une distance assez notable du niveau, il se produit des espèces de trombes par lesquelles l'air passe et arrive à ces orifices même quand la pression intérieure du tuyau serait loin de descendre jusqu'au vide. C'est pourquoi je regarde comme prudent de faire en sorte que la vitesse de passage par l'orifice central n'atteigne à l'état normal que la moitié de celle qui correspondrait à l'excès de la pression atmosphérique, 10$^m$,33, sur la hauteur d'aspiration, et de noyer l'orifice d'admission de 0$^m$,60 au moins.

**104.** *Détermination de l'aire des sections de passage de l'eau à travers la roue.* — Le tracé que nous avons donné au n° **101** pour la courbe des aubes satisfait, autant que possible, à la double condition d'annuler ou au moins d'atténuer les pertes de force vive que le liquide peut éprouver à l'entrée et à la sortie de la roue, et il faut remarquer que cette condition ne peut être effectivement remplie que par une aube courbe et ne saurait l'être par une aube plane, ce qui explique déjà la supériorité d'effet obtenue avec les aubes courbes. ·

Mais il importe, en outre, que le liquide, à mesure qu'il parcourt les canaux formés par l'intervalle des aubes, y traverse des sections dont les aires soient toujours en raison inverse de sa vitesse relative, afin qu'il ne se produise pas de remous, de tourbillonnements, de gonflements de la veine fluide, qui occasionnent des pertes de vitesse et par conséquent de travail.

La relation du n° **101**

$$V = V_1 R',$$

nous montre que, pour une vitesse angulaire donnée, la vitesse relative de l'eau sur les aubes est proportionnelle à la distance R' de la section traversée à l'axe de rotation et permet de satisfaire à cette importante condition d'une manière analogue à celle que nous avons indiquée pour le tracé des aubes courbes du type des turbines de M. Fourneyron (*Hydraulique*, n° **404**).

Si l'on suppose d'abord, comme cela a lieu dans la con-

MACH. ET APPAR.

struction ordinaire des pompes de ce genre, que l'épaisseur
de la roue parallèlement à l'axe soit constante, la condition
à remplir reviendra à faire en sorte que l'intervalle de la
face concave d'une aube à la face convexe de celle qui la suit
varie en raison inverse de la distance à l'axe.

Mais si l'on veut appliquer cette règle aux roues des
pompes construites d'après les tracés de M. Appold, qui
n'ont que six aubes, on reconnaît facilement que ce petit
nombre d'aubes ne permet guère d'y satisfaire. L'on voit, en
effet (fig. 4 *bis*, pl. IV) que, dans les proportions de la roue
exposée à Londres en 1851, l'aire d'introduction de l'eau
sur les aubes étant proportionnelle à la distance *aa'*, et celle
du passage de sortie au bord *d* de cette même aube devant
être réduite dans le rapport de *ca'* à *cd*, la réduction du passage devrait se faire entre des sections si rapprochées que la
face concave de l'aube précédente aurait trop peu de développement pour que l'on pût tracer un conduit bien régulier
entre deux aubes consécutives.

Il semble donc nécessaire d'augmenter et de doubler le
nombre des aubes de ces roues afin de rendre ce tracé plus
facile et plus régulier. On voit en effet (fig. du n° **101**), que
si l'on trace douze aubes, la section d'admission entre deux
d'entre elles, *ed* et *fg*, se trouve beaucoup plus rapprochée
du centre et est donnée par la longueur *ee'* du rayon O*ee'*
comprise entre elles, d'où il suit que la réduction de cette
aire jusqu'à la section correspondante au bord *g* de la même
aube pourra se faire moins brusquement et de manière à
mieux assurer la circulation régulière du liquide.

A cet effet on prolongera le rayon *ce'* (fig. du n° **101**) jusqu'à sa rencontre en K avec la circonférence extérieure,
l'on partagera la longueur *e'*K en quatre parties égales aux
points 1, 2, 3, K. Par ces points l'on fera passer des arcs de
courbes concentriques à *c*, qui couperont la courbe *fg* de
l'aube en 1', 2', 3' et *g*; l'on joindra ces points avec le
centre 0' de l'aube, et sur les lignes 0'1', 0'2', 0'3', 0'*g*,
l'on portera à partir des points 1', 2', 3' et *g* des longueurs

$1'1''$, $2'2''$, $3'3''$, $gg'$, qui soient avec $ee'$ dans les rapports $\dfrac{ce'}{c1}$, $\dfrac{ce'}{c2}$, $\dfrac{ce'}{c3}$, $\dfrac{ce'}{cg}$. La suite des points $e$, $1''$, $2''$, $3''$ et $g$ donnera le contour de la partie convexe de l'aube précédente, convenable pour assurer la circulation progressive du liquide avec des vitesses croissantes, sans perte notable de force vive, et sans remous occasionné par la réintroduction de l'eau extérieure.

A partir du point $g'$ et jusqu'au bord $d$ de l'aube précédente, on tracera à la règle une courbe qui raccorde sans jarret la face convexe de l'aube $ed$ avec le bord de sa face concave ou avec la circonférence extérieure de la roue.

**105.** *Autre manière de régler l'aire des sections de passage de l'eau à travers la roue.* — Au lieu de rétrécir la largeur des passages offerts à l'eau dans le sens horizontal, comme nous venons de l'indiquer, ce qui conduit à donner à la partie convexe des aubes une forme différente de celle de la partie concave, l'on peut aussi, en laissant aux aubes une épaisseur uniforme et aux passages la largeur qui en résulte, diminuer l'aire de ces passages de façon qu'elle soit toujours en raison inverse de la vitesse de l'eau ou de leur distance à l'axe, par le moyen suivant.

La largeur de la roue dans le sens de son axe, au lieu d'être constante, varierait précisément en raison inverse de la distance des circonférences à l'axe. Il en résulterait que les aubes seraient emboîtées entre deux surfaces de forme conique à génératrices courbes.

Cette dernière disposition des roues de ce genre a été adoptée par M. Lloyd pour le ventilateur qu'il avait présenté en 1851 à l'Exposition universelle comme jouissant de la propriété de marcher sans bruit, ce qui n'est à peu près vrai que jusqu'à des vitesses de 800 tours environ par minute.

**106.** *Pompe à force centrifuge de M. Gwinne.* — M. Gwinne, ingénieur américain, a présenté à l'Exposition de Londres, en

1851, une pompe à force centrifuge ayant un volant à ailettes qui porte seulement trois ailes planes, dont l'une B a une longueur égale à celle de son rayon, et dont les deux autres plus courtes dépassent d'une petite quantité l'ouverture d'aspiration centrale. Ces ailes sont contenues dans une enveloppe de forme lenticulaire qui tourne dans une autre enveloppe fixe semblable, laquelle sort d'une sorte de récipient dans lequel s'échappe et circule l'eau aspirée par le volant. L'enveloppe extérieure communique d'un côté avec le tuyau d'ascension ou de refoulement.

Le tuyau d'aspiration est muni de deux clapets de pied pour maintenir la pompe amorcée. Un seul de ces clapets bien ajusté suffirait sans doute pour cet objet.

Un entonnoir muni d'un robinet est adapté au tuyau d'ascension pour amorcer la pompe (pl. IV, fig. 2 et 3).

Ces figures montrent la disposition de cette pompe et permettent de comprendre, sans autres explications, que quand le volant tourne à une vitesse convenable, il se produit vers son centre une aspiration et à sa circonférence un accroissement de pression que déterminent l'introduction de l'eau dans le volant et son refoulement dans le tuyau d'ascension.

Il est bon d'indiquer qu'il paraît indispensable de ménager dans la partie supérieure de l'enveloppe un petit conduit qui permette à l'air, qui tend à s'y cantonner, de s'échapper dans le tuyau d'ascension. Sans cette précaution la pompe ne fournit pas d'eau.

Mais si l'on se reporte à ce que nous avons dit aux *Notions générales*, l'on comprendra facilement qu'à l'entrée de l'eau dans le volant il y a choc des palettes contre le liquide, et qu'en s'échappant l'eau possède inutilement une force vive absolue qui est détruite en grande partie avant son introduction dans le tuyau d'ascension. Enfin ce tuyau étant d'un diamètre beaucoup plus petit que le tuyau d'aspiration, l'eau y possède et conserve à sa sortie une vitesse assez considérable, qui lui est inutilement communiquée.

Il était donc facile de prévoir que cette machine serait, sous le rapport du rendement, très-inférieure à la pompe de M. Appold, dans la construction de laquelle les principes sont beaucoup mieux observés.

C'est ce qu'ont en effet montré les expériences suivantes exécutées sur la pompe exposée à Londres avec le même dynamomètre de rotation et les mêmes soins que celles qui ont été faites sur la pompe de M. Appold.

EXPÉRIENCES EXÉCUTÉES SUR LA POMPE CENTRIFUGE DE M. GWINNE, EXPOSÉE A LONDRES EN 1851.

| NUMÉROS des expériences. | VOLUME d'eau élevé en 1″. Q′. | HAUTEUR d'élévation. H′. | EFFET utile en 1″. Q′H′. | TRAVAIL moteur dépensé en 1″. | RENDEMENT | NOMBRE de tours de la roue en 1″. |
|---|---|---|---|---|---|---|
| | lit. | m. | km. | km. | | |
| 1 | 22.00 | 4.17 | 91.74 | 487.55 | 0.190 | 675 |
| 2 | 21.20 | 4.17 | 89.46 | 465.50 | 0.190 | 608 |

L'on voit par ces résultats que cette pompe centrifuge à ailes planes dirigées dans le sens du rayon, est, par suite de cette disposition et de quelques autres défauts qui lui sont particuliers, bien inférieure à la pompe centrifuge à aubes courbes de M. Appold, dont le rendement s'est élevé à 0,65 du travail moteur.

*Autres expériences sur une pompe à force centrifuge de M. Gwinne.* — Le même ingénieur a modifié le modèle de sa pompe en remplaçant les trois aubes planes par des aubes courbes au nombre de six, ce qui se rapproche beaucoup de la disposition adoptée par M. Appold. Mais ces aubes qui, vers le centre du volant, sont encore dirigées dans le sens du rayon, donnent nécessairement lieu à un choc à l'entrée de l'eau, et d'une autre part, l'espace annulaire dans lequel s'échappe et

circule le liquide est encore trop petit. Ces dispositions, bien
que préférables aux premières qui avaient été adoptées par
le constructeur, laissent encore beaucoup à désirer, et des
expériences récentes exécutées sur une pompe ainsi modifiée
au Conservatoire des arts et métiers, ont donné les résultats
consignés dans le tableau suivant.

Nous ferons remarquer que la grande vitesse à laquelle le
volant doit tourner et la très-petite dimension qu'il est par
conséquent nécessaire de donner à sa poulie, occasionnent
un glissement de la courroie.

L'on a eu le soin de disposer des compteurs, qui donnent
exactement le nombre de tours faits par la poulie du dynamomètre et par le volant de la pompe, ce qui a permis d'apprécier le rendement de la machine, soit en faisant abstraction des glissements, soit en en tenant compte. La première
estimation donne un résultat trop faible, la seconde un résultat trop fort. Mais le soin apporté aux expériences a été
tel, que la différence des deux rapports n'est pas très-grande.
Cependant cette différence, qui dans bien des cas de la pratique pourrait acquérir bien plus d'importance, montre
l'inconvénient des transmissions de mouvement par courroies, dans lesquelles, à l'aide de poulies trop petites, on veut
communiquer à la fois des vitesses et des quantités de travail
considérables. En pareil cas, il faut éviter les poulies d'un
trop petit diamètre, augmenter la largeur des courroies et
multiplier suffisamment les organes de transmission.

EXPÉRIENCES SUR UNE POMPE ROTATIVE DE M. GWINNE,
14 ET 15 NOVEMBRE 1859.

| NUMÉROS des expériences. | TRAVAIL MOTEUR mesuré par le dynamomètre en 1'. | VOLUME D'EAU élevé en 1'. | HAUTEUR D'ÉLÉVATION. | EFFET UTILE. en 1''. | NOMBRE DE TOURS théoriques de la pompe en 1'. | RENDEMENT de la pompe d'après sa vitesse théorique. | NOMBRE DE TOURS réel de la pompe en 1'. | RENDEMENT de la pompe d'après sa vitesse réelle. | NOMBRE DE TOURS réel de la pompe en 1'. |
|---|---|---|---|---|---|---|---|---|---|
| | km. | lit. | m. | km. | | | | | |
| 1 | 417.62 | 16.65 | | 109.93 | 14.18 | 0.263 | 12.71 | 0.293 | 763 |
| 2 | 366.00 | 17.10 | | 116.32 | 14.13 | 0.318 | 11.83 | 0.381 | 710 |
| 3 | 443.74 | 18.95 | | 125.05 | 13.27 | 0.282 | 12.06 | 0.309 | 724 |
| 4 | 417.58 | 18.71 | | 123.51 | 14.89 | 0.296 | 11 98 | 0.362 | 719 |
| 5 | 404.18 | 17.68 | | 116.32 | 14.54 | 0.287 | 11.97 | 0.348 | 718 |
| 6 | 330.05 | 16.30 | 6.60 | 107.57 | 13.26 | 6.325 | 11.89 | 0.362 | 713 |
| 7 | 404.92 | 16.12 | | 106.42 | 16.72 | 0.262 | 11.78 | 0.371 | 707 |
| 8 | 345.29 | 14.71 | | 97 12 | 12.87 | 0.281 | 11.49 | 0.314 | 689 |
| 9 | 427.42 | 17.31 | | 114.33 | 13.63 | 0.267 | 11.82 | 0.308 | 709 |
| 10 | 485.37 | 25.26 | | 166.73 | 13.28 | 0.343 | 12.82 | 0.355 | 769 |
| 11 | 402.04 | 17.13 | | 113.04 | 12.89 | 0.281 | 11.82 | 0.306 | 709 |
| | | | | | | 0.286 | | 0.337 | |

**107.** *Conséquences des résultats consignés dans le tableau précédent.* — Les résultats ci-dessus montrent que, par suite de la position de la poulie du volant et du glissement qu'elle occasionne, le rendement moyen de cette machine n'a été que les 0,286 du travail moteur, dont une partie était employée à vaincre la résistance de la courroie au glissement, résultat évidemment un peu trop faible. Mais si d'autre part on calcule le rendement de la pompe d'après le nombre de tours réels qu'elle a faits, c'est-à-dire en augmentant l'effet utile observé dans le rapport du nombre de tours théorique au nombre de tours réel, l'on trouve que le rendement moyen de cette pompe, si la courroie n'avait pas glissé un peu, eût pu s'élever à 0,337 du travail moteur dépensé, résultat trop élevé, puisqu'il ne tient pas compte de la partie du travail moteur réellement consommée par le glissement de la courroie.

La vraie valeur du rendement de cette machine serait donc

très-voisine dé 0,30, et l'on voit que si l'adoption des aubes courbes, mises en usage antérieurement par M. Appold, a contribué à améliorer la pompe de M. Gwinne, conformément aux conclusions de nos expériences de 1851, leur tracé et quelques autres dispositions peu convenables empêchent encore cette machine de donner des résultats aussi favorables que celle de M. Appold, et cette conséquence est tout à fait conforme aux principes que nous avons exposés précédemment.

**108.** *Pompes centrifuges à disques multiples de M. Gwinne.*
— Cet ingénieur américain, auteur de la pompe à force centrifuge dont nous venons de parler, a aussi proposé de combiner l'action de plusieurs disques ou roues à force centrifuge pour augmenter la hauteur d'élévation par l'addition de leurs effets, sans accroître la vitesse de rotation. Le dispositif qu'il a fait décrire dans le *Practical's Magazine* est représenté dans la figure 4, pl. IV.

Quatre roues à force centrifuge ou volants distincts sont montés et calés sur un même axe, et tournent par conséquent ensemble. Chacun de ces volants est contenu dans une sorte de chambre particulière qui communique vers l'axe avec celle qui est au-dessus. Des diaphragmes qui s'approchent fort près des ailes ou aubes des roues s'opposent au mouvement giratoire que prendrait le fluide. Les chambres cylindriques des volants sont entourées par une enveloppe annulaire correspondante à chacun d'eux et servant de réservoir d'air régulateur, dont l'action, dans une machine à mouvement circulaire continu, nous paraît tout à fait inutile.

L'aspiration produite par le volant inférieur introduit l'eau vers son centre, d'où elle est refoulée vers la circonférence par l'action de la force centrifuge, dont la pression, favorisée par l'aspiration que produit à sa partie inférieure le second volant, oblige l'eau à passer par celui-ci. Le liquide est de même rejeté par la force centrifuge vers la circonférence du second volant, puis aspiré par le troisième, etc.

L'accroissement de pression qui a lieu vers la circonférence extérieure des volants ou de leurs enveloppes allant
toujours en croissant avec le nombre de ces volants, parce
que ces pressions, produites par la force centrifuge, s'ajoutent les unes aux autres, l'on voit qu'avec des volants d'un
même diamètre marchant à une même vitesse l'on élèvera
l'eau d'autant plus haut que le nombre de ces volants sera
plus grand.

Mais il ne faut pas perdre de vue que cette circulation rapide de l'eau dans les différentes enveloppes et les changements brusques de section des passages, ainsi que ceux de
la direction du mouvement, doivent donner lieu à des pertes
nombreuses de force vive et de travail moteur, et que le rendement définitif de ce genre d'appareil doit être très-faible.

Sur l'appareil de M. Gwinne, nous ne possédons pas d'expériences qui corroborent cette opinion ; mais celles qui ont
été récemment faites au Conservatoire sur un appareil analogue et mieux disposé, qui a été présenté par M. Girard,
ingénieur civil, nous semblent la confirmer complétement.

**109.** *Pompe centrifuge à disques multiples de M. Girard.* —
Un appareil tout à fait analogue à celui de M. Gwinne, et qui
avait pour objet de pouvoir indifféremment servir de ventilateur à air ou de machine à élever l'eau, a été présenté récemment au Conservatoire par M. Girard, ingénieur civil, et
soumis à des expériences dynamométriques qui ont permis
d'en apprécier le rendement.

Cette machine, dont la figure 5, pl. IV, donne une idée, se
compose de plusieurs disques superposés alternativement
fixes ou mobiles. Les premiers, en fonte, forment l'enveloppe extérieure de l'appareil et constituent une série de ré-
cipients annulaires superposés. Les seconds, en bronze, sont
calés sur un même arbre vertical et mobiles avec cet arbre.
Ils portent douze canaux mixtilignes présentant vers la circonférence extérieure une courbure à peu près tangente à
cette circonférence, qui se raccorde avec la direction des

rayons, laquelle est, sur presque toute la largeur du disque, celle des canaux de circulation, dont l'extrémité intérieure est recourbée en sens inverse, pour faciliter l'introduction de l'eau affluente.

Entre la surface supérieure de chaque disque mobile en bronze et la surface inférieure de chaque disque fixe correspondant en fonte il n'y a ni canaux ni diaphragmes pour diriger le mouvement du liquide de la circonférence vers l'axe; il y arrive par le seul effet de la différence de pression que produit dans ce sens le mouvement de rotation.

Des directrices, montées sur la partie supérieure et centrale des disques fixes, dirigent l'eau pour la faire entrer, autant que possible, sans choc, dans les canaux d'évacuation du disque mobile correspondant.

D'après cette description succincte, on conçoit facilement que la machine étant amorcée, au moins sur une partie de sa hauteur, le mouvement de rotation produit, comme dans toutes les machines de ce genre, une diminution de pression vers le centre du premier disque inférieur, et par conséquent l'aspiration du liquide du réservoir, une fois introduite dans les canaux directeurs du disque mobile, l'eau part, poussée par la force centrifuge vers la circonférence extérieure de ce disque; de là, par le même effet d'aspiration, elle se répand dans tout l'espace libre qui règne au-dessus du premier plateau mobile et au-dessous du deuxième disque fixe, d'où elle se porte vers l'axe pour alimenter les canaux directeurs du second disque mobile, et ainsi de suite jusqu'à ce que étant, de proche en proche, passée de disque en disque, elle débouche au bas du tuyau d'ascension ou de refoulement.

Les rayons extérieurs et les rayons intérieurs sont les mêmes pour tous les disques mobiles, les passages que l'eau traverse pour se rendre de l'un à l'autre sont égaux, il en est donc de même des vitesses de passage, des accroissements de pression produits par la force centrifuge; et toutes ces augmentations de pression doivent s'ajouter les unes aux autres, de manière à produire au-dessus du disque supérieur une pression de refoulement totale proportionnelle au nombre des disques, ou égale, pour chaque vitesse angulaire donnée, à leur nombre multiplié par la pression produite par l'un d'eux. Telle était l'idée théorique donnée par M. Gwinne dans le numéro, déjà cité, du *Practical's Magazine*.

Mais il faut remarquer qu'outre les pertes de force vive, qui se produisent à l'introduction de l'eau dans les conduits de chaque disque mobile, il y en a de bien plus considérables au débouché de ces canaux dans les espaces annullaires que le liquide parcourt pour passer d'un disque à l'autre, espaces dans lesquels il reproduit nécessairement de grands tourbillonnements. Toutes ces pertes étant proportionnelles au quarré de la vitesse et au nombre de fois qu'elles se répètent, c'est-à-dire au nombre des disques, l'on voit que l'on sera obligé d'accroître la force vive initiale, ou la vitesse de rotation qui la produit, à mesure que l'on voudra élever le liquide plus haut et augmenter le nombre de disques. C'est aussi ce que M. Girard avait indiqué dans les notes qu'il avait données au Conservatoire pour l'installation des expériences.

**110.** *Installation de l'appareil pour les expériences.* — Après cette description et ces considérations générales, passons aux résultats des expériences, et disons d'abord quelques mots de l'installation particulière que l'on a dû adopter pour les exécuter.

La machine a été montée sur un châssis solide en charpente et placée sur le sol près du bassin inférieur de la galerie des expériences. Il a été nécessaire de mettre son orifice d'aspiration en communication avec ce réservoir par un tuyau spécial muni à sa partie inférieure d'une soupape d'arrêt, et aspirant l'eau à $1^m,74$ de hauteur; d'une autre part, son orifice de refoulement devait communiquer avec l'une des conduites d'ascension, qui desservent les bassins supérieurs de la tour, au moyen d'un tuyau coudé de $0^m,20$ de diamètre que l'on a été forcé de faire démonter pour l'assembler avec ces tuyaux.

Le dynamomètre de rotation employé à transmettre et à mesurer le travail moteur était monté sur un beffroi en charpente placé près de la machine. Son arbre, au moyen de deux roues d'angle égales, de 0m,43 de diamètre, portant cinquante dents, et d'un arbre vertical intermédiaire, communiquait le mouvement à l'arbre même de la pompe; et nous dirons plus loin comment on a pu évaluer le travail consommé par les résistances passives de cette transmission.

Par suite de cette disposition, le sommet de la machine formait un point culminant du parcours général, et l'expérience montra que l'air s'y accumulait au point de gêner le fonctionnement de la machine, ce qui obligea à établir en cet endroit un robinet de purge, qu'il a suffi d'ouvrir de temps à autre. Cette nécessité serait cependant une sujétion assez sérieuse pour l'application dans la pratique.

Comme il est nécessaire que la machine soit largement amorcée pour fonctionner, on l'a mise en communication directe avec le tuyau de refoulement par un petit tuyau de 0m,20 de diamètre, qui permettait de faire passer par ce tuyau, momentanément ouvert, l'eau de l'un des bassins de la tour dans la partie inférieure de la machine. Dans le cours des expériences il est arrivé parfois que le robinet de communication de ce tuyau est resté ouvert pendant que la machine fonctionnait. L'on a noté dans le tableau général des observations cette circonstance anormale.

La disposition que l'on avait été obligé de donner au raccordement avec la conduite de refoulement, et les coudes formés par cette conduite devant donner lieu à des pertes de travail, et par conséquent à une diminution de la hauteur d'ascension mesurée, l'on a placé à côté de la machine un manomètre à air libre, mis en communication avec le sommet de l'appareil, et l'on a chaque fois observé les variations du niveau dans ce manomètre pendant le refoulement. Les oscillations de ce niveau étaient en général considérables, malgré la continuité et la régularité du mouvement, et l'on a dû chercher à apprécier aussi exactement que possible la hauteur moyenne de ce niveau.

Pendant chaque expérience, un observateur placé au dynamomètre faisait tracer trois diagrammes ou courbes des efforts moteurs ; un autre, monté dans la tour des réservoirs, observait les hauteurs du niveau dans le bassin de réception pendant un temps donné, et les nombres de tours de l'appareil étaient aussi exactement déterminés par l'observation directe à l'aide d'un compteur, en même temps que l'on faisait les observations manométriques.

Les chiffres inscrits sous le titre de *Pressions indiquées par le manomètre* expriment la pression totale à partir du niveau du bassin inférieur, en tenant compte des pertes de pression produites par les coudes et les résistances du tuyau de refoulement, pertes qu'il ne serait jamais possible d'éviter en totalité.

Le tableau suivant fait connaître tous les éléments des expériences dans lesquelles les tracés ont offert un caractère de netteté convenable. Toutes les observations ont d'ailleurs été faites en présence et avec le contrôle de M. Girard.

| DATES des EXPÉRIENCES. | QUANTITÉ d'eau élevée en 1'. | HAUTEUR d'élévation. | EFFET utile estimé en eau montée en 1'. | TRAVAIL moteur mesuré par le dynamomètre en 1'. | RENDEMENT de la machine. | NOMBRE DE TOURS TOTAL de la machine calculé d'après la transmission du mouvement | observé directement. | HAUTEUR de pression totale indiquée par le manomètre | NOMBRE de tours observé de la machine en 1'. | OBSERVATIONS. |
|---|---|---|---|---|---|---|---|---|---|---|
| | lit. | m. | k m. | k.m. | | | | m. | | |
| 7 sept. 1859. } | 2119,2 | 4,105 | 8699 | 30197 | 0,29 | 1278 | 1255 | » | 251 | |
| | 2138,8 | 4,106 | 8782 | 29026 | 0,30 | 1287 | 1275 | » | 255 | |
| | 2094,4 | 4,080 | 8545 | 29568 | 0,29 | 1261 | 1250 | » | 250 | |
| 10 — } | 2217,4 | 4,095 | 9080 | 29940 | 0,30 | 1318 | 1284 | » | 257 | |
| | 2237,0 | 4,210 | 9418 | 31691 | 0,29 | 1315 | 1286 | » | 257 | |
| 15 — } | 2456,5 | 4,145 | 10182 | 40281 | 0,25 | 1102 | 1010 | 5,75 | 252 | |
| | 2319,0 | 4,055 | 9403 | 38675 | 0,24 | 1348 | 1300 | 5,59 | 260 | |
| 27 — } | 2260,0 | 4,020 | 9085 | 41840 | 0,21 | » | » | 5,69 | » | Dans les deux expériences du 27 sept. le robinet de purge d'air était resté ouvert. Il est probable qu'il en avait été de même le 15 septembre. |
| | 2334,0 | 4,085 | 9534 | 41131 | 0,23 | » | » | 5,75 | » | |
| 10 octobre ... } | 2837,0 | 7,240 | 20540 | 66655 | 0,31 | 1329 | 1305 | » | 326 | |
| | 2788,0 | 7,240 | 20153 | 67316 | 0,29 | 1342 | 1306 | » | 326 | |
| 14 — { | 2407,0 | 7,110 | 17114 | 53689 | 0,32 | 1301 | 1268 | 8,68 | 308 | |
| | 3042,0 | 7,380 | 22450 | 75753 | 0,29 | 1430 | 1375 | 9,92 | 344 | |
| 14 — } | 2993,0 | 7,400 | 22148 | 73038 | 0,30 | 1430 | 1360 | 9,92 | 340 | |
| | 2976,0 | 7,230 | 21509 | 73345 | 0,29 | 1066 | 1016 | 9,84 | 338 | |
| 31 octobre ... } | 3065,0 | 10,000 | 30650 | 99593 | 0,30 | » | » | 11,71 | » | |
| | 2948,0 | 10,030 | 29582 | 112635 | 0,27 | 1109 | 905 | 11,69 | 452 | |

**111.** *Observations sur les données et sur les résultats consignés dans le tableau précédent.* — Les nombres de ce tableau sont relatifs les uns à des données d'observations obtenues contradictoirement avec le constructeur de l'appareil, M. Girard, les autres sont des résultats de calculs et de mesures.

Le volume d'eau élevé était reçu dans les bassins en tôle de la tour de la galerie d'expériences, dont les dimensions exactement mesurées ne pouvaient donner lieu à aucune incertitude.

Les nombres de tours de la machine ont été déduits, d'une part (colonne 7), des proportions de la transmission du mouvement, et de l'autre (colonne 8), de l'observation directe des indications d'un compteur mis en rapport avec l'appareil. La comparaison des nombres contenus dans les colonnes 7 et 8 montre que les glissements des courroies ont été peu considérables, si ce n'est dans les deux dernières expériences relatives à une élévation d'eau à 10$^m$,00, et dans lesquelles l'on a dépensé un travail moteur qui s'est élevé à 22$^{chev}$,13 et à 25$^{chev}$,03 *.

**112.** *Conséquences des résultats consignés dans le tableau précédent.* — Les résultats contenus dans ce tableau sont très-concordants entre eux et ils montrent que le rendement de l'appareil a été en élevant l'eau à une hauteur de

4$^m$,00 en moyenne de....... 0,290

7$^m$,00 — de....... 0,300

10$^m$,00 — de....... 0,285

Le nombre de tours du volant a été assez faible comparativement à celui que doivent faire dans des circonstances

---

* Dans le calcul des vitesses transmises, basé sur les dimensions des poulies, l'on n'a pas tenu compte de l'épaisseur moyenne des courroies dont il est assez difficile d'apprécier l'influence. Des expériences spéciales seraient nécessaires sur cette question.

analogues les autres pompes à force centrifuge, puisqu'il a suffi qu'il s'élevât pour les hauteurs de

$$4^m,00 \quad \text{à} \quad 255 \quad \text{tours environ en } 1'$$
$$7^m,00 \quad \text{à} \quad 330 \quad —$$
$$10^m,00 \quad \text{à} \quad 420 \quad —$$

Nous avons dit plus haut que les circonstances locales avaient obligé de faire faire à la conduite de refoulement des changements de direction que, dans d'autres conditions, l'on pourrait en partie éviter, et qu'il en était résulté par conséquent, dans le cas des expériences, une perte de travail moteur qui équivalait à une diminution dans la hauteur d'élévation et par suite dans le rendement de la machine. Les pertes de ce genre ne peuvent jamais être complétement évitées, mais si, pour arriver à apprécier le rendement maximum de la machine telle qu'elle a été présentée, l'on voulait regarder ces pertes comme nulles, il faudrait prendre pour hauteurs réelles d'élévation les hauteurs de pression indiquées par le manomètre placé au sommet de l'appareil; ces hauteurs seraient alors

$$5^m,60, \quad 9^m,88 \quad \text{et} \quad 11^m,70,$$
au lieu de $\quad 4^m,10, \quad 7^m,27 \quad \text{et} \quad 10^m,01,$

hauteurs moyennes observées.

Les rapports de ces hauteurs manométriques aux hauteurs réellement obtenues étant respectivement

$$1,37, \quad 1,37 \quad \text{et} \quad 1,16,$$

il s'ensuit que le rendement brut déduit des expériences ne pourrait au plus être accru que dans la même proportion et atteindre pour les hauteurs de

$$4^m,10, \quad 7^m,27 \quad \text{et} \quad 10^m,01,$$

les valeurs maxima

$$0,38, \quad 0,41 \quad \text{et} \quad 0,34;$$

si l'on pouvait, nous le répétons, avoir un tuyau de refoulement sans coudes et sans frottement.

**113.** *Cas où le mouvement serait directement transmis à l'appareil par une machine à vapeur à grande vitesse.* — Enfin pour apprécier le rendement qui pourrait être obtenu dans le cas particulier où toute transmission de mouvement serait supprimée, par suite de l'emploi d'une machine à vapeur motrice à action directe et à grande vitesse, nous avons fait des expériences spéciales pour déterminer la fraction du travail moteur indiqué par le dynamomètre qui pouvait avoir été consommée par la résistance de la transmission. A cet effet, sachant quelle avait été dans chacune des trois séries d'expériences la force motrice totale moyennement employée, l'on a monté sur l'arbre vertical de transmission intermédiaire entre le dynamomètre et la pompe, un frein dont on a chargé le levier de manière qu'à la vitesse moyenne de marche observée pendant les expériences, il mesurât le même travail. Cela fait, l'on a mis la transmission en mouvement, et le dynamomètre a indiqué le travail moteur total nécessaire pour transmettre l'effet utile mesuré par le frein et pour vaincre les résistances passives de l'appareil. Le rapport du travail indiqué par le frein au travail mesuré par le dynamomètre fait connaître la réduction moyenne que l'on devrait faire subir à l'estimation du travail moteur pendant les expériences d'élévation de l'eau, et à l'inverse l'augmentation de rendement qui pourrait être obtenue par la suppression de toute transmission. La fig. 5, pl. IV indique le dispositif de l'appareil pour les expériences spéciales dont les résultats sont résumés dans le tableau suivant.

EXPÉRIENCES COMPARATIVES FAITES AU DYNAMOMÈTRE DE ROTATION ET AU FREIN DE PRONY SUR LA TRANSMISSION DE MOUVEMEMT DU BEF-FROI A LA POMPE CENTRIFUGE DE M. GIRARD.

| NUMÉROS des expériences. | DURÉE des observations. | TRAVAIL moteur mesuré par le dynamomètre. | TOURS de l'arbre vertical en 1'. | TRAVAIL mesuré par le frein. | RAPPORT entre le travail au dynamomètre et le travail au frein. | FORCE en chevaux correspondant au travail mesuré au dynamomètre. |
|---|---|---|---|---|---|---|
| | | k.m. | | k.m. | | chev. |
| 1 | 3 | 227527 | 145 | 214914 | 0,94 | 16,8 |
| 2 | 1 | 89865 | 210 | 84842 | 0,94 | 19,9 |
| 3 | 1 | 62375 | 160 | 56775 | 0,91 | 13,8 |
| 4 | 1 | 62982 | 166 | 58904 | 0,93 | 14,0 |
| 5 | 1 | » | » | » | » | » |
| 6 | 1 | 32505 | 117 | 31929 | 0,92 | 7,2 |
| Moyenne..................... | | | | | 0,94 | |

L'on voit donc que les résistances passives de la transmission du mouvement de l'arbre du dynamomètre à la pompe, par l'intermédiaire de l'arbre vertical de ses engrenages et des poulies, ont consommé au plus en moyenne 0,06 du travail moteur, et que par conséquent l'emploi d'un moteur à transmission directe, tel qu'une machine à vapeur, élèverait au plus de 0,06 le rendement obtenu dans les expériences rapportées au n° 109.

**114.** *Observations sur cette vérification des indications du dynamomètre de rotation.* — Il y a lieu de faire remarquer que cette expérience accessoire fournit une vérification remarquable du degré de précision que l'on peut obtenir par l'emploi, convenablement dirigé, du dynamomètre de rotation, puisque cet instrument a pu servir à mesurer le travail consommé par des résistances passives qui n'absorbaient en tout que 0,06 du travail moteur.

**115.** *Conclusion des expériences sur la pompe centrifuge à disques superposés de M. Girard.* — En résumé, l'on voit par l'ensemble de ces expériences que l'application faite, par

M. Girard de l'idée d'employer des volants à force centrifuge superposés, proposée antérieurement par M. Gwinne, ne permet pas, dans l'état actuel des dispositions adoptées par le premier de ces ingénieurs, d'obtenir en moyenne un rendement de beaucoup supérieur à 0,30 ou 0,35 du travail moteur.

Nous croyons devoir ajouter que la précision d'ajustage, qui paraît nécessaire au bon fonctionnement de l'appareil, et les chances d'accidents que pourrait y causer l'introduction des corps étrangers, en limiteraient l'usage à l'élévation des eaux claires.

**116.** *Pompe à hélice verticale.* — Il a été présenté à l'exposition de 1855 une machine à élever l'eau dont les effets apparents nous ont paru assez remarquables pour les constater par des expériences spéciales.

Cette machine (pl. VI, fig. 6), se composait d'un simple tuyau vertical plongeant dans l'eau d'un réservoir inférieur au bas duquel se trouvait une roue ou turbine à aubes hélicoïdales, dont les aubes tournant dans l'eau comme dans un écrou, obligeaient le liquide à s'élever sur leur surface rampante et le refoulaient dans le tuyau d'ascension en lui communiquant ainsi un mouvement de translation et un mouvement de rotation.

La roue avait $0^m,40$ de diamètre, et son hélice à filet double avait $0^m,06$ de pas. D'après ces dimensions, le volume engendré par la roue à chaque tour était

$$\frac{\overline{0^m,40}^2}{1,273} \times 0^m,06 = 0^{m\,c},00756.$$

**117.** *Résultats d'expériences.* — Des expériences dynamométriques ont été exécutées au Conservatoire sur cette machine en lui faisant élever l'eau à deux hauteurs différentes égales à $1^m,78$ et à $3^m,30$. Les vitesses ont varié dans chaque cas entre des limites étendues, afin de déterminer celle qui correspondait au maximum d'effet.

A l'aide du dynamomètre de rotation, l'on a déterminé pour chaque expérience le travail moteur nécessaire pour faire marcher l'appareil à la vitesse observée; mais comme il avait été nécessaire d'interposer entre le dynamomètre et l'appareil une transmission de mouvement, l'on a constaté directement la portion du travail moteur consommée par cette transmission, afin de connaître aussi exactement que possible celle qui était réellement employée par la pompe. Il est cependant convenable de faire remarquer qu'une transmission analogue serait presque toujours indispensable, attendu qu'il n'y a pas de moteur qui puisse directement communiquer à des machines de ce genre la vitesse qu'il convient de leur faire prendre.

En prenant le rapport de l'effet utile mesuré par l'élévation de l'eau à la hauteur observée au travail moteur réellement consommé par l'hélice, l'on a obtenu la valeur du rendement de l'appareil dans chaque expérience, et pour corriger les erreurs de l'observation inévitables en pareil cas, l'on a soumis tous les résultats à la continuité par un tracé graphique, pour lequel l'on a pris pour abscisses les nombres de tours de l'hélice et pour ordonnées les rendements immédiatement déduits de l'expérience. Le tracé d'une courbe passant par tous les points ainsi déterminés, a fourni les valeurs régulières du rendement qui sont inscrites dans le tableau sous le titre de *rendement d'après le tracé graphique*.

Tous les résultats de ces expériences sont réunis dans le tableau suivant.

**EXPÉRIENCES SUR LA POMPE A HÉLICES VERTICALE FAITES AU CONSERVATOIRE DES ARTS ET MÉTIERS.**

| NUMÉROS des expériences | NOMBRE DE TOURS de l'hélice | | VOLUME d'eau élevé en 1". | HAUTEUR d'élévation. | EFFET UTILE | TRAVAIL MOTEUR | | | RENDEMENT | |
| --- | --- | --- | --- | --- | --- | --- | --- | --- | --- | --- |
| | en 1'. | en 1". | | | | total. | consommé par la transmission | consommé par l'hélice. | calculé. | d'après le tracé graphique. |
| | | | lit. | m. | k.m. | k.m. | k.m. | k.m. | | |
| 1 | 462 | 7,70 | 9,0 | 1.72 | 15,4 | 257 | 57 | 200 | 0,077 | 0,064 |
| 2 | 466 | 7,77 | 9,2 | » | 15,8 | 252 | 47 | 205 | 0,077 | 0,065 |
| 3 | 767 | 12,80 | 28,0 | » | 48,2 | 544 | 25 | 518 | 0,155 | 0,164 |
| 4 | 773 | 12,90 | 40,0 | » | 68,8 | 546 | 34 | 512 | 0,167 | 0,166 |
| 5 | 885 | 14,70 | 53,0 | » | 91,0 | 652 | 122 | 530 | 0,172 | 0,172 |
| 6 | 945 | 15,70 | 61.0 | » | 105,0 | 773 | 153 | 620 | 0,169 | 0,169 |
| 7 | 1033 | 17,2 | 69,0 | » | 119,0 | 891 | 146 | 745 | 0,159 | 0,160 |
| | | | | » | | | | | | |
| 8 | 509 | 8,48 | 9,5 | ». | 16,5 | 305 | 85 | 220 | 0,073 | 0,084 |
| 9 | 736 | 12,60 | 38,5 | » | 66,2 | 513 | 117 | 396 | 0,167 | 0,163 |
| 10 | 847 | 14,10 | 50,0 | » | 86,0 | 674 | 179 | 495 | 0,174 | 0,171 |
| 11 | 873 | 14,50 | 51,2 | » | 88,0 | 699 | 134 | 515 | 0,171 | 0,172 |
| 12 | 817 | 13,60 | 45,0 | » | 77,5 | 664 | 209 | 455 | 0,171 | 0,170 |
| 13 | 901 | 15,00 | 55,0 | » | 94,5 | 761 | 206 | 555 | 0,171 | 0,172 |
| 14 | 1099 | 18,30 | 78,5 | » | 135,0 | 1111 | 231 | 880 | 0,163 | 0,144 |
| 1 | 599 | 9,98 | 5,5 | 3.30 | 16,5 | 469 | 89 | 380 | 0,043 | 0,045 |
| 2 | 616 | 10,30 | 7,8 | » | 25,6 | 479 | 79 | 400 | 0,064 | 0,060 |
| 3 | 707 | 11,80 | 18,0 | » | 59,5 | 579 | 99 | 480 | 0,124 | 0,127 |
| 4 | 785 | 13,10 | 27,2 | » | 89,5 | 718 | 148 | 560 | 0,157 | 0,159 |
| 5 | 867 | 14,40 | 37,0 | » | 122,0 | 824 | 139 | 685 | 0,178 | 0,179 |
| 6 | 948 | 15,80 | 47,5 | » | 157,0 | 992 | 162 | 830 | 0,189 | 0,189 |
| 7 | 1046 | 17,50 | 59,0 | » | 194,0 | 1185 | 185 | 1000 | 0,194 | 0,194 |

**118.** *Conséquences de ces expériences.* — L'examen du tableau qui précède fait voir que le rendement de cette pompe à hélices ne s'élève pas au-de là de 0,18 à 0,19 du travail moteur qui lui est directement transmis, et que, par conséquent, elle est sous ce rapport bien inférieure aux pompes à force centrifuge et surtout à celle de M. Appold, dont le rendement s'élève à 0,65 environ et qui exige des vitesses notablement moindres pour son maximum d'effet.

Nous croyons donc inutile de nous occuper davantage de cette espèce de pompe qui participe au défaut que présentent tous les appareils analogues, où la force centrifuge communique au liquide élevé des mouvements giratoires et de tourbillonnement qui absorbent inutilement une portion considérable du travail moteur, ce qui permet en outre à l'eau élevée d'abandonner l'appareil avec une force vive considérable, qui est toujours perdue pour l'effet utile.

**119.** *Machine de Véra\*.* — « Cet appareil, que l'on nomme aussi *machine hydraulique funiculaire* (pl. IV, fig. 9) se compose de deux poulies A et B. La dernière plonge dans un réservoir d'eau R ; la première est placée à la hauteur à laquelle on veut élever l'eau. Une corde sans fin passe sur les deux poulies ; la poulie supérieure A est mise en mouvement à l'aide d'une roue T, sur laquelle passe une corde sans fin qui enveloppe une troisième poulie fixée sur l'axe de la roue A. En tournant la roue T, on communique un mouvement de rotation à la poulie A ; celle-ci fait mouvoir la corde *ab* ; la partie *b* en s'élevant, après avoir plongé dans l'eau, entraîne avec elle le liquide qui la mouille ; il monte avec la corde. Arrivée près de la roue A, la corde s'enroule sur la poulie et change de direction ; l'eau, qui avait une vitesse acquise dans la direction primitive s'échappe par la tangente de son nouveau mouvement. Ainsi, pendant tout le temps que la corde se meut autour de la poulie A, l'eau qui change

---

\* *Extrait de l'Encyclopédie méthodique, physique.* 3ᵉ vol., p. 760.

successivement de direction s'échappe de la corde et tombe
dans le réservoir, ou mieux dans la caisse C où la poulie est
placée ; de cette caisse, l'eau peut être dirigée par un conduit
D, là où l'on veut l'employer.

« Véra étant alors commis de la poste aux lettres et logeant
à un troisième étage, imagina, après plusieurs tentatives, la
machine que nous venons de décrire et qu'il employa pendant quelque temps pour monter l'eau dont il avait besoin.

« Dès que cette nouvelle machine fut connue, chacun s'em-
pressa de la perfectionner ; les uns réunirent plusieurs cordes, d'autres firent usage de sangles, d'autres de cordes de
genêts et de sparterie ; mais les effets ne furent pas considérablement augmentés. Avec une seule corde de 21 lignes de
tour (ou 94 millimètres), on éleva 250 pintes d'eau à 60 pieds
18ᵐ,90 en 8 minutes.

« Alors cette machine fut regardée comme préférable aux
pompes ordinaires, et on la soumit à une foule d'expériences
comparatives ; mais elle ne put supporter la comparaison.
Les pompes les moins parfaites élèvent beaucoup plus d'eau
à la même hauteur et dans le même temps en employant la
même force.

« Un examen un peu attentif de la machine fit bientôt aper-
cevoir le désavantage qu'elle devait avoir sur les pompes.
Dans celles-ci, lorsque les tuyaux, les soupapes et les pistons
sont bons, on élève toute l'eau que l'on a puisée dans le réservoir. Dans la machine de Véra, au contraire, à mesure
que la corde s'élève, elle laisse tomber une partie de l'eau
qui adhérait à sa surface, de manière que, lorsqu'elle est parvenue à une grande hauteur, elle ne contient plus qu'une
fraction de l'eau qu'elle a entraînée avec elle. Ainsi une force
considérable a donc été employée en pure perte pour élever,
à des hauteurs différentes, l'eau qui s'est échappée de la corde
et qui n'est pas parvenue jusqu'au réservoir supérieur.

« Quelque désavantage que cette machine ait sur les pompes, sur les norias et sur un grand nombre de machines
analogues, elle peut pourtant encore être employée dans

quelques circonstances, à cause de la facilité et du peu de dépense avec laquelle on peut l'établir. »

Tel est le jugement que portait avec raison de cette machine l'*Encyclopédie méthodique*, et si nous l'avons reproduit presque en entier, c'est que de nos jours l'on a cherché et l'on cherche souvent encore à la présenter de nouveau avec quelques dispositions particulières. Des expériences faites il y a quelques années sur un appareil de ce genre qui avait été présenté à l'exposition de 1844, et auquel on avait adapté une bande de laine pliée en double, large de 16 centimètres, n'ont donné pour rendement que 0,11 du travail moteur.

La machine de Véra est donc, aujourd'hui comme autrefois, un mauvais appareil dont l'emploi n'est admissible que quand on est dépourvu de tout autre.

# APPAREILS DIVERS.

**120**. *Appareil pneumatique à élever l'eau.* — Une appréciation incomplète des effets de la pression atmosphérique conduit souvent à inventer et à proposer des appareils qui semblent réaliser des résultats paradoxaux, et il ne sera pas inutile d'en citer et d'en discuter un exemple.

Nous choisirons à cet effet un appareil plus ingénieux qu'utile qui a été présenté au Conservatoire en 1858 (pl. IV, fig. 8). Cet appareil se composait d'un long tube vertical en fer terminé supérieurement par une sorte de cloche ou de réservoir d'air mis en communication permanente avec une machine pneumatique destinée à faire le vide dans ce récipient et dans le tube. Celui-ci, à l'origine de la manœuvre, plongeait par sa partie inférieure dans un réservoir d'eau amovible ou à niveau variable.

L'on conçoit facilement que, quand on faisait le vide dans l'appareil, l'eau pouvait, par l'effet de la pression atmosphérique, s'élever dans le tube vertical à une hauteur de 10$^m$,33 au plus, tant que le tube plongeait dans l'eau; mais lorsque les choses étant arrivées à cet état, l'on enlevait le réservoir inférieur et que la base du tube vertical se trouvait ainsi émergée et soumise à la pression directe de l'atmosphère, l'on voyait la colonne d'eau contenue dans le tube s'élever assez rapidement, parvenir à son extrémité supérieure, puis se déverser dans le bassin formant réservoir supérieur qui pouvait se trouver à une hauteur supérieure à 10$^m$,33 ou à celle d'une colonne d'eau qui mesure la pression de l'atmosphère. D'où l'inventeur concluait que, par l'effet du dispositif qu'il avait adopté, il pouvait, par l'action de la pression atmosphérique aidée de celle d'une machine pneumatique, élever l'eau à des hauteurs très-supérieures à 10$^m$,33.

Le fait était vrai, et des effets analogues se sont produits dans plus d'une circonstance, et nous en citerons tout à l'heure des exemples; mais il n'implique rien de contraire aux lois connues de la pesanteur.

En effet, dès que le tube vertical cesse de plonger dans l'eau du bassin inférieur, l'eau qu'il contient tend à redescendre, mais elle est d'une part retenue ou ralentie dans le mouvement de descente par l'action de la capillarité qui est d'autant plus énergique que le tube est d'un plus petit diamètre, et de l'autre elle est immédiatement traversée de bas en haut par des bulles d'air qui, en vertu de l'excès de la pression atmosphérique sur le vide plus ou moins parfait produit par la machine pneumatique, tendent à passer dans le récipient supérieur.

Le mélange d'une bulle d'air avec l'eau rendant la colonne de liquide plus légère qu'elle ne l'était auparavant, il n'est pas étonnant que la pression atmosphérique qui a conservé la même intensité élève cette colonne notablement plus haut. C'est d'ailleurs ce qui arrive dans la pompe spirale par suite du mélange forcé d'eau et d'air qui a lieu dans le tuyau d'ascension de cette machine.

Mais en même temps qu'une certaine quantité d'air s'introduit dans la colonne verticale, il retombe dans le récipient inférieur une portion de l'eau qu'elle contenait d'autant plus grande à proportion, que la hauteur primitive était plus faible ou le vide produit par la machine moins parfait.

Cet effet est analogue à celui que l'on observe dans bien des circonstances et en particulier quand on ouvre le robinet d'un tonneau plein dont la bonde est fermée.

La machine présentée au Conservatoire n'était donc qu'une pompe aspirante dans laquelle on avait remplacé le piston d'aspiration par une machine pneumatique un peu plus parfaite, mais donnant lieu à l'existence d'un espace nuisible plus considérable et dès lors il était peu probable que son rendement au point de vue du travail moteur fut égal à celui d'une bonne pompe.

Dans les expériences faites au conservatoire des Arts-et-
Métiers, le tube vertical était en fer et avait 0$^m$,033 de diamètre sur 20 mètres de hauteur. Il était mis en communication avec une machine pneumatique et avec un réservoir en
verre au moyen d'un tube de gutta-percha de 0$^m$,035 de diamètre.

L'eau à élever était contenue dans un vase exactement jaugé
et l'on mesurait à chaque expérience le volume total élevé
dans le tube, celui qui parvenait au récipient supérieur et
celui qui retombait dans le réservoir inférieur. La somme
de ces deux derniers volumes devait être égale au premier,
sauf celui de l'eau qui pouvait rester adhérente aux parois.

Dans des expériences faites le 21 août 1858, l'on a constaté
les résultats suivants :

| NUMÉROS des expériences. | VOLUME d'eau puisé dans le réservoir | VOLUME d'eau retombée dans le réservoir inférieur. | VOLUME d'eau élevé dans le récipient supérieur. | NOMBRE de coups de piston de la machine pneumatique. |
|---|---|---|---|---|
| | lit. | lit. | lit. | |
| 1 | 7 | 5,200 | 1,750 | 352 |
| 2 | 7 | 5,000 | 1,975 | 176 |
| 3 | 7 | 4,200 | 2,750 | 208 |
| 4 | 7 | 4,000 | 3,000 | 218 |
| | 28 | 18,400 | 9,475 | |
| | | 27,875 | | |

L'on voit par ce tableau qu'effectivement l'eau élevée d'a-
bord dans le tube vertical par l'effet du vide, se partage en
deux portions, dont l'une parvient au récipient supérieur
nécessairement mêlée d'air, et dont l'autre retombe dans le
réservoir inférieur.

En prenant la moyenne des deux dernières expériences
qui sont les plus favorables,

le volume d'eau retombé serait de                4$^{lit}$.100
le volume élevé de                               2  875
                                                 ─────────
                                                 6  975

Le produit net ne serait donc que

$$\frac{2,875}{6,975} = 0,41$$

du volume primitivement aspiré dans le tube.

L'on soulève ainsi inutilement par l'aspiration une quantité d'eau plus que double de celle qui parvient au récipient, et cette perte augmenterait encore dans une plus grande proportion pour une hauteur totale et pour un diamètre plus grands du tube d'ascension.

La machine pneumatique employée aux expériences précédentes n'était pas disposée de la manière la plus favorable pour la bonne utilisation du travail moteur, mais cependant elle permet de constater combien le rendement d'un semblable appareil serait faible et inférieur à celui d'une bonne pompe.

L'effort exercé sur le balancier de la machine pneumatique était de 15 kilogrammes, et le chemin parcouru dans sa direction à chaque coup était de $0^m,60$. Le travail moteur par coup de piston était donc de 9 kilogrammètres. Le nombre moyen de coups pour les deux dernières expériences ayant été de 213, cela correspond à un travail moteur égal à

$$213 \times 9^{km} = 1917^{km}.$$

L'effet utile a été de $2^{kil}.875$ d'eau élevée à 20 mètres ou de

$$2^{kil},875 \times 20 = 57^{km},500$$

soit
$$\frac{57,50}{1917} = 0^{km},03.$$

En admettant même qu'une disposition tout à fait spéciale de l'appareil pneumatique pût diminuer le travail moteur nécessaire, il est évident, d'après les résultats précédents, qu'un semblable dispositif ne peut être mis en comparaison avec des pompes dont on peut obtenir, par une bonne construction, un rendement de 0,60 et plus.

**121.** *Effets analogues à celui de l'appareil précédent.* — Mais quoiqu'il ne puisse être employé avec avantage à l'élévation des eaux, l'appareil qui vient de nous occuper n'en présente pas moins un certain intérêt, parce qu'il met en évidence l'effet que peut produire l'introduction ou le mélange d'une certaine quantité d'air dans une colonne d'eau.

Des effets analogues se produisent quelquefois, soit spontanément, soit artificiellement, dans certains appareils hydrauliques et même dans des pompes, et l'exemple de la pompe spirale, que nous avons déjà cité, prouve que l'air peut ainsi s'élever par bulles successives interposées dans une colonne d'eau dont il diminue la densité moyenne, même quand les tuyaux ont un diamètre de $0^m,07$ à $0^m,08$.

**122.** *Canne hydraulique.* — L'appareil connu sous ce nom (pl. IV, fig. 9) se compose d'un tube ordinairement vertical en métal, ou quelquefois en verre, garni à son extrémité inférieure d'une soupape qui s'ouvre de dehors en dedans. En plongeant ce tube avec une certaine vitesse dans l'eau d'un réservoir, le choc et la pression de l'eau obligent la soupape à s'ouvrir et le liquide à pénétrer dans l'intérieur. Lorsqu'on soulève le tube et qu'on le replonge vivement dans l'eau, il s'y introduit une nouvelle quantité d'eau, et en continuant ainsi quelque temps, la canne se remplit et déverse à chaque oscillation une certaine quantité d'eau.

Il est évident que cet appareil, dans lequel l'eau s'introduit par l'effet d'un choc, qu'elle parcourt ensuite et quitte avec une vitesse assez grande, indispensable pour obtenir l'effet qu'on veut produire, ne peut donner qu'un rendement trèsfaible. Aussi, malgré quelques tentatives plus ou moins ingénieuses pour le perfectionner, a-t-il toujours été abandonné, et on ne le trouve guère que dans les cabinets de physique, où il peut être employé pour rendre sensible les effets de l'inertie.

# BÉLIERS HYDRAULIQUES.

**123.** *Du bélier hydraulique.* — Bien que l'invention de cet ingénieux appareil soit généralement attribuée à l'illustre Montgolfier, qui en fit construire le premier spécimen en 1796, il est cependant juste de dire que, dès l'année 1772, l'Anglais Whitehurst, horloger à Derby, avait fait élever à Oulton, comté de Cheshire, une machine analogue, basée exactement sur les mêmes idées, pour élever des eaux destinées à l'usage d'une brasserie.

L'appareil du constructeur anglais se composait (pl. V, fig. 2) d'un long tuyau incliné partant d'un réservoir et aboutissant à un régulateur à air H. Sur ce tuyau qui avait environ $0^m,012$ à $0^m,013$ du diamètre seulement s'embranchait en avant du régulateur à air un autre petit tuyau E, muni d'un robinet, et près du récipient il y avait une soupape. Du réservoir A à l'origine du petit tuyau E il y avait environ 600 pieds anglais, soit 183 mètres, et le robinet F qui terminait ce petit tuyau était à $16^{\text{pi. angl.}} == 4^m,88$ plus bas.

Lorsque ce robinet était ouvert, l'eau se mettait en mouvement dans le tuyau ; quand, au contraire, on le fermait, le liquide, par sa force vive acquise, ouvrait la soupape *g* et pénétrait en partie dans le réservoir d'air H, et en partie dans le tuyau d'ascension I et dans le réservoir supérieur K. Ces effets se renouvelaient chaque fois que l'on ouvrait et fermait le robinet.

Cette ingénieuse machine peut être évidemment regardée comme l'origine du bélier hydraulique, mais elle exigeait l'intervention d'un homme ou au moins d'un enfant pour ouvrir et fermer le robinet, et par conséquent elle ne fonctionnait pas automatiquement.

**124**. *Bélier hydraulique de Montgolfier*. — En 1796, Montgolfier proposa un appareil analogue doué de la propriété
de fonctionner de lui-même et sans aucune surveillance, et
qui a reçu son nom.

Le robinet y est remplacé par une soupape *c* à soulèvement,
à plaque, à clapet ou à boulet (fig. 2 *ter*), placée au-dessus de
l'orifice qu'elle ferme en s'élevant, et le long tuyau d'arrivée
présente un autre orifice qui communique avec un réservoir d'air par une autre soupape analogue, qui ferme l'orifice s'abaissant.

Si les soupapes sont à clapet, comme dans la figure 2 *bis*,
pl. V, celle d'arrêt placée à l'extrémité du tuyau conducteur
est munie d'un contre-poids qui tend à la faire ouvrir.

Le jeu de cet appareil est facile à comprendre. En le supposant au repos et vide d'eau, et prenant pour exemple les
soupapes à boulet, elles sont toutes deux abaissées. Dans
les premiers instants de l'arrivée du liquide, il s'écoule par
l'orifice démasqué par la soupape d'arrêt *c*. Mais bientôt, la
vitesse d'écoulement s'étant accrue, la pression dans la veine
fluide se trouve diminuée et notablement inférieure à celle
qui a lieu au-dessous de la soupape. Celle-ci s'élève et vient
appuyer sur son siège, qu'elle choque.

Le changement brusque qui résulte dans le mouvement du
liquide produit ce qu'on nomme un coup du bélier, et la soupape d'ascension *b*, s'élevant, laisse pénétrer l'eau dans le
régulateur à air et en partie dans le tuyau d'ascension. Mais
bientôt, le mouvement se ralentissant et cette soupape n'étant
plus soutenue avec la même force inférieure, tandis qu'elle
est soumise à une pression contraire du côté du réservoir
d'air, elle retombe sur son siège. Alors aussi la soupape *c*
redescend sur le sien, l'orifice d'échappement se trouve de
nouveau ouvert et l'écoulement recommence en reproduisant
les mêmes effets.

Si les soupapes sont à clapet comme dans la figure 2 *bis*,
il est facile de voir qu'il doit s'y produire des mouvements
analogues.

Alors l'appareil étant complétement amorcé, son jeu se continue avec des circonstances qu'il est important de signaler.

A chaque oscillation, au moment où le mouvement d'ascension du liquide cesse, la pression de la colonne d'eau et la force élastique de l'air forcent une partie de l'eau contenue dans le réservoir d'air à rétrograder par la soupape d'ascension, avant qu'elle soit fermée, et ce mouvement de recul se transmet au liquide contenu dans le tuyau conducteur, d'une manière d'autant plus intense que la colonne d'ascension est plus haute, par rapport à la chute motrice et à la longueur du tuyau conducteur. De là résulte d'abord l'abaissement de la soupape d'arrêt et une rentrée partielle d'air dans le tuyau conducteur.

Cette sorte de succion, qui se produit à chaque oscillation dans le tuyau conducteur, fait retomber la soupape d'arrêt sur son siége avec plus de force qu'elle ne s'est élevée et occasionne des chocs assez intenses, contre lesquels il faut se prémunir en établissant très-solidement le corps du bélier et en lui donnant une masse convenable.

Par la disposition habilement combinée que nous venons de décrire, Montgolfier a rendu usuel et tout à fait pratique l'appareil de Whitehurst, et, soit qu'il ait entièrement inventé celui qu'il a proposé, soit qu'il ait simplement perfectionné celui de son prédécesseur, il est juste de donner à cette machine le nom de bélier hydraulique de Montgolfier, de même que les machines à vapeur à basse pression ont reçu celui de Watt.

**123.** *Expériences de l'abbé Bossut sur un bélier hydraulique de Montgolfier.* — Les premières expériences authentiques qui aient été publiées sur le bélier hydraulique de Montgolfier sont celles que l'abbé Bossut exécuta en 1798.

Le diamètre du bélier essayé était au corps de $0^m,109$, la longueur du tuyau d'arrivée de $8^m,118$. La hauteur d'élévation a été dans une première expérience $H' = 3^m,166$ et la hauteur de chute motrice $H = 0^m,487$, ce qui donne pour la rapport de ces quantités

$$\frac{H}{H} = 6,50.$$

Le bélier a fourni 30 coups en $1'$ et élevé 22 litres à $3^m,166$ de hauteur. L'effet utile était donc en $1'$, en nommant $Q'$ le volume d'eau élevé

$$Q'H' = 22^{kil} \times 3^m,166 = 69^{k \cdot m},652;$$

tandis que la dépense totale d'eau étant de 285 litres avec une chute de $0^m,487$ le travail absolu fourni par le moteur était

$$QH = 285^{ki} \times 0,487 = 138^{km},795.$$

Le rendement dans cette première expérience a donc été

$$\frac{Q'H'}{QH} = \frac{69,652}{138,795} = 0,50;$$

dans une deuxième expérience on a eu

$$Q' = 5^{lit},6 \text{ en } 1''$$

$$H' = 9^m,661$$

$$Q = 238^{lit},6, \quad H = 0^m,487.$$

Ce qui donne

$$\frac{H'}{H} = 18,35.$$

On avait donc

$$Q'H' = 5^{kil},6 \times 0^m,661 = 54^{k \cdot m},102 ,$$

$$QH = 238^{kil},6 \times 0,487 = 116,200.$$

Le rendement était donc

$$\frac{H'Q}{QH} = \frac{54,112}{116,200} = 0,47.$$

On remarquera que pour cette seconde expérience. [le

tuyau d'arrivée ou corps de bélier avait une longueur moindre que la hauteur d'élévation, par conséquent bien inférieure à la proportion que Eytelwein a déduite plus tard de ses expériences.

**126.** *Autres observations.* — On trouve dans le *Traité des machines* de Hachette, les résultats de plusieurs observations que nous résumerons dans le tableau suivant :

OBSERVATIONS FAITES SUR DIVERS BÉLIERS HYDRAULIQUES.

| LIEUX d'établissement. | DIAMÈTRE du corps du bélier. | LONGUEUR du corps du bélier. | VOLUME d'eau fourni par la source en 1″. | HAUTEUR de chute. | VOLUME d'eau élevé en 1″. | HAUTEUR d'élévation. | NOMBRE de coups de bélier en 1″. | RAPPORT des hauteurs de chute et d'élévation. | RENDEMENT. |
|---|---|---|---|---|---|---|---|---|---|
| | D | L | Q | H | Q′ | H′ | N | $\frac{H'}{H}$ | $\frac{Q'H'}{QH}$ |
| | m. | m. | lit. | m. | lit. | m. | | | |
| Lyon. . . . . | 0,054 | 32,50 | 1,40 | 10,60 | 0,28 | 34,10 | 60 | 3,21 | 0,64 |
| Près Senlis. . | 0,203 | 8,00 | 33,10 | 0,979 | 4,48 | 4,55 | » | 4,64 | 0,63 |
| Clermont Oise | 0,027 | 33,00 | 0,207 | 7,00 | 0,016 | 60,00 | » | 8,57 | 0,57 |
| Mello. . . . . | 0,110 | 33,00 | 2,333 | 11,37 | 0,292 | 59,44 | » | 5,23 | 0,65 |
| | | | 2,170 | 11,25 | 0,256 | 59,27 | 60 | 5,26 | 0,62 |

Observation faite en 1860 par M. Recuit, conducteur des ponts et chaussées à Creil.

En observant la marche et les effets du bélier établi près de Senlis, l'on a constaté qu'il était avantageux au point de vue de l'effet utile de donner un poids assez considérable au corps du bélier, afin de diminuer les vibrations de l'appareil.

Le dernier des quatre béliers cités dans ce tableau était muni de sept soupapes d'une disposition remarquable, qui ne paraît pas avoir été imitée depuis.

L'on remarquera encore que le bélier de Senlis dépensait et élevait un volume d'eau assez considérable pour une machine de ce genre, et qu'il était de beaucoup le plus puissant des béliers du système de Montgolfier sur lesquels on possède des résultats d'expérience.

Dans ce bélier, le volume d'eau écoulé en 1″ par le tuyau conducteur était $Q = 0^m,0331$, le diamètre de ce tuyau étant $D = 0^m,205$, sa section transversale avait $0^{m \cdot q},0326$, de sorte que la vitesse moyenne de l'eau s'élevait à $1^m,01$ — Si, selon les proportions adoptées alors par Montgolfier, le tuyau d'ascension avait un diamètre moitié de celui du tuyau conducteur, sa section devait être par conséquent réduite à 0,25 de la précédente ou égale à $0^{m \cdot q},00815$. Mais, comme d'après les observations de Eytelwein, dont il sera parlé plus loin, l'écoulement n'a lieu que pendant 0,50 à 0,60 de la durée d'une oscillation, il s'ensuit que la vitesse moyenne du liquide dans le tuyau conducteur s'élevait au plus, dans le bélier de Senlis, à

$$\frac{0^{mc},0331}{0,50 \cdot \times 0^{m \cdot q},0326} = 2^m,02,$$

ce qui est déjà très-considérable pour un semblable appareil, et devait donner lieu à des chocs d'une grande intensité.

Le volume d'eau élevé par ce bélier était de $0^{m \cdot c},00448$ en 1″, et si, selon la proportion adoptée par Montgolfier, le tuyau d'ascension avait un diamètre moitié moindre que celui du tuyau conducteur, ce qui correspond à une section transversale égale à

$$\frac{0^{m \cdot q},0326}{4} = 0^{m \cdot q},00815,$$

la vitesse d'ascension pouvait atteindre

$$\frac{0^{m \cdot c},00448}{0,50 \times 0,00815} = 1^m,099,$$

en admettant encore que l'ascension dure environ la moitié de l'oscillation entière.

Ces deux vitesses sont bien supérieures à celles qu'a observées et que prescrit, comme on le verra, Eytelwein.

**127.** *Observations sur la durée de ces machines.* — Le bélier de Senlis a fonctionné pendant huit années et n'a été supprimé que par suite de variations dans le niveau des eaux, qui en troublaient la marche. Celui de Mello, après soixante années, est encore en service et donne, comme on peut le voir par les résultats des observations faites en 1860, les mêmes résultats qu'à l'origine.

**128.** *Expériences d'Eytelwein sur le bélier hydraulique.* — L'étude la plus complète que l'on possède sur le bélier hydraulique est due à Eytelwein, savant ingénieur prussien, membre correspondant de l'Institut de France, qui en a publié les résultats dans un mémoire auquel nous emprunterons ce qui va suivre :

Les expériences ont été exécutées sur deux béliers désignés sous les noms de grand et petit bélier.

Dans le grand bélier, le diamètre du tuyau conducteur était 2$^{po}$,$\frac{1}{8}$ du Rhin ou de 0$^m$,0568, ce qui correspond à une section de 0$^{m \cdot q}$,00253 ; mais l'auteur dit néanmoins que cette section était de 3$^{po \cdot q}$,960, ce qui équivaut à 0$^{m \cdot q}$,002713. Nous admettrons cette dernière valeur dans l'examen des résultats.

Le diamètre du tuyau d'ascension était de 1$^{po \cdot}$ = 0$^m$,0268 ; sa section n'était donc que $\dfrac{1}{4,69}$ de celle du tuyau conducteur.

Le petit bélier avait un tuyau conducteur de 1$^{po \cdot}$ = 0$^m$,0262 de diamètre et un tuyau d'ascension de $\frac{3}{8}$ de pouce ou 0$^m$,00983.

Le grand bélier étant celui sur lequel les expériences les plus complètes ont été exécutées et dans lequel on a fait varier le plus les éléments principaux, nous nous attache-

---

* Observations sur les effets et sur l'application du bélier hydraulique, traduites de l'allemand. F. Didot, 1822.

1 pied du Rhin = 0$^m$,314 ; 1 pouce = 0$^m$,0262.

rons particulièrement à ce qui le concerne. Disons d'abord quelques mots des soupapes employées.

**129.** *Disposition des soupapes.* — On nomme tête du bélier ou boîte à soupapes, la partie qui contient la soupape d'arrêt et la soupape d'ascension. Eytelwein a essayé deux formes particulières pour cette portion de l'appareil.

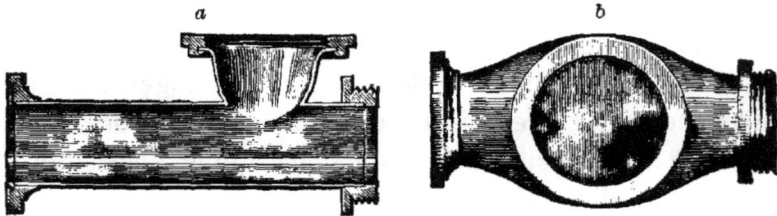

L'une, conforme au modèle adopté par Montgolfier qui avait, comme il est facile de le voir, le défaut de donner lieu à une contraction considérable du liquide affluent vers l'orifice de la soupape d'arrêt.

La seconde forme, que l'auteur préfère avec raison, est représentée dans la deuxième figure ci-dessus :

Elle offre des contours arrondis qui facilitent l'arrivée de l'eau vers l'orifice d'échappement.

A cet orifice ont été successivement adaptées trois soupapes à plaque, présentant des ouvertures différentes et dont on pouvait varier la course. Le n° I avait un diamètre de $0^m,07163$ ; l'aire de son orifice était de $0^{m\cdot q},00403$ ; la circonférence de la plaque était de $0^m,225$. Par suite de la forme adoptée par Eytelwein pour la boîte à soupape, le liquide éprouvait peu de contraction en sortant de l'orifice circulaire de cette soupape, et par conséquent l'aire réelle de passage par ces orifices excédait celle de la section transversale du tuyau conducteur.

Quant au passage annulaire que la soupape, en s'abaissant, laissait entre elle et son siége, il avait pour circonférence 0$^m$,225, et pour qu'il fût égal à l'orifice d'écoulement de sa soupape, il suffisait que la plaque s'abaissât d'un quantité $x$, donnée par la rotation.

$$0^m,225 \times x = 0^{m \cdot q},00403;$$

d'où
$$x = \frac{0,00403}{0,225} = 0^m,0179.$$

Les expériences ont montré, comme on le verra, que la course de 0$^m$,018 était en général celle qui correspondait au maximum de rendement du bélier.

Il faut aussi remarquer que pour cette ouverture annulaire, la contraction ayant lieu sur tout son pourtour, le coefficient de contraction pouvait s'élever au maximum à 0,65, ce qui réduisait l'aire de passage à

$$0,65 \times 0,403 = 0^{m \cdot q},00262,$$

quantité à peu près égale à la section transversale du tuyau conducteur. Le liquide en passant par cet orifice n'éprouvait donc pas d'accélération inutile de vitesse.

N° II.

La soupape n° II avait un orifice du diamètre de 0$^m$,05512, présentant une aire de passage de 0$^{m \cdot q}$,002395 un peu inférieure à la section transversale du tuyau conducteur, et autour de laquelle la contraction pouvait être encore assez faible par suite de la forme de la boîte à soupapes.

Sa plaque d'arrêt avait 0$^m$,0619 de diamètre et 0$^m$,1945 de circonférence. La course que cette soupape devait prendre pour démasquer au-dessus de sa surface un passage annulaire égal à l'aire de la section du tuyau, en supposant que le coefficient de la contraction fût 0,65, devait donc être donnée par la formule

$$0,65 \times 0^{m},1945 \times x = 0^{m \cdot q},002713;$$

d'où
$$x = 0^{m},0215.$$

L'expérience a montré, en effet, que c'est avec cette course que le maximum de rendement obtenu avec cette soupape a été observé (voir les *Expériences* 97 à 106 et 107 à 113).

La soupape n° III n'offrait qu'un orifice de sortie de

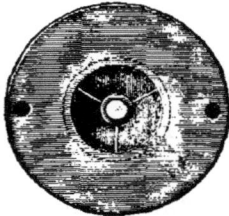

N° III.

$0^{m \cdot q},000833$ de superficie inférieure à la moitié de la section du tuyau conducteur, ce qui exigeait que la vitesse d'évacuation de l'eau dépensée fût accrue dans une proportion considérable et occasionnait une perte inutile de force vive à la sortie de l'eau dépensée.

Aussi les résultats obtenus avec cette soupape ont-ils été inférieurs à ceux qui ont été observés avec les deux premières.

La soupape n° IV ne différait du n° II que parce qu'elle était adaptée à la boîte à soupapes du modèle adopté par Montgolfier et qu'elle portait une plaque d'arrêt de $0^{m \cdot q},0618$ de diamètre. La section transversale de son orifice était de $3^{p \cdot q},469 = 0^{m \cdot q},002376$, et comme cet orifice et sa boîte à soupapes n'étaient pas disposés de manière à atténuer les effets de la contraction, son débouché réel se trouvait notablement inférieur à la section transversale du tuyau conducteur, qui était, comme on sait, égale à $0^{m \cdot q},002713$; de sorte que la vitesse d'échappement de l'eau par cette soupape d'arrêt se trouvait sensiblement augmentée en pure perte.

N° V.

Enfin la soupape n° V se distinguait des autres en ce qu'elle était pourvue d'un clapet et qu'elle s'adaptait à la boîte à soupapes de modèle.

Dans les expériences faites sur le petit bélier, on ne s'est servi habituellement que d'une soupape d'arrêt à plaque, dont l'orifice avait une aire de $0^{p\cdot q},857 = 0^{m\cdot q},000587$, tandis que l'aire de section du tuyau était égale à $0^{p\cdot q},7854 = 0^{m\cdot q},000538$. Le rapport de ces sections étant égal à 0,917, on voit que, malgré les effets de la contraction, l'aire réelle d'évacuation différait peu de la section transversale du tuyau; ce qui montre que ce bélier était assez bien proportionné pour que la vitesse de sortie de l'eau ne fût pas inutilement supérieure à celle qu'elle acquérait dans le tuyau conducteur.

**130.** *De la manière de calculer le rendement d'un bélier hydraulique.* — Nous nommerons, avec Eytelwein :

H *la hauteur de pression* ou la hauteur du niveau du réservoir de l'eau motrice au-dessus de l'orifice d'échappement de la soupape d'arrêt.

H' *la hauteur d'ascension,* ou l'élévation verticale de l'orifice supérieur par lequel s'échappe l'eau du tuyau d'ascension, mesurée au-dessus du niveau du réservoir de l'eau motrice.

Q le volume d'eau perdue ou dépensée qui s'écoule en 1′ par l'orifice de la soupape d'arrêt.

Q' le volume d'eau élevé qui s'écoule dans 1′ par l'orifice du tuyau d'ascension.

Il est clair, d'après ces notations, que le travail dépensé pour produire l'effet utile sera exprimé par le produit QH et que l'effet utile net de l'appareil le sera par Q'H', de sorte que son rendement aura pour valeur le rapport

$$\frac{Q'H'}{QH}.$$

Il faut bien remarquer, en effet, que si le volume d'eau Q', en descendant par le tuyau conducteur de la hauteur H a développé un travail moteur Q'H qui s'est joint à celui QH du volume d'eau perdue et si ce volume Q' est remonté d'abord à la hauteur H' dans le tuyau d'ascension et ensuite de la hauteur H′, l'effet utile final n'a pour expression que Q′H′, ainsi qu'il en serait pour toute autre machine élévatoire, qui prendrait l'eau dans le réservoir d'alimentation pour la conduire au sommet du tuyau d'ascension. De même, si cette autre machine élévatoire avait été mue au moyen du volume d'eau Q descendu de la hauteur H, le travail moteur dépensé aurait été QH.

C'est donc bien par le rapport

$$\frac{Q'H'}{QH}$$

que le .rendement du bélier hydraulique doit être exprimé, ainsi que l'a fait Eytelwein.

**131.** *Influence de la forme de la boîte à soupape d'arrêt.* — Eytelwein a cherché à reconnaître par l'expérience si la forme de la boîte à soupape d'arrêt (fig. *b*), dont les contours arrondis devaient diminuer les effets de la contraction au passage du liquide par la soupape d'arrêt, présentait un avantage sensible sur la forme (fig. *a*) indiquée par Montgolfier. A cet effet, il a exécuté une série spéciale d'expériences dans laquelle le rapport des hauteurs $\frac{H'}{H}$ était compris entre 2,15 et 2,20 et où il a employé successivement les soupapes n° I et n° II avec la boîte à soupape à contours arrondis (fig. *b*) et la soupape n° IV avec la boîte à soupape de Montgolfier (fig. *a*).

Les résultats de ces expériences sont consignés dans le tableau suivant, et nous y avons joint d'autres expériences extraites du même mémoire et dans lesquelles le rapport des hauteurs $\frac{H'}{H}$ s'est élevé environ à 6 et où l'on avait employé la soupape n° II et la boîte (fig. *b*) et la soupape n° IV avec la boîte (fig. *a*).

**132.** *Conséquences de ces expériences.* — Les trois séries d'expériences où le rapport des hauteurs $\frac{H'}{H}$ n'a pas été très-supérieur à 2,15 indiquent que, pour une même course de la soupape d'arrêt, ou une ouverture donnée de l'orifice d'échappement, les soupapes n° I et n° II avec la boîte (fig. b) donnent un rendement un peu supérieur à celui que l'on obtient avec la soupape n° IV et la boîte (fig. a) ce qui indique seulement un léger avantage du dispositif de la figure b.

### RÉSULTATS DES EXPÉRIENCES COMPARATIVES SUR LA FORME DES BOITES A SOUPAPES.

| NUMÉROS des expériences. | RAPPORT des hauteurs $\frac{H'}{H}$ | COURSE de la soupape d'arrêt. | RAPPORT des volumes d'eau. $\frac{Q'}{Q}$ | RENDEMENT. |
|---|---|---|---|---|
| | | SOUPAPE N° I. | | |
| 212 | 2,157 | m.<br>0,005 | 0,375 | 0,809 |
| 213 | 2,175 | 0.012 | 0,375 | 0,815 |
| 214 | 2,195 | 0.0.8 | 0,344 | 0,754 |
| 215 | 2,222 | 0,027 | 0,292 | 0,648 |
| 215 | 2,307 | 0,038 | 0,153 | 0,352 |
| | | SOUPAPE N° II. | | |
| 217 | 2,151 | 0,004 | 0,323 | 0,694 |
| 218 | 2,157 | 0,008 | 0,365 | 0,786 |
| 219 | 2,181 | 0,015 | 0,354 | 0.773 |
| 220 | 2,195 | 0,021 | 0,319 | 0,701 |
| 221 | 2,369 | 0.040 | 0,160 | 0,368 |
| | | SOUPAPE N° IV. | | |
| 222 | 2,177 | 0,008 | 0,319 | 0,795 |
| 223 | 2,184 | 0,015 | 0,337 | 0,735 |
| 224 | 2,177 | 0,021 | 0,344 | 0,748 |
| 225 | 2,177 | 0,029 | 0,347 | 0,756 |
| 226 | 2,177 | » | 0,347 | 0,748 |
| | | SOUPAPE N° II. | | |
| 116 | 6,115 | 0,015 | 0,104 | 0,637 |
| 117 | 6,218 | 0,021 | 0,101 | 0,626 |
| | | SOUPAPE N° IV. | | |
| 152 | 5,92 | 0.022 | 0,069 | 0,408 |
| 153 | 5,92 | 0,0.9 | 0,076 | 0,397 |

Mais lorsque le rapport des hauteurs $\frac{H'}{H}$ augmente, cet avantage devient beaucoup plus sensible, comme on peut le voir par la comparaison des résultats des expériences 116 et 117 qui ont fourni des rendements égaux à 0.637 et 0.626, avec ceux des expériences 152 et 153, qui n'ont donné que des rendements égaux à 0.408 et 0.397.

La forme de la boîte à soupape proposée par Eytelwein, conforme d'ailleurs aux principes généraux que nous avons exposés relativement au mouvement des liquides à travers les tuyaux et les passages dans lesquels ils doivent circuler, et qui ne présente aucune difficulté d'exécution, doit donc être substituée à celle que Montgolfier avait primitivement adoptée. Eytelwein préfère en général les soupapes à plaques aux soupapes à clapets, attendu que, d'après ses expériences, le rendement est plus considérable avec les premières. Il recommande, pour le cas où l'on emploierait des clapets, de leur donner un poids tel, qu'ils se referment promptement, et de bien régler leur ouverture, de manière qu'ils présentent au liquide un passage un peu supérieur à la section du tuyau conducteur. Ces prescriptions sont conformes à ce que nous avons dit au n° **127**.

**153.** *Influence de la grandeur de l'orifice de la soupape d'arrêt.* — En rapprochant les résultats des expériences faites sur le bélier n° 1, auquel l'on avait adapté successivement les trois modèles de soupapes d'arrêt n°ˢ I, II et III, les rapports des hauteurs H' et H étant d'ailleurs les mêmes, l'on peut former le tableau comparatif suivant :

RÉSULTATS DES EXPÉRIENCES COMPARATIVES SUR L'INFLUENCE DES
PROPORTIONS DES SOUPAPES.

| NUMÉROS des expériences. | RAPPORT des hauteurs $\dfrac{H'}{H}$ | VOLUME d'eau élevé en 1'. Q | RENDEMENT $\dfrac{Q'H'}{QH}$ |
|---|---|---|---|
| | | | |
| Soupape n° I, ouverture de 18 mill. | | | |
| | | lit. | |
| 59 | 2,209 | 16,25 | 0,820 |
| 69 | 3,043 | 10,51 | 0,792 |
| 77 | 6,183 | 3,29 | 0,665 |
| 83 | 9,623 | 1,54 | 0,549 |
| Soupape n° II, ouverture de 21 à 22 mill. | | | |
| 103 | 2,180 | 17,43 | 0,825 |
| 109 | 3,044 | 10,99 | 0,793 |
| 117 | 6,218 | 3,67 | 0,626 |
| 124 | 9,699 | 2,18 | 0,449 |
| Soupape n° III, ouverture de 16 à 18 mill. | | | |
| 137 | 2,133 | 8,75 | 0,740 |
| 145 | 3,012 | 6,25 | 0,669 |

**154.** *Conséquences des résultats cousignés dans le tableau précédent.*—L'on voit d'abord, par l'examen des résultats réunis dans ce tableau, que, dans toute l'étendue des valeurs de rapport $\dfrac{H'}{H}$ où il convient d'employer le bélier hydraulique, quand les soupapes n° I et n° II ont des ouvertures suffisantes pour que non-seulement leur orifice, mais encore l'ouverture annulaire qu'elles offrent à leur pourtour au passage du liquide soit égal à la section transversale du tuyau conducteur (voir au n° **127**), le rendement du bélier et, ce qui est au moins aussi important, le volume d'eau élevée restent sensiblement lès mêmes avec ces deux soupapes.

Mais il n'en est pas de même avec la soupape n° III, dont l'orifice ne présentait à la sortie du liquide qu'une aire inférieure à la moitié de la section transversale du tuyau conducteur. Non-seulement les rendements observés avec cette soupape, à égalité de chute et de rapport des hauteurs H' et H, sont notablement moindres qu'avec les deux soupapes précédentes, mais encore le volume d'eau élevé est considérablement réduit.

Il convient donc, dans tous les cas, de donner à l'orifice d'échappement par la soupape d'arrêt :

1° Une aire telle qu'en tenant compte des effets de la contraction, que l'on doit d'ailleurs rendre aussi faible que possible, le passage soit égal à celui qu'offre la section transversale du tuyau conducteur ;

2° Une course suffisante pour qu'en admettant que le coefficient de la contraction autour de cette soupape soit 0,65, si elle est à plaque, le passage annulaire qu'elle offre au liquide soit encore égal à la section transversale du tuyau conducteur.

Dans le cas où l'on emploierait des soupapes à boulets, on devra en calculer la course de manière à obtenir le même résultat.

S'il y a des inconvénients à ce que la course de la soupape d'arrêt soit trop petite, il y en a moins à ce qu'elle soit un peu trop grande ; mais il convient peu de s'écarter des limites que nous venons d'indiquer et qui, d'après la comparaison des expériences faites avec des valeurs du rapport $\frac{H'}{H}$ comprises entre 1,58 et 11,53 (voir les expériences 1 à 14 sur le grand bélier) paraissent également convenir pour obtenir le maximum d'effet.

**135.** *Influence de la distance des soupapes.* — Il importe que la soupape d'arrêt soit placée aussi près que possible du réservoir d'air et de la soupape d'ascension. C'est ce que montrent les expériences 267 et 445 : la première faite lorsque les deux soupapes étaient aussi rapprochées que possible, et la seconde lorsqu'un tuyau de 1ᵐ,047 était interposé entre elles, les autres données étaient sensiblement les mêmes, excepté le rapport des longueurs des tuyaux d'ascension et conducteur qui, pour la première était 1,13 et pour la seconde 3,28.

| NUMÉROS des expériences. | HAUTEUR de chute H | HAUTEUR d'ascension H' | VOLUMES D'EAU en l'. | | RAPPORTS | | RENDE-MENT |
| | | | perdue Q | élevée Q' | $\frac{H'}{H}$ | $\frac{Q'}{Q}$ | $\frac{Q'H'}{QH}$ |
|---|---|---|---|---|---|---|---|
| 268 | m. 2,995 | m. 8,782 | lit. 36,39 | lit. 10,20 | 29,32 | 0,281 | 0,823 |
| 445 | 2,950 | 7,258 | 32,02 | 7,55 | 2,993 | 0,236 | 0,707 |

**136.** *Du choix des soupapes.* — Eytelwein, dit que tant que le tuyau conducteur n'aura pas plus de $0^m,26$ à $0^m,30$ de diamètre, on pourra continuer à se servir du modèle de soupape, n° II, mais que, pour des tuyaux conducteurs d'un plus grand diamètre, il faudra préférer les soupapes à clapet et les disposer comme l'indique la figure 2 *bis*, pl. V, dans laquelle on voit que la soupape est munie d'un contre-poids, dont l'action réunie à celle de la pression atmo-sphérique pendant la période de rétrogradation du liquide dans le tuyau conducteur détermine la fermeture de cette soupape.

Mais il est bien rare que l'on emploie des béliers d'un dia-mètre supérieur à $0^m,25$, parce que les chocs qui se produi-sent dans le jeu de l'appareil acquièrent alors une intensité qui en rend les effets difficiles à combattre.

**137.** *Influence du poids de la soupape d'arrêt sur le rende-ment.* — Le tableau suivant contient les résultats de deux séries d'expériences exécutées spécialement pour reconnaître l'influence que le poids de la soupape d'arrêt exerce sur le rendement :

EXPÉRIENCES SUR L'INFLUENCE DE LA SOUPAPE D'ARRÊT.

| NUMÉROS des expériences. | HAUTEUR de chute. | HAUTEUR d'ascension H'. | VOLUME d'eau en 1'. | | RAPPORT $\frac{H'}{H}$ des hauteurs | RAPPORT DU $\frac{Q'}{Q}$ volume d'eau | POIDS de la soupape d'arrêt. | NOMBRE de battements. | RENDEMENT R. |
|---|---|---|---|---|---|---|---|---|---|
| | | | perdue Q | élevé Q'. | | | | | |
| | | | | | | | | | |
| | m. | m. | lit. | lit. | | | kil. | | |
| 373 | 3,100 | 6,764 | 31,19 | 11,80 | 2,18 | 03,78 | 0,271 | 74 | 0,826 |
| 374 | 3,094 | 6,771 | 37,12 | 13,66 | 2,19 | 03,68 | 0,360 | 66 | 0,806 |
| 375 | 3,027 | 6,783 | 43,16 | 15,57 | 2,20 | 03,61 | 0,465 | 62 | 0,793 |
| 376 | 3,087 | 6,777 | 49,49 | 17,18 | 2,20 | 03,47 | 0,572 | 58 | 0,762 |
| 377 | 3,073 | 6,790 | 51,15 | 17,72 | 2,21 | 03,44 | 0,659 | 57 | 0,759 |

Soupape d'arrêt n° I. — Course 12 mill.

Soupape d'arrêt n° II. — Course, 21 mill.

| 384 | 3,060 | 12,397 | 37,12 | 6,57 | 4,05 | 0,177 | 0,166 | 48 | 0,717 |
|---|---|---|---|---|---|---|---|---|---|
| 385 | 3,060 | 12,397 | 46,40 | 7,95 | 4,05 | 0,171 | 0,254 | 43 | 0,694 |
| 386 | 3,047 | 12,410 | 68,74 | 11,46 | 4,07 | 0,167 | 0,359 | 40 | 0,679 |
| 387 | 3,015 | 12,448 | 90,59 | 13,21 | 4,13 | 0,146 | 0,467 | 35 | 0,502 |
| 388 | 3,995 | 12,462 | 103,10 | 12,89 | 4,16 | 0,125 | 0,553 | 29 | 0,520 |

Ce tableau montre que le rendement diminue d'une manière notable à mesure que le poids de la soupape d'arrêt augmente et que par conséquent il suffit de donner à cette soupape les dimensions nécessaires pour qu'elle résiste aux chocs auxquels elle est exposée, mais qu'il est inutile de dépasser cette limite. Le nombre des battements diminue aussi rapidement à mesure que le poids de la soupape d'arrêt augmente et les volumes d'eau croissent en sens inverse. Si donc l'on voulait augmenter le produit d'un bélier déjà établi, il suffirait de rendre sa soupape d'arrêt plus lourde; mais cet accroissement de produit ne serait acquis que par un sacrifice sur le rendement de l'appareil.

**138.** *Expériences sur le mouvement de la soupape d'arrêt.* — Les mouvements de la soupape d'arrêt sont si rapides, qu'il est impossible d'en déterminer les circonstances sans recourir à des moyens particuliers d'observation, et c'est ce qui a conduit Eytelwein à imaginer l'appareil suivant, dont nous avons donné une idée au n° 76 des *Notions fondamentales de mécanique*, et qui est un des premiers exemples de l'emploi des moyens graphiques et de la combinaison d'un mouvement connu avec un mouvement inconnu pour déterminer la loi de ce dernier. Il ne sera pas inutile d'examiner avec quelque détail l'appareil employé par le savant ingénieur prussien et surtout les résultats qu'il lui a fournis.

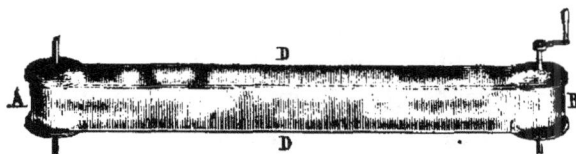

A la partie supérieure de la tige et de la plaque d'arrêt du grand bélier l'on a fixé un crayon disposé horizontalement, de manière que sa pointe traçât, sur une feuille de papier qu'on en approchait verticalement pendant le jeu de la soupape ; une ligne verticale dont la longueur était égale à l'amplitude de sa course.

Deux rouleaux cylindriques en bois A, B étaient disposés verticalement et entourés d'une bande de papier sans fin DD, assez tendue pour que le rouleau B étant mis en mouvement à l'aide de la manivelle C, le rouleau A fût nécessairement entraîné dans le mouvement. « L'emploi de cet appareil, dit Eytelwein, exigeait que l'on imprimât un mouvement uniforme à la manivelle C, à quoi il fallait parvenir, à l'aide de l'habitude et d'une montre à secondes. Ces dispositions prises, dès que la plaque d'arrêt armée de la pointe du crayon qu'on y avait adapté, se trouvait en mouvement et que la machine avait repris son état de repos, pour régler l'instrument, on approchait de la pointe du crayon la bande de papier et l'on s'assurait que sur toute son étendue elle pouvait être en contact avec le crayon.

Pendant le mouvement de la soupape, on obtenait ainsi des traces légères des diverses périodes de ce mouvement. Les longueurs de la bande de papier passées à peu près uniformément devant le crayon étant proportionnelles aux temps, donnaient les abscisses d'une courbe dont les ordonnées, prises à partir de la position de repos de la soupape, étaient les hauteurs d'élévation de cette soupape.

On avait donc ainsi une courbe qui permettait d'étudier les circonstances du mouvement de la soupape d'arrêt.

Nous allons examiner les résultats fournis par cet appareil; mais auparavant je dois rappeler qu'il a été pour moi le point de départ des instruments chronométriques analogues, mais beaucoup plus précis, que j'ai fait construire pour diverses recherches et qui sont décrits dans les *Notions fondamentales de mécanique pratique* que j'ai publiées.

Nous reproduisons, pl. V, fig. 3, de grandeur naturelle, l'une des courbes obtenues avec l'appareil que nous venons de décrire.

Dans cette figure, AF=DG=EH représente la course ou levée totale de la soupape.

En supposant qu'elle parte de sa position de repos F, s'élève verticalement suivant FA, AB, représente le temps qu'elle emploie à s'élever à la courbe FB, dont les ordonnées qui sont les élévations croissent beaucoup plus vite que les abscisses, qui représentent les temps correspondants, tourne sa convexité vers la ligne des abscisses, ce qui indique que ce mouvement d'ascension est accéléré. De B en C la courbe prenant la forme d'une droite parallèle à la ligne des abscisses, cela indique que, pendant le temps correspondant au passage de la longueur de papier BC, la soupape est restée levée. De C en G la courbe affecte une courbure d'abord concave et ensuite convexe vers la ligne des abscisses. Cette période correspond au mouvement de descente ou d'ouverture de la soupape et l'on conclut de la forme de la courbe, que ce mouvement, d'abord accéléré, devient ensuite retardé. Mais la direction des tangentes à cette courbe qui fournirait la valeur de la vitesse de descente de la soupape, montre que cette vitesse est beaucoup plus grande que celle d'ascension. Ce qui explique comment les chocs de cette soupape sur son siége inférieur ont beaucoup plus d'intensité que quand elle vient frapper son siége supérieur.

La longueur GH = DE donne la durée de l'ouverture de la soupape, et enfin la longueur AE représente le temps total d'un battement.

En comparant entre elles les diverses durées correspondantes à chacun du mouvement de la soupape dans les expériences qu'il a exécutées, Eytelwein a pu former le tableau suivant :

| HAUTEUR de chute H. | HAUTEUR d'ascension H. | LONGUEUR du tuyau conducteur L. | DURÉE des battements. | DURÉE de l'ascension. | DURÉE de la fermeture. | DURÉE de la descente. | DURÉE de l'ouverture. | COURSE de la soupape. | Rapport de la durée de l'ouverture à celle des battements. | Rapport de la durée de la fermeture à celle des battements. |
|---|---|---|---|---|---|---|---|---|---|---|
| m. | m. | m. | ''' | ''' | ''' | ''' | ''' | mill. | | |
| 1,837 | 8,040 | 6,830 | 62 | 5,00 | 10,00 | 1,40 | 45,60 | 18,7 | 0,735 | 0,161 |
| 3,088 | 6,784 | 6,830 | 47 | 9,75 | 15,75 | 3,25 | 18,50 | 18,7 | 0,394 | 0,335 |
| 3,088 | 6,784 | 6,830 | 56 | 9,00 | 16,00 | 4,80 | 26,20 | 26,9 | 0,468 | 0,286 |
| 2,041 | 9,740 | 13,345 | 105 | 10,00 | 17.00 | 4,00 | 74,00 | 18,7 | 0,705 | 0,162 |
| 2,970 | 8,818 | 13,345 | 74 | 11,50 | 15,50 | 4,75 | 42,25 | 18,7 | 0,571 | 0,209 |
| | | | | | | | | | 0,575 | 0,231 |

L'examen de ce tableau montre que la durée de l'ouverture est une fraction assez variable de celle des battements , mais qu'en moyenne elle s'élève à 0,575 de celle-ci, et que la durée de la fermeture est moyennement de 0,231 de la même durée, de sorte que l'orifice doit être considéré comme fermé pendant 0,231 du temps pendant lequel on fait les observations. Pendant la période d'ouverture, le tuyau conducteur débite le volume d'eau perdue, mais pendant la durée de la fermeture de la soupape d'arrêt, il en laisse passer plus que le volume élevé, parce qu'une partie s'accumule dans le réservoir d'air et en sort ensuite soit au moment de la fermeture de la soupape d'ascension et produit le mouvement, soit après en entretenant l'ascension.

Le plus grand de ces deux volumes étant toujours d'ailleurs

celui de l'eau perdue, c'est sur sa proportion que l'on doit baser le calcul du diamètre qu'il convient, d'après l'observation, de donner au tuyau conducteur, pour que l'eau y acquière la vitesse nécessaire au jeu de la machine, sans la dépasser de beaucoup, ce qui produirait des chocs inutiles.

Dans les expériences dont les résultats sont consignés dans le *Traité des machines* de Hachette, le bélier hydraulique établi près de Senlis, avait un tuyau conducteur de $0^m,203$ de diamètre et une section transversale égale à $0^{m \cdot q},0324$. Le volume d'eau perdu par seconde était égal à $0^{m \cdot c},03300-0^{m \cdot c},00448 = 0^{m \cdot c},02852$ et devait s'écouler par la soupape d'arrêt, d'après ce qui précède, dans un temps égal à $0'',575$ environ. Par conséquent la vitesse moyenne d'écoulement dans le tuyau devait être fournie par la formule :

$$0^{m \cdot q},0324 \times U = \frac{0^{m \cdot c},02852}{0,575} = 0^{m \cdot c},0496,$$

d'où l'on tire $\qquad\qquad U = 1^m,53$

pour la vitesse moyenne de l'eau dans le tuyau conducteur de ce bélier.

Cette vitesse était certainement trop forte et devait donner lieu à des chocs violents. Cependant ce bélier a fonctionné très-longtemps.

Si nous faisons un calcul analogue pour les expériences 3, 5, 8, 12, et 15e, exécutées avec le bélier n° 1, dont la soupape d'arrêt était ouverte de 18 millièmes, ainsi que pour la 16e, où cette ouverture était de 27 millièmes, expériences dans lesquelles le rendement s'est élevé au maximum relatif à la vapeur du rapport $\frac{H'}{H}$, nous trouvons pour la vitesse moyenne U d'écoulement par le tuyau conducteur pendant la période d'échappement, les valeurs indiquées dans le tableau suivant :

| NUMÉROS des expériences. | VALEUR du rapport $\dfrac{H'}{H}$ | VOLUME d'eau perdu en 1″ Q | VALEUR de la vitesse dans le tuyau conducteur U | RENDEMENT | COURSE de la soupape d'arrêt. |
|---|---|---|---|---|---|
| | | lit. | m. | | mill. |
| 3 | 1,628 | 0,7540 | 0,482 | 0,804 | 18 |
| 5 | 1,924 | 0,7036 | 0,457 | 0,824 | 18 |
| 8 | 4,633 | 0,6190 | 0,397 | 0,778 | 18 |
| 12 | 11,039 | 0,8014 | 0,513 | 0,473 | 18 |
| 15 | 1,717 | 0,7550 | 0,484 | 0,807 | 18 |
| 16 | 1,869 | 0,9970 | 0,639 | 0,781 | 27 |
| | | | 0,495 | | |

Les autres expériences pour lesquelles le rendement a été le plus favorable, conduisent à des résultats analogues, et toutes les fois que par l'effet d'une course de la soupape d'arrêt n° I, supérieure à 18 millièmes, le volume d'eau écoulé et par suite la vitesse d'écoulement ont été augmentés le rendement a diminué notablement.

Il est donc convenable de calculer le diamètre du tuyau conducteur, de façon qu'en admettant que l'échappement par la soupape d'arrêt ait lieu pendant les 0,575 du temps ou d'une seconde la vitesse U dans ce tuyau n'excède pas $0^m,50$. L'on satisfera à cette condition en calculant ce diamètre D par la formule :

$$\frac{D^2}{1,273} \times U \times 0'',575 = Q,$$

dans laquelle :

Q exprimera le volume d'eau qui doit être perdu en 1″.

U = $0^m,50$, la vitesse moyenne d'écoulement à travers le tuyau pendant la période d'échappement.

Et d'où l'on tirera en définitive la formule pratique :

$$D = 2,104 \sqrt{Q.}$$

Si par exemple, nous appliquons cette formule à la

douzième expérience citée dans le tableau précédent, où la vitesse U égale à $0^m,513$ différait peu de celle de $0^m,50$ que nous admettons comme vitesse convenable et où le volume d'eau perdue en $1''$ était $Q = 0^{m.c},000814$, elle nous donne pour le diamètre convenable du tuyau conducteur

$$D = 2,104 \sqrt{0,000814} = 0^m,0596,$$

tandis que dans cette expérience, ce tuyau avait un diamètre égal à $0^m,0568$ et que l'eau y prenait une vitesse un peu plus grande.

Je pense donc que l'on peut adopter avec sécurité, la règle précédente pour déterminer le diamètre du tuyau conducteur.

**159.** *Influence de la hauteur du niveau des eaux d'aval sur le rendement.* — Pour reconnaître si l'élévation du niveau des eaux d'aval au-dessus de la soupape d'arrêt pouvait exercer quelqu'influence sur le rendement du bélier, Eytelwein a surmonté cette soupape par un tuyau en fer blanc de $0^m,157$ de diamètre, et il a considéré comme hauteur de contre-pression celle du liquide, qui restait après chaque coup au-dessus de la soupape, quand elle était fermée.

Il a exécuté des expériences comparatives en plaçant et en enlevant ce tuyau de manière à produire ou à supprimer à volonté la contre-pression d'aval.

Les résultats principaux de ces expériences sont consignés dans le tableau suivant :

| NUMÉROS des expériences. | POIDS de la soupape d'arrêt. | COURSE de la soupape d'arrêt. | HAUTEUR dont la soupape est noyée. | RAPPORT des hauteurs $\frac{H'}{H}$ | RAPPORT des volumes d'eau. $\frac{Q'}{Q}$ | RENDEMENT R. | NOMBRE des battements en $1'$. |
|---|---|---|---|---|---|---|---|
| | kil. | m. | | | | | |
| 391 | 0,266 | 0,027 | 0,000 | 7,771 | 0,068 | 0,531 | 31 |
| 395 | 0,266 | 0,027 | 0,608 | 8,965 | 0,062 | 0,555 | 30 |
| 402 | 0,263 | 0,038 | 0,000 | 5,140 | 0,077 | 0,398 | 43 |
| 406 | 0,263 | 0,038 | 0,602 | 4,796 | 0,086 | 0,410 | 37 |
| 409 | 0,266 | 0,027 | 0,000 | 3,191 | 0,178 | 0,569 | 72 |
| 414 | 0,266 | 0,027 | 0,288 | 3,027 | 0,192 | 0,580 | 70 |

**140**. *Conséquences de ces expériences*. — Les résultats consignés dans le tableau précédent montrent que le rendement du bélier reste au moins le même quand la soupape d'arrêt est noyée que quand elle ne l'est pas.

Le nombre même des battements et le rapport du volume d'eau élevé au volume d'eau perdue ne paraissent pas être influencés.

Mais il semble seulement résulter d'une remarque de Eytelwein que les chocs que produit l'abaissement de la soupape sont notablement plus violents quand la soupape d'arrêt est noyée que quand elle ne l'est pas.

Il ne convient donc pas de disposer les béliers hydrauliques de manière que leur soupape d'arrêt soit toujours noyée, mais quand ils le sont accidentellement, par une crue des eaux d'aval, leur rendement n'en est pas diminué ni leur marche modifiée.

**141**. *Influence du réservoir d'air*. — Le réservoir d'air contribue non-seulement à diminuer les ébranlements de l'appareil mais encore à en augmenter le rendement, parce qu'il permet d'utiliser une partie de la force vive que l'eau possède après son passage par la soupape d'ascension, en emmagasinant par l'élasticité de l'air une quantité de travail correspondante, qui est restituée pendant la période d'échappement. Les expériences suivantes d'Eytelwein montrent bien cette influence.

| NUMÉROS des expériences. | VOLUME d'air dans le réservoir. | RAPPORT des hauteurs $\dfrac{H'}{H}$ | VOLUME d'eau élevé en 1' $Q'$ | RENDEMENT. | NOMBRE de battements en 1'. |
|---|---|---|---|---|---|
| | lit. | | lit. | | |
| 15 | 24,953 | 1,717 | 21,23 | 0,807 | 53 |
| 3 | 8,771 | 1,628 | 22,23 | 8,803 | 54 |
| 16 | 24,955 | 1,869 | 25,00 | 8,781 | 46 |
| 4 | 8,771 | 1,635 | 8,66 | 0,749 | 46 |
| 201 | 8,771 | 2,175 | 10,20 | 0,838 | 96 |
| 213 | 8,658 | 2,175 | 12,65 | 0,815 | 80 |
| 273 | 8,771 | 8,236 | 1,521 | 0,548 | 29 |
| 433 | 0,000 | 7,659 | 0,609 | 0,142 | 33 |
| 161 | 8,771 | 3,110 | 7,160 | 0,648 | 34 |
| 430 | 0,000 | 3,714 | 0,000 | 0,000 | 00 |

**142.** *Conséquences des résultats précédents.* — L'on voit par les résultats de ces expériences que la présence du réservoir d'air doit être regardée comme indispensable pour la bonne marche des béliers hydrauliques, et que quand il n'y en a pas l'appareil peut même, dans certains cas, ne pas fonctionner du tout.

Eytelwein pense que la capacité du réservoir d'air doit être égale ou un peu supérieure à celle du tuyau d'ascension.

La présence et la proportion de ce réservoir ne paraissent pas d'ailleurs avoir d'influence sur le nombre des battements de la soupape d'arrêt quand le bélier fonctionne.

Quelques constructeurs et en particulier, MM. Easton et Amos, en Angleterre, disposent dans la tête du bélier, entre les soupapes d'arrêt et d'ascension, un autre réservoir d'air F (pl. V, fig. 4) au-dessous duquel est une soupape à air qui s'ouvre quand la soupape d'ascension s'abaisse, et au moyen de laquelle l'air s'introduit dans ce petit réservoir et sous la soupape d'ascension pour passer dans le grand.

L'effet de ce second réservoir doit être principalement d'atténuer le choc de la soupape d'arrêt à plaque adoptée par ces constructeurs. Nous ne possédons pas d'expériences propres à faire apprécier l'avantage de ce dispositif.

**143.** *Influence de la longueur du tuyau conducteur sur le rendement.* — En décrivant au n° **127** les effets des mouvements alternatifs qui se produisent dans l'appareil qui nous occupe, nous avons montré comment par la réaction du fluide contenu dans le réservoir d'air et du retour de haut en bas de la colonne d'ascension, le liquide contenu dans le tuyau conducteur est, à chaque battement, refoulé vers le réservoir et forcé de rétrograder, ce qui permet à la soupape d'arrêt de retomber de nouveau, et même à l'air de rentrer dans le tuyau conducteur.

Cet effet, qui est inhérent et indispensable au jeu de la machine est d'autant plus sensible, on le conçoit facilement, que la longueur du tuyau conducteur ou la masse d'eau à faire rétrograder est moins considérable, par rapport à celle de la colonne d'ascension, et d'une autre part l'on comprend aussi que ce mouvement rétrograde, donnant lieu à une consommation de travail moteur, il doit être nécessaire de ne pas le rendre trop rapide en employant un tuyau conducteur trop court et de le renfermer au contraire dans des limites convenables que l'expérience seule peut indiquer.

La longueur du tuyau conducteur doit donc évidemment être proportionnée à celle du tuyau d'ascension, qui est d'ailleurs le plus souvent, à très-peu près, la hauteur même d'élévation.

En résumé, s'il convient que le tuyau conducteur ait une certaine longueur, il faut aussi qu'elle soit limitée à peu près à ce qui est nécessaire. Il y a d'ailleurs, sous le rapport du rendement de la machine, moins d'inconvénient à employer un tuyau conducteur trop court qu'à le faire trop long. Si, dans le premier cas, ce rendement est un diminué, le volume d'eau élevé augmente dans une certaine proportion.

Eytelwein a conclu de ses expériences que la longueur L du tuyau conducteur pouvait être prise égale à celle L′ du tuyau d'ascension augmentée du double de la valeur du rapport $\frac{H'}{H}$. Mais cette règle empyrique qui conduit à la relation

$$L = L' + 2 \cdot \frac{H'}{H}$$ ne saurait être exacte, et ne peut être applicable que quand on se sert du pied du Rhin pour mesure linéaire, puisque L et L′ sont des longueurs et que $\frac{H'}{H}$ n'est qu'un rapport; elle doit être modifiée.

En observant en effet que dans cette formule empyrique L devant être exprimé en pieds du Rhin, et le produit $2 + \frac{H'}{H}$ étant aussi en pieds du Rhin pour la traduire en mesures métriques, il suffit donc d'en multiplier tous les termes par

0$^m$,314, valeur du pied du Rhin en mètres. Elle devient alors

$$L^{pi} \times 0^m,314 = L'^{pi} \times 0^m,314 + 2 \times 0^m,314 \times \frac{H'}{H}.$$

$L \times 0^m,314 = L_1$ et $L' \times 0^m,314 = L_1'$ sont les nombres de mètres équivalents aux nombres L et L' de pieds du Rhin, et $2 \times 0^m,314 \times \frac{H'}{H}$ sera aussi un nombre de mètres.

La formule d'Eytelwein en mesures métriques revient donc à

$$L_1 = L_1' + 0^m,628 \times \frac{H'}{H}.$$

Comme le plus souvent le tuyau d'ascension est vertical et que $L_1'$ diffère très-peu de H', cette formule revient à

$$L_1 = L_1' \left(1 + \frac{0^m,628}{H}\right);$$

ce qui montre que pour une valeur donnée H de la chute, la formule d'Eytelwein conduirait à établir pour le rapport des longueurs $L_1$ et $L_1'$ la relation

$$\frac{L_1'}{L_1'} = 1 + \frac{0^m,628}{H},$$

c'est-à-dire une valeur constante indépendante du rapport $\frac{H'}{H}$.

En réunissant dans le tableau suivant les résultats des expériences faites avec des valeurs croissantes du rapport $\frac{H'}{H}$ et en les groupant dans chaque cas, autant que possible, dans l'ordre des rapports de la longueur des tuyaux conducteurs à celle du tuyau d'ascension, j'ai cherché à mettre en évidence l'influence de ce dernier rapport sur le rendement et à faciliter le moyen de reconnaître la proportion qu'il pouvait convenir d'adopter dans tous les différents cas.

| NUMÉROS des expériences. | HAUTEURS de chute. H. | HAUTEURS d'ascension H'. | RAPPORT de ces hauteurs $\frac{H'}{H}$ | RAPPORT de la longueur du tuyau conducteur à celle du tuyau d'ascension | RENDEMENT | VALEUR du rapport $\frac{L}{L'}$ calculé par la formule. |
|---|---|---|---|---|---|---|
| 3 | m. 3,034 | m 4,983 | 1,628 | 1,64 | 0,804 | 1,205 |
| 19 | 3,113 | 4,917 | 1,580 | 0,84 | 0,790 | 1,201 |
| 58 | 3,075 | 6,790 | 2,095 | 1,34 | 0,814 | 1,204 |
| 229 | 3,094 | 6,774 | 2,190 | 0,99 | 0,818 | 1,203 |
| 255 | 3,107 | 6,761 | 2,177 | 0,69 | 0,761 | 1,202 |
| 69 | 1,441 | 7,422 | 3,043 | 1,34 | 0,792 | 1,428 |
| 250 | 2,589 | 9,187 | 3,548 | 0,835 | 0,751 | 1,242 |
| 45 | 1,935 | 6,094 | 3,149 | 0,445 | 0,454 | 1,324 |
| 318 | 2,779 | 8,978 | 3,207 | 0,305 | 0,223 | 1,226 |
| 8 | 1,425 | 6,604 | 3,633 | 0,640 | 0,778 | 1,440 |
| 332 | 3,087 | 12,371 | 4,008 | 0,853 | 0,710 | 1,203 |
| 29 | 1,556 | 6,473 | 4,160 | 0,840 | 0,640 | 1,403 |
| 260 | 1,831 | 8,036 | 4,389 | 0,690 | 0,556 | 1,343 |
| 271 | 1,916 | 9,847 | 5,105 | 1,130 | 0,750 | 1,327 |
| 295 | 1,981 | 9,854 | 4,974 | 0,835 | 0,656 | 1,327 |
| 49 | 1,353 | 6,576 | 4,932 | 0,445 | 0,054 | 1,464 |
| 324 | 1,778 | 9,908 | 5.662 | 0,305 | 0,013 | 1,353 |
| 77 | 1,373 | 8,490 | 6,183 | 1,340 | 0,665 | 1,457 |
| 33 | 0,923 | 7,108 | 7,709 | 0,840 | 0,317 | 1,680 |
| 300 | 1,346 | 10,488 | .7,786 | 0,305 | 0,383 | 1,486 |

En appliquant la formule d'Eytelwein, modifiée comme nous l'avons dit plus haut, à toutes les expériences rapportées au tableau précédent, l'on en déduit les valeurs du rapport $\frac{L}{L'}$ consignées dans la sixième colonne de ce tableau, et si l'on compare entre elles les valeurs du rendement correspondantes aux diverses valeurs de $\frac{L}{L''}$ fournies par les expériences, l'on reconnaît qu'effectivement toutes les fois que ces valeurs ont été notablement inférieures à celle que fournissait la formule le rendement en a été notablement diminué.

Il convient de faire remarquer que l'influence de la chute

motrice sur la valeur du rapport $\frac{L}{L'}$, n'est pas très-grande, et que cette valeur diminue à mesure que la chute augmente, ce que l'on peut expliquer en remarquant que la résistance au mouvement de refoulement de l'eau dans le tuyau conducteur augmentant avec la chute, il devient moins nécessaire d'opposer à ce mouvement l'inertie d'une longue colonne d'eau contenue dans ce tuyau.

En résumé, il semble résulter de cette discussion que l'on pourra calculer la longueur à donner au tuyau conducteur par la formule

$$L = L' \left\{ 1 + \frac{0,628}{H} \right\},$$

quand le tuyau d'ascension sera vertical à partir du réservoir et par la formule

$$L = L' + 0,628 \frac{H'}{H},$$

quand le tuyau d'ascension sera notablement plus long que la hauteur d'ascension.

Rappelons d'ailleurs qu'il ne convient pas de dépasser de beaucoup les longueurs indiquées par cette formule pratique et qu'après avoir calculé celle qu'elle fournit, il faudra déterminer en conséquence l'emplacement du bélier par rapport au réservoir de l'eau motrice.

Si le réservoir était, par suite de circonstances locales, beaucoup plus éloigné du réservoir d'eau motrice que la distance correspondante à la longueur trouvée pour le tuyau conducteur, il vaudrait mieux recevoir l'eau dans un bassin particulier convenablement placé et la conduire de là au lieu obligé de réception. L'on perdra moins sur le travail moteur par la résistance de cette conduite auxiliaire que par un allongement démesuré du tuyau conducteur qui nuirait au jeu du bélier.

Enfin il ne faut pas perdre de vue que l'on peut, ainsi que le montrent les résultats consignés dans le tableau précédent (Expériences 19, 229, 69), adopter sans perte considérable sur le rendement, pour le tuyau conducteur une longueur un peu plus courte que celle que fournit la formule.

**144.** *Influence du rapport des hauteurs d'ascension et de chute sur le rendement.* — *Résultats des expériences d'Eytelwein sur le bélier n° 1, correspondant dans chaque série au maximum d'effet.* — De toutes les données qui, dans chaque cas particulier, peuvent le plus influer sur le rendement d'un bélier hydraulique déterminé et dont les soupapes sont convenablement proportionnées et réglées, le rapport $\frac{H'}{H}$ de la hauteur d'élévation à la hauteur de chute est celle qui exerce la plus grande influence.

C'est ce qui m'a engagé à réunir dans un même tableau les valeurs maxima du rendement correspondant à chacune des séries d'expériences dans lesquelles Eytelwein a fait varier le rapport $\frac{H'}{H}$ en classant ces expériences dans l'ordre même des valeurs de ce rapport.

Ce tableau devant d'ailleurs servir aussi de base à la discussion de l'influence de quelques autres éléments, je l'ai composé ainsi qu'il suit :

COLONNE 1. Numéros d'ordre des expériences d'Eytelwein, dans la traduction de son Mémoire, inséré pour faciliter les recherches.

COLONNE 2. Rapport des hauteurs $\frac{H}{H}$.

COLONNE 3. Désignation de la soupape d'arrêt employée.

COLONNE 4. Désignation de l'espèce de soupape d'ascension employée.

COLONNE 5. Rapport des volumes d'eau élevés et dépensés $\frac{Q'}{Q}$

COLONNE 6. Rapport de la longueur du tuyau conducteur à celle du tuyau d'ascension.

COLONNE 7. Rendement R.

RÉSUMÉ DES EXPÉRIENCES DE M. EYTELWEIN,
SUR LE GRAND BÉLIER HYDRAULIQUE CORRESPONDANT AU MAXIMUN D'EFFET.

| NUMÉROS des expériences. | RAPPORT des hauteurs. $\frac{H'}{H}$ | SOUPAPES d'arrêt employées | ESPÈCE de soupape d'ascension. | RAPPORT des volumes d'eau. $\frac{Q'}{Q}$ | RAPPORT de la longueur du tuyau conducteur à celle du tuyau d'ascension. | RENDEMENT. | QUARRÉS des rendements | VITESSE de l'eau dans le tuyau conducteur. |
|---|---|---|---|---|---|---|---|---|
| 1 | 1,585 | I | Clapet | 0,507 | 1,65 | 0,804 | 0,646 | m. |
| 2 | 1,618 | I | — | 0,524 | 1,65 | 0,848 | 0,709 | |
| 3 | 1,628 | I | — | 0,493 | 1.65 | 0,804 | 0,646 | 0,414 |
| 56 | 2,189 | I | — | 0,372 | 1,34 | 0.815 | 0.664 | |
| 57 | 2,189 | I | — | 0,370 | 1,34 | 0.811 | 0,658 | |
| 58 | 2,209 | I | — | 0,368 | 1,34 | 0,814 | 0,663 | |
| 59 | 2,209 | I | — | 0,371 | 1,34 | 0,820 | 0,672 | 0,368 |
| 181 | 2,182 | I | Plaque | 0,378 | 1,34 | 0,826 | 0,682 | |
| 182 | 2,176 | I | — | 0,375 | 1,34 | 0,816 | 0,666 | 0,261 |
| 183 | 2,196 | I | — | 0,368 | 1,34 | 0,808 | 0,653 | |
| 200 | 2,168 | I | — | 0,378 | 1,34 | 0,821 | 0,674 | |
| 207 | 2,155 | IV | — | 0,271 | 1,34 | 0 800 | 0,640 | |
| 208 | 2,168 | IV | — | 0,371 | 1,34 | 0,803 | 0,645 | |
| 222 | 2,190 | I | Clapet | 0,372 | 0,99 | 0,818 | 0,669 | |
| 101 | 2,176 | II | — | 0,375 | 1.34 | 0,816 | 0,666 | |
| 102 | 2,182 | II | — | 0,375 | 1.34 | 0,818 | 0,669 | |
| 103 | 2,182 | II | — | 0.368 | 1,34 | 0.802 | 0,643 | |
| 104 | 2,182 | II | — | 0,378 | 1,34 | 0,825 | 0,680 | |
| 212 | 2,157 | I | — | 0.375 | 1.34 | 0.810 | 0,656 | |
| 213 | 2,175 | I | — | 0,375 | 1,34 | 0,816 | 0,666 | |
| 277 | 2,890 | II | — | 0,277 | 1.13 | 0.801 | 0,642 | |
| 268 | 2,932 | I | — | 0,281 | 1,13 | 0,823 | 0,677 | |
| 67 | 3,050 | I | — | 0,260 | 1,34 | 0,794 | 0,630 | |
| 68 | 3,032 | I | — | 0,260 | 1,34 | 0,790 | 0,624 | |
| 69 | 3,043 | I | — | 0,260 | 1.34 | 0,792 | 0,627 | 0,312 |
| 108 | 3,044 | II | — | 0,260 | 1,34 | 0.793 | 0,629 | |
| 109 | 3,044 | II | — | 0,260 | 1.34 | 0.793 | 0,629 | |
| 110 | 3,043 | II | — | 0,260 | 1.34 | 0,792 | 0,627 | 0,333 |
| 187 | 3,133 | I | Plaque | 0.260 | 1.34 | 0,816 | 0,666 | 0,388 |
| 193 | 3,133 | II | — | 0,257 | 1,34 | 0,805 | 0,648 | |
| 194 | 3,133 | II | — | 0,254 | 1,34 | 0,796 | 0,634 | |
| 269 | 3,425 | I | Clapet | 0,229 | 1,13 | 0,785 | 0,616 | |
| 278 | 3,425 | II | — | 0,236 | 1,18 | 0.809 | 0,654 | |
| 344 | 3,966 | II | Plaque | 0.198 | 0.85 | 0,785 | 0,616 | |
| 270 | 4,116 | I | Clapet | 0,185 | 1.13 | 0.762 | 0,581 | |
| 279 | 4,205 | II | — | 0,178 | 1.13 | 0.749 | 0,561 | |
| 333 | 4,030 | I | — | 0,187 | 0.85 | 0.756 | 0,572 | |
| 345 | 4,019 | II | Plaque | 0,198 | 0.85 | 0,795 | 0,632 | |
| 346 | 4,053 | II | — | 0,187 | 0.85 | 0,760 | 0,578 | |
| 349 | 4,008 | II | — | 0,192 | 0 85 | 0,793 | 0,629 | |
| 350 | 4,095 | II | — | 0.198 | 0 85 | 0,810 | 0,656 | |
| 7 | 4,633 | I | Clapet | 0,167 | 1.64 | 0,778 | 0,596 | |
| 239 | 5,036 | I | — | 0,134 | 0,99 | 0,673 | 0,453 | |
| 240 | 5,134 | I | — | 0,137 | 0,99 | 0,704 | 0,496 | |

| NUMÉROS des expériences | RAPPORT des hauteurs. $\frac{H'}{H}$ | SOUPAPES d'arrêt employées | ESPÈCE de soupape d'ascension. | RAPPORT des volumes d'eau. $\frac{Q'}{Q}$ | RAPPORT de la longueur du tuyau conducteur à celle du tuyau d'ascension. | RENDE-MENT. | QUARRÉS des rende-ments. | VITESSE de l'eau dans le tuyau conducteur. |
|---|---|---|---|---|---|---|---|---|
| 271 | 5,105 | I | Clapet | 0,147 | 1,13 | 0,750 | 0,562 | |
| 280 | 5,886 | II | — | 0,134 | 1,13 | 0,720 | 0,518 | |
| 77 | 6,183 | I | — | 0,108 | 1,34 | 0,665 | 0,442 | |
| 116 | 6,115 | II | — | 0,104 | 1,34 | 0,637 | 0,406 | |
| 117 | 6,218 | II | — | 0,101 | 1,34 | 0,626 | 0,392 | |
| 272 | 6,442 | I | — | 0,103 | 1,13 | 0,664 | 0,441 | |
| 281 | 6,567 | II | — | 0,096 | 1,13 | 0,631 | 0,398 | |
| 353 | 6,319 | II | Plaque | 0,109 | 0,85 | 0,687 | 0,472 | |
| 354 | 6,434 | II | — | 0,125 | 0,85 | 0,804 | 0,646 | |
| 355 | 6,481 | II | — | 0,118 | 0,85 | 0,765 | 0,585 | |
| 356 | 6,880 | II | — | 0,090 | 0,85 | 0,621 | 0,385 | |
| 34 | 7,771 | I | Clapet | 0,068 | 0,84 | 0,531 | 0,282 | |
| 301 | 7,961 | I | — | 0,071 | 0,84 | 0,567 | 0,321 | |
| 273 | 8,236 | I | — | 0,067 | 1,13 | 0,549 | 0,301 | |
| 282 | 8,380 | II | — | 0,062 | 1,13 | 0,519 | 0,269 | |
| 395 | 8.965 | I | — | 0,062 | » | 0,555 | 0,308 | Plaque d'arrêt |
| 83 | 9,476 | I | — | 0,058 | 1,34 | 0,549 | 0,301 | |
| 84 | 9,623 | I | — | 0,051 | 1,34 | 0,490 | 0,240 | |
| 86 | 9,775 | I | — | 0,049 | 1,34 | 0,481 | 0,231 | |
| 396 | 10,360 | I | — | 0,040 | » | 0,420 | 0,176 | |
| 11 | 10,695 | I | — | 0,043 | 1,64 | 0,458 | 0,210 | |
| 357 | 10,703 | II | Plaque | 0,042 | 0,85 | 0,446 | 0,199 | |
| 358 | 10,820 | II | — | 0,045 | 0,85 | 0,488 | 0,238 | |
| 359 | 10,939 | II | — | 0,062 | 0,85 | 0,684 | 0,468 | |
| 12 | 11,039 | I | Clapet | 0,043 | 1,64 | 0,473 | 0,224 | |
| 13 | 11,039 | I | — | 0,039 | 1,64 | 0,435 | 0,189 | |
| 14 | 11,531 | I | — | 0,035 | 1,64 | 0,454 | 0,206 | |
| 283 | 11,007 | II | — | 0,031 | 1,13 | 0,331 | 0,109 | |
| 360 | 11,186 | II | Plaque | 0,049 | 0,85 | 0,544 | 0,296 | |
| 361 | 11,442 | II | — | 0,045 | 0,85 | 0,516 | 0,266 | |
| 284 | 14,526 | II | Clapet | 0,018 | 1,13 | 0,269 | 0,072 | |
| 37 | 14,744 | I | — | 0,017 | 0,84 | 0,248 | 0,062 | |
| 38 | 15,158 | I | — | 0,016 | 0,84 | 0,247 | 0,061 | |
| 245 | 15,767 | I | — | 0,015 | 0,99 | 0,229 | 0,052 | |
| 244 | 15,955 | I | — | 0,016 | 0,99 | 0,219 | 0,048 | |
| 246 | 16.964 | I | — | 0,012 | 0,99 | 0,207 | 0,043 | |
| 275 | 16,317 | I | — | 0,017 | 1,13 | 0,274 | 0,075 | |
| 90 | 18,849 | I | — | 0,013 | 1,34 | 0,251 | 0,063 | |
| 128 | 18,842 | II | — | 0,012 | 1,34 | 0,219 | 0,047 | |
| 129 | 19,951 | II | — | 0,013 | 1,34 | 0,265 | 0,070 | |
| 130 | 19 385 | II | — | 0,012 | 1,34 | 0,225 | 0,051 | |
| 91 | 19,664 | I | — | 0,013 | 1,34 | 0,261 | 0,068 | |
| 92 | 19.385 | I | — | 0,013 | 1,34 | 0,259 | 0,067 | |
| 131 | 20,240 | II | — | 0,010 | 1,34 | 0,198 | 0,039 | |
| 362 | 22,176 | II | Plaque | 0,024 | 0,85 | 0,539 | 0,291 | |
| 363 | 22,176 | II | — | 0,024 | 0,85 | 0,539 | 0,291 | |
| 364 | 22,640 | II | — | 0,023 | 0,85 | 0,523 | 0,274 | |
| 365 | 24,149 | II | — | 0,016 | 0,85 | 0,391 | 0,153 | |
| 366 | 25,864 | II | — | 0,012 | 0,85 | 0,303 | 0,092 | |

Tous les résultats consignés dans ce tableau ont été représentés graphiquement et après plusieurs tâtonnements pour chercher une formule d'interpolation simple qui liât les valeurs des rendements à celles du rapport $\frac{H'}{H}$, j'ai reconnu qu'en prenant les quarrés des rendements observés pour les abscisses et les valeurs de $\frac{H'}{H}$ pour les ordonnées, l'ensemble des résultats est représenté depuis le rapport $\frac{H'}{H} = 25$ jusqu'à $\frac{H'}{H} = 12$ par la formule empyrique

$$R = 0{,}258 \sqrt{13 - \frac{H'}{H}}.$$

De son côté, Eytelwein avait fait deux séries d'expériences spéciales sur les béliers n° 1 et n° 2 pour reconnaître l'influence du même rapport $\frac{H'}{H}$ sur le rendement.

**145.** *Expériences spéciales d'Eytelwein sur l'influence du rapport des hauteurs de chute et d'ascension sur le rendement.* — Dans la première il a employé la soupape n° I, en limitant sa course à 18 millimètres, comme nous avons indiqué au n° 133, qu'il convenait de le faire, et dans la deuxième série il s'est servi de la soupape n° II, en limitant aussi sa course à l'amplitude convenable de 21 millimètres.

Dans chacune de ces séries l'on a fait varier à la fois et en sens inverse les hauteurs H et H', afin d'obtenir par le rapport $\frac{H'}{H}$ la plus grande amplitude de variations.

Les résultats de ces expériences sont consignés dans le tableau suivant, où l'on a aussi inséré les quarrés des valeurs trouvées par l'expérience pour le rendement et celles que l'on déduit de la formule empyrique que l'on peut employer pour les rendements aux valeurs du rapport $\frac{H'}{H}$ des hauteurs d'ascension et de chute.

RÉSULTATS DES EXPÉRIENCES D'EYTELWEIN, SUR L'INFLUENCE DU RAP-
PORT DES HAUTEURS D'ASCENSION ET DE CHUTE SUR LE RENDEMENT
DU BÉLIER HYDRAULIQUE.

| NUMÉROS des expé- riences. | HAUTEUR de chute. H. | HAUTEUR d'ascen- sion. | RAPPORT des volumes d'eau $\frac{Q'}{Q}$ | RAPPORT des hauteurs $\frac{H'}{H}$ | RENDEMENT $\frac{Q'H'}{QH}$ | |
|---|---|---|---|---|---|---|
| | | | | | déduit de l'expé- rience. | de la formule empirique. |
| Soupape n° I, avec une course de 18 millim. | | | | | | |
| | m. | m. | | | | |
| 268 | 2,995 | 8,782 | 0,281. | 2,932 | 0,822 | 0,811 |
| 269 | 2,662 | 9,115 | 0,229 | 3,425 | 0,785 | 0,790 |
| 270 | 2,302 | 9,475 | 0,185 | 4,116 | 0,762 | 0,761 |
| 271 | 1,916 | 9,847 | 0,147 | 5,105 | 0,750 | 0,716 |
| 272 | 1,582 | 10,194 | 0,103 | 6,442 | 0,663 | 0,651 |
| 273 | 1,275 | 10,501 | 0,067 | 8,236 | 0,548 | 0,553 |
| 274 | 0,994 | 10,783 | 0,035 | 10,849 | 0,383 | 0,361 |
| 275 | 0,680 | 11,097 | 0,017 | 16,317 | 0,274 | » |
| 276 | 0,482 | 11,345 | 0,001 | 26,288 | 0,032 | » |
| Soupape n° II, avec une course de 21 millim. | | | | | | |
| 277 | 3,028 | 8,749 | 0,277 | 2,890 | 0,801 | 0,813 |
| 278 | 5,668 | 9,115 | 0,236 | 3,425 | 0,809 | 0,791 |
| 279 | 2,262 | 9,514 | 0,178 | 4,205 | 0,749 | 0,755 |
| 280 | 1,844 | 9,932 | 0,134 | 5,386 | 0,720 | 0,703 |
| 281 | 1,543 | 10,220 | 0,096 | 6,567 | 0,631 | 0,645 |
| 282 | 1,255 | 10,521 | 0,062 | 8,380 | 0,519 | 0,543 |
| 283 | 0,981 | 10,796 | 0,030 | 11,007 | 0,331 | 0,346 |
| 284 | 0,759 | 11,018 | 0,018 | 14,526 | 0,269 | » |
| 285 | 0,602 | 11,175 | 0,009 | 18,576 | 0,173 | » |
| 286 | 0,452 | 11,325 | 0,003 | 35,101 | 0,068 | » |
| 287 | 0,314 | 11,463 | 0,000 | 36,521 | » | » |

**146.** *Conséquences des résultats consignés dans le tableau précédent.* — L'on voit de suite, à l'inspection de ce tableau,
que le rendement du bélier hydraulique diminue assez rapidement à mesure que le rapport $\frac{H'}{H}$ des hauteurs d'ascension
et de chute augmente.

En représentant les résultats de ces expériences spéciales,
comme nous l'avons fait pour celles qui sont relatives au
maximum d'effet de chacune des séries exécutées par Ey-

telwein, l'on reconnaît que, depuis les plus faibles valeurs observées du rapport $\frac{H'}{H}$, jusqu'à celle où la hauteur d'ascension est égale à 12,80 fois la hauteur de chute la loi qui lie les valeurs de $\frac{H'}{H}$ à celles du rendement R est pour les deux séries représentée avec toute l'exactitude suffisante par la formule d'interpolation

$$R = 0,258 \sqrt{12,80 - \frac{H'}{H}}$$

qui est fournie par la ligne droite, tracée à travers tous les points déterminés, dont elle est le lieu géométrique.

En introduisant ensuite dans cette formule les valeurs de $\frac{H'}{H}$ correspondant à chacune des expériences, l'on en a déduit les valeurs du rendement R, insérées dans la septième colonne du tableau précédent, et l'on peut voir, par la comparaison de ces valeurs avec celles des rendements observés, que l'accord est aussi satisfaisant qu'on peut le demander pour la pratique.

La formule ci-dessus n'est, on le répète, applicable que jusqu'à des valeurs de $\frac{H'}{H}$ inférieures ou au plus égales à onze. Mais comme dans le cas où le rapport des hauteurs d'ascension et de chute atteint cette valeur le rendement du bélier hydraulique ne s'élève plus qu'à 0,33 environ, tandis qu'au contraire le rendement des pompes ordinaires croît à mesure que la hauteur d'ascension augmente par rapport à la chute motrice, il s'ensuit qu'au delà de cette limite $\frac{H'}{H} = 11$ le bélier hydraulique devient bien moins avantageux que les pompes. Le nombre des cas où l'on y aura recours deviendra donc assez rare.

De l'ensemble de cette discussion et particulièrement des expériences spéciales que nous venons d'examiner, nous

croyons donc pouvoir conclure qu'entre les limites des va-
leurs du rapport $\frac{H'}{H} = 2,50$ et $\frac{H'}{H} = 11$, le rendement d'un
bélier hydraulique proportionné comme nous l'indiquons,
pourra être calculé avec l'approximation désirable dans la
pratique, par la formule :

$$R = 0,258 \sqrt{12,80 - \frac{H'}{H}}.$$

**147.** *Détermination du volume d'eau perdue Q et du volume
d'eau élevée Q'.* — A l'aide de cette formule pratique, il devient
facile de partager le volume d'eau total $Q_1$ dont on peut disposer avec la chute H en deux parties, dont l'une Q' est le
volume d'eau perdue employé au jeu de l'appareil, et l'autre,
le volume Q', que cet appareil peut élever à la hauteur H'.

En effet, l'on a d'abord évidemment la relation

$$Q_1 = Q + Q',$$

et par définition

$$\frac{Q'H'}{QH} = R;$$

d'où

$$Q'H' = RQH = RH(Q_1 - Q'),$$

et par suite

$$Q' = Q_1 \frac{RH}{H' + RH},$$

puis

$$Q = Q_1 - Q' = Q_1 \frac{H'}{H' + RH}.$$

**148.** *Application.* — Si, par exemple, nous appliquons ces
formules au bélier de Mello, qui fonctionne depuis plus de
soixante ans, nous avons les données suivantes :

$$Q_1 = 2^{lit},33; \quad H = 11^m,37; \quad H' = 59^m,44; \quad \frac{H'}{H} = 5,23.$$

L'on en déduit d'abord pour le rendement,

$$R = 0,258 \sqrt{12,80 - 5,23} = 0,71,$$

puis

$$Q = 2^{\text{lit}},33 \times \frac{59,44}{59,44 + 0,71 \times 11,37} = 2^{\text{lit}},05$$

et

$$Q' = 0^{\text{lit}},28.$$

Les observations rapportées au n° **125** et qui ont été faites à plus de soixante ans de distance, montrent que le volume d'eau élevé varie entre $0^{\text{lit}},290$ et $0^{\text{lit}},256$ moyenne $0^{\text{lit}},273$.

L'on voit par cet exemple que les règles précédentes s'accordent avec l'observation, autant qu'on peut le désirer dans la pratique.

**149.** *Diamètre du tuyau d'ascension.* — Eytelwein dit que la capacité du tuyau d'ascension ne peut avoir d'influence notable par l'effet de la machine. Cependant il semble qu'il importe, au moins pour la solidité, de diminuer autant que possible la grandeur des masses douées d'un mouvement alternatif. D'un autre côté, il convient qu'à la sortie de ce tuyau l'eau n'ait pas, en le quittant, une vitesse trop grande que l'on peut limiter à $0^{\text{m}},50$, comme celle qui a lieu dans le tuyau conducteur.

D'après cela en nommant :

$D'$ le diamètre du tuyau d'ascension ;

$U'$ la vitesse moyenne d'écoulement dans ce tuyau ;

$Q'$ le volume d'eau élevé par seconde et remarquant que, d'après les observations d'Eytelwein, la durée de la fermeture de la soupape d'arrêt, qui est aussi à peu près celle de l'ascension de l'eau, est en moyenne 0,231 de celle des battements ou du temps de la marche de l'appareil, l'on pourrait établir entre ces quantités la relation

$$\frac{D'^2}{1,273} \times U' \times 0,231 = Q'.$$

Si l'on y suppose $U' = 0^m,50$, elle devient

$$D'^2 \frac{1,273}{0,50 \times 0,231} Q' = 11,02 \, Q';$$

d'où

$$D' = 3,32 \sqrt{Q'} = 3,32 \sqrt{Q. \frac{RH}{H'}},$$

à cause de

$$R = \frac{Q'H'}{QH}.$$

L'on voit que cette formule conduit à faire varier le diamètre du tuyau d'ascension avec les valeurs du rendement et du rapport des hauteurs $\frac{H'}{H}$, au lieu d'établir, comme l'indique Eytelwein, un rapport constant entre le diamètre et celui du tuyau de refoulement, ce qui ne paraît pas rationnel.

Si, pour appliquer cette formule, l'on suppose successivement au rapport $\frac{H'}{H}$ les valeurs 2, 3, 4, 5, 6, 7, 8, 9 et 10 et que l'on calcule par la formule pratique

$$R = 0,258 \sqrt{12,80 - \frac{H'}{H}},$$

les valeurs correspondantes du rendement, en substituant ces valeurs dans la formule

$$D' = 3,32 \sqrt{R. \frac{QH}{H'}},$$

l'on obtiendra, pour calculer dans chaque cas la valeur convenable du diamètre du tuyau conducteur, les formules

| RAPPORTS des hauteurs $\dfrac{H'}{H}$ | RENDEMENTS calculés par la formule du n° 145. | FORMULES A EMPLOYER pour calculer le diamètre du tuyau d'ascension. | RAPPORT des diamètres $\dfrac{D'}{D}$ |
|---|---|---|---|
| 2 | 0,848 | $D' = 2,166 \ \sqrt{Q}$ | 1,029 |
| 3 | 0,808 | $D' = 1,722 \ \sqrt{Q}$ | 0,818 |
| 4 | 0,765 | $D' = 1,452 \ \sqrt{Q}$ | 0,690 |
| 5 | 0,720 | $D' = 1,231 \ \sqrt{Q}$ | 0,585 |
| 6 | 0,673 | $D' = 1,111 \ \sqrt{Q}$ | 0,528 |
| 7 | 0,621 | $D' = 0,989 \ \sqrt{Q}$ | 0,470 |
| 8 | 0,565 | $D' = 0,861 \ \sqrt{Q}$ | 0,419 |
| 9 | 0,503 | $D' = 0,765 \ \sqrt{Q}$ | 0,373 |
| 10 | 0,432 | $D' = 0,690 \ \sqrt{Q}$ | 0,328 |

En comparant ces formules avec celles que nous avons données au n° **137** pour calculer le diamètre du tuyau conducteur et qui est

$$D = 2,104 \ \sqrt{Q,}$$

l'on peut établir le rapport qu'il convient d'adopter entre les diamètres $D'$ du tuyau d'ascension et $D$ du tuyau conducteur. Ce rapport, dont la valeur est indiquée dans la dernière colonne du tableau précédent, va en décroissant à mesure que le rapport $\dfrac{H'}{H}$ augmente, ainsi qu'on devait s'y attendre ; puisque le volume d'eau à élever va aussi en diminuant, tandis que la règle d'Eytelwein le supposait constant et égal à 0,50.

L'on pourra, je pense, adopter, dans la pratique, la valeur du rapport $\dfrac{D'}{D}$ consignée dans le tableau précédent et correspondante aux valeurs $\dfrac{H'}{H}$ et s'en servir pour calculer le diamètre $D'$ qu'il conviendra d'adopter.

Eytelwein, recommande avec raison, de ne pas recourber l'extrémité supérieure du tuyau d'ascension, afin d'éviter les ébranlements qui peuvent résulter du changement, toujours un peu brusque, de la direction du mouvement du liquide.

**150.** *Marche à suivre pour déterminer les proportions d'un bélier hydraulique.* — En résumant la discussion précédente des résultats d'expériences sur les béliers hydrauliques, l'on peut arriver aux règles suivantes pour proportionner les différentes parties de ces appareils.

Le volume d'eau total Q, dont on peut disposer étant connu, ainsi que la chute motrice H et la hauteur d'ascension H' mesurée au-dessus du niveau du réservoir de l'eau motrice, l'on calculera, comme on l'a dit aux n$^{os}$ **145** et suivants :

1° Le rendement probable de l'appareil par la formule

$$R = 0{,}258 \sqrt{12{,}80 - \frac{H'}{H}} \; ;$$

2° Le volume d'eau Q' que la machine pourra élever en 1″ à la hauteur H' par la formule

$$Q' = Q_1 \frac{RH}{H' + RH} \; ;$$

3° Le volume d'eau Q à dépenser en 1″ pour produire le mouvement et l'entretenir par la formule

$$Q = Q_1 \frac{H'}{H' + RH} \; ;$$

4° Le diamètre du tuyau d'ascension par la formule

$$D' = 3{,}32 \sqrt{Q'} \; ;$$

5° Le diamètre du tuyau conducteur par la formule

$$D = 2{,}104 \sqrt{Q} \; ;$$

6° La longueur à donner au tuyau conducteur par la formule

$$L = L' \left\{ 1 + \frac{0{,}628}{H} \right\} ,$$

quand le tuyau d'ascension, dont la longueur est exprimée
par L' sera vertical ou à peu près ou par la formule

$$L = L' + 0,628 \frac{H'}{H},$$

quand le tuyau d'ascension sera notablement plus long
que la hauteur d'ascension.

La boîte à soupape devra se rapprocher de la forme
(fig. $b$, n° **127**) à contours arrondis, de manière à éviter
autant que possible les effets de la contraction dans les
changements de direction que doit prendre le liquide.

L'orifice des soupapes d'arrêt devra présenter au liquide un
passage dont l'aire, déduction faite des effets de la contraction
soit au moins égale à l'aire de la section transversale du tuyau
conducteur.

La course de la soupape sera calculée de manière que le
passage libre à son pourtour, soit aussi égal à la section du
tuyau conducteur, en tenant compte des effets de la contraction.

Pour les béliers de dimensions ordinaires, dont le tuyau
conducteur n'aura pas plus de 0$^m$,20 de diamètre, on préférera
les soupapes à plaques aux soupapes à clapet. L'usage de ces
dernières sera réservé pour les grands béliers.

Les soupapes d'arrêt et d'ascension, ainsi que le réservoir
d'air, seront aussi rapprochés que possible.

L'aire de l'orifice de la soupape d'ascension qui débouche
dans le réservoir d'air, doit aussi être égale à celle de la section transversale du tuyau conducteur.

La capacité du réservoir d'air doit être à peu près égale au
volume d'eau à élever par minute.

Il peut être utile d'ajouter à la tête du bélier, un petit réservoir d'air, muni d'une soupape à air, pour atténuer
l'ébranlement produit par le choc de la soupape d'arrêt et
faciliter le renouvellement de l'air du réservoir principal.

**151.** *Bélier hydraulique appelé* hypsydre, *de MM. Andral et*

*Courbebaisse.* — L'on reproche en général aux béliers hydrauliques du système de Montgolfier, de donner lieu à des chocs et à des ébranlements qui fatiguent l'appareil et s'opposent en général à ce qu'on l'applique à élever des volumes d'eau un peu considérables. L'on a vu cependant au n° **125**, qu'un bélier de ce système, établi près de Senlis, pouvait débiter plus de 33 litres en $1''$, et l'on sait que beaucoup de ces appareils existent depuis fort longtemps sans exiger de fréquentes réparations.

Quoi qu'il en soit, plusieurs ingénieurs se sont proposé de modifier la disposition adoptée par Montgolfier, tout en conservant le principe sur lequel le bélier est fondé. De ce nombre sont MM. Andral et Courbebaisse, ingénieurs des ponts et chaussées, qui ont présenté à l'exposition universelle de 1855, sous le nom d'*Hypsydre irrigateur*, un bélier hydraulique de grande dimension.

L'appareil qui est représenté pl. V, fig. 6, se compose d'un tuyau à section rectangulaire formant le corps du bélier et ayant dans le sens transversal une section rectangulaire de $0^m,40$ horizontalement et de $0^m,20$ perpendiculairement à son fond, qui est incliné à l'horizon, disposition qui ne semble pas nécessaire. Le corps est terminé par un autre tuyau à section rectangulaire évasé vers son extrémité, ayant $1^m,50$ de longueur, et qu'on nomme le tuyau de fuite.

A l'origine de ce dernier tuyau est placée une soupape d'arrêt ou de déviation que l'action du courant qui s'établit dans le tuyau d'arrivée principal oblige à s'abaisser et à former obstacle à l'écoulement du liquide. Cette soupape tourne autour d'un axe horizontal C, qui se prolonge au dehors du corps et qui est terminé par un bras de levier sur lequel agit un ressort en caoutchouc vulcanisé *bb* (fig. 7). Ce ressort cède à l'action prépondérante du courant d'eau quand il a acquis sa plus grande vitesse, mais il tend à relever et relève effectivement la soupape, lorsque la vitesse de l'eau dans le corps du bélier diminue au delà d'une certaine limite ou s'éteint tout à fait.

Lorsque la soupape d'arrêt CC' est ainsi fermée, le liquide dévié dans son mouvement agit sur la valve DD' mobile autour d'un axe horizontal D et la soulève. Cette valve creuse, formée d'une feuille de cuivre étampé, recouvre un orifice rectangulaire de 0$^m$,80 sur 1$^m$,00, et permet en s'élevant à l'eau de passer dans le réservoir d'air F placé immédiatement au-dessus et de là dans le tuyau d'ascension G, qui n'a que 0$^m$,115 de diamètre ou 0$^{m·q}$,0104 de section, ce qui paraît trop peu, puisqu'il en résulte que le liquide élevé y prend inutilement une vitesse égale à 7 à 8 fois celle qu'il a dans le corps du bélier.

L'arbre de la valve se prolonge au dehors du corps du bélier et porte à chacune de ses extrémités un bras de levier sur lequel agit un ressort en caoutchouc vulcanisé, qui se tend quand la valve s'élève sous l'action impulsive de l'eau, et qui tend à la rabattre sur son siége, dès que la force vive du liquide affluent est éteinte par la résistance de l'air du réservoir et par celle de la colonne d'ascension.

L'air nécessaire à l'action du réservoir est renouvelé par un petit tuyau qui débouche en $a$ en aval de la vanne CC'.

D'après cette description et ce que l'on a dit plus haut du jeu des béliers hydrauliques ordinaires, l'on conçoit facilement comment l'hypsydre fonctionne.

L'emploi de soupapes ou valves légères n'ayant à peu près que la solidité strictement suffisante, et qui sont ramenées sur leur siége par l'action de ressorts en caoutchouc, la précaution de garnir les siéges des soupapes de cuir ou de caoutchouc vulcanisé, atténuent l'intensité des chocs et les ébranlements généraux encore très-sensibles cependant de l'appareil, ce qui permet de lui donner des dimensions correspondantes au débit de volumes d'eau considérables.

**152.** *Résultats d'expériences.* — Le bélier hydraulique dont nous venons d'indiquer les proportions principales a été essayé au Conservatoire des arts et métiers; mais nous devons dire tout d'abord que les localités et les moyens dont nous

disposions ne nous ont pas permis de l'installer d'une manière tout à fait convenable. Le tuyau d'arrivée n'avait qu'une
longueur de 5m,30, insuffisante pour que le liquide pût, à
chaque oscillation de la soupape, y acquérir la vitesse convenable. L'on ne devra donc pas s'étonner que le rendement
observé ait été très-inférieur à celui des béliers ordinaires.

| NUMÉROS des expériences. | NOMBRE de coups en 1'. | CHUTE motrice H. | VOLUME d'eau dépensé en 1" Q'. | TRAVAIL absolû du moteur QH. | VOLUME d'eau élevé en 1'''. Q'. | HAUTEUR d'élé- vation H'. | EFFET utile en 1'. Q'H'. | RENDE- MENT $\frac{Q'H'}{QH}$ |
|---|---|---|---|---|---|---|---|---|
| | | m. | lit. | km. | lit. | m. | km. | |
| 1 | 42,3 | 1,49 | 41,4 | 61,8 | 5,18 | 4,41 | 22,8 | 0,372 |
| 2 | 43,5 | 1,49 | 42,5 | 62,3 | 5,02 | 4,42 | 22,2 | 0,356 |
| 3 | 43,2 | 1,45 | 47,2 | 68,2 | 5,12 | 4,44 | 22,7 | 0,334 |
| 4 | 45,5 | 1,46 | 41,4 | 60,5 | 5,75 | 4,43 | 25,4 | 0,420 |
| | | | | | | | | 0,370 |

Le rapport moyen de H' à H est égal à 3.00.

Dans ces expériences, la vitesse moyenne de l'eau dans le
tuyau d'arrivée a été de 0m,54 en 1", et dans le tuyau d'ascension elle a été de 0m,506.

**153.** *Observations sur les résultats consignés dans le tableau
précédent.* — Ainsi que nous l'avons fait remarquer plus haut,
le bélier n'était pas établi dans les conditions les plus favorables au maximum d'effet, et il est probable qu'avec une
meilleure installation l'on aurait obtenu un rendement plus
considérable.

Mais ces expériences, dans lesquelles les battements des
soupapes ont été très-régulièrement au nombre de 43 par
minute, et où le bélier a élevé à 4m,42 environ 20 mètres
cubes d'eau par heure, montrent qu'un semblable appareil
pourrait être appliqué avec avantage à des irrigations.

**154.** *Machine hydraulique de M. de Caligny.* — Cet appareil,
qui, dans sa forme et sa disposition générale, a de l'analogie

avec le bélier hydraulique, en diffère en ce qu'il n'a pas à proprement parler de soupape. Il se compose d'un tuyau horizontal, ou légèrement incliné BC, qui part d'un réservoir A et qui se raccorde par une partie tronconique avec une branche verticale c d'un diamètre un peu plus petit. (Pl. V, fig. 10.)

La branche horizontale du tuyau est immergée dans le canal de fuite et l'extrémité supérieure aa de la branche verticale est toujours au-dessous du niveau de l'eau dans le canal. Cette dernière branche porte un appendice tronconique ab, qui repose sur un massif en maçonnerie, servant en même temps à maintenir l'extrémité verticale du tuyau.

Immédiatement au-dessus de cette branche verticale fixe c, se trouve un autre tuyau vertical ddff, cylindrique dans presque toute son étendue, d'un diamètre plus grand que c, mais terminé à sa partie inférieure par un tronc de cône, dont la petite base a exactement le diamètre de la branche verticale et porte aussi un appendice conique dd', dont les arêtes sont plus relevées que celle de l'appendice ab.

Ce tuyau vertical ddff est mobile et il forme en réalité la soupape d'arrêt de l'appareil, puisque c'est de son mouvement que dépend la marche.

Il est suspendu par une fourche ig à l'extrémité d'un balancier mobile à peu près équilibré, au moyen d'un contrepoids, qui cependant est assez fort pour le relever naturellement.

Dans ce tuyau mobile pénètre un cylindre fixe ik, terminé inférieurement par un cône K, dont le sommet arrive à peu près à hauteur de la branche aq du coude c du tuyau fixe. Ce cylindre ik est soutenu dans sa position par un support et ne participe nullement au mouvement. Il a pour objet et pour effet de rendre la section annulaire de passage entre sa surface et celle du tuyau mobile à peu près moitié moindre que la section de débouché aa du tuyau fixe, et égale au tiers de la section de la branche horizontale. C'est du moins ce qui résulte des proportions données par l'auteur à deux de ses appareils.

Les orifices *aa* du tuyau vertical fixe et du tuyau mobile sont garnis de rondelles de cuir destinées à fermer le joint qu'ils forment, quand ils reposent l'un sur l'autre. L'orifice *aa* porte des guides verticaux qui traversent l'appendice *dd'*, et, avec la fourche *ig*, assurent la direction du mouvement du tuyau mobile.

A l'aide de cette description, il sera facile de comprendre le jeu de l'appareil que nous supposerons d'abord maintenu au repos par un arrêt, qui empêche le contre-poids de soulever le tuyau mobile *ddff*.

Dans cette position, le liquide étant immobile de toutes parts, les pressions intérieures et extérieures au-dessus et au-dessous des appendices et entre eux s'équilibrent.

Mais, si l'on vient à laisser agir le contre-poids, en aidant même un peu, s'il le faut, à son action, le tuyau mobile s'élève et ouvre alors un orifice à parois coniques évasées entre l'appendice fixe *ab* et l'appendice *dd'* mobile avec le tuyau dont il dépend.

La pression du réservoir A détermine dans le tuyau BC un mouvement qui s'accélère rapidement, et toute la masse d'eau que contient ce tuyau acquiert une force vive en rapport avec la hauteur du niveau NN du réservoir, au-dessus du niveau LM du canal de fuite, ainsi qu'avec les dimensions du tuyau.

L'écoulement se fait par l'orifice à parois tronconiques évasée, et, dans l'intervalle de ces parois, la pression qui, au repos et au premier moment de l'ouverture, était la même au-dessous de l'appendice *dd'* du tuyau mobile que celle qu'il éprouvait au-dessus, va en diminuant assez rapidement, à mesure que le mouvement d'écoulement approche de son état de régime. Cet effet, bien connu des hydrauliciens, et dont la théorie rend parfaitement compte (voir n° 151 et 163 des *Leçons sur l'hydraulique*), change les conditions de l'équilibre du tuyau mobile et l'excès de la pression du liquide supérieur, et qui est à peu près en repos, sauf quelques tourbillonnements, sur celle qu'exerce en dessous la veine fluide en mouvement, se joignant au poids propre de ce tuyau, ces deux actions l'emportent sur celle du contre-poids et le tuyau mobile retombe sur son siége.

Cet effet se produit dès la première levée du tuyau mobile, car sans cela l'appareil ne marcherait pas et il ne se développe dans cette action aucune force de succion nouvelle et inconnue.

Mais lorsque l'orifice d'écoulement se trouve ainsi fermé par le tuyau mobile, qui forme soupape, la masse liquide, qui a été mise en mouvement, pénètre dans l'intervalle annulaire qui existe entre le noyau fixe *ik* et la surface intérieure du tuyau mobile, et elle y parvient à une hauteur d'autant plus grande que cet intervalle offre une section moindre.

Si donc le sommet *ff* du tuyau mobile est à une hauteur moindre que celle à laquelle le niveau de l'eau pourrait s'élever en vertu de la force vive qu'elle possède, une partie du liquide se déversera par l'ouverture *ff* dans le canal de réception ménagé à cet effet autour du tuyau mobile. Ce volume d'eau, ainsi reçu, sera d'ailleurs d'autant plus faible, par rapport à la masse totale mise en mouvement, que la hauteur d'élévation sera plus grande, et cette hauteur a une limite assez restreinte, par suite des pertes de force vive et du travail résistant des parois auquel le liquide est soumis. Aussi l'appareil n'est-il destiné qu'à élever l'eau à des hauteurs assez faibles.

A mesure que la masse liquide en mouvement perd de son volume par le déversement et que son élévation même dans le tuyau mobile augmente la pression résistante, ce mouvement se ralentit de plus en plus, s'éteint, et alors la pression du liquide contenu dans le tuyau mobile redevenant prépondérante sur celle du réservoir, dont le niveau est plus bas, il se produit une oscillation en retour vers le réservoir dans la colonne liquide.

Dans cette oscillation rétrograde, la masse liquide, contenue dans les deux tuyaux, acquière en sens contraire une force vive, en vertu de laquelle elle dépasse, dans un autre sens, la position d'équilibre, et le niveau de l'eau dans le tuyau mobile descend au-dessous de celui du canal de fuite. A partir de cet instant, les pressions intérieures exercées de haut en bas sur la partie tronconique de la base de ce tuyau ne sont plus égales aux pressions extérieures qui agissent de bas en haut, et cette différence, jointe à l'action déjà prépondérante du contre-poids, détermine une nouvelle ascension du tuyau mobile. L'écoulement entre les appendices tronconiques *ab* et *dd'* recommence et l'appareil est dès lors parvenu à son état normal.

Il n'est point nécessaire, comme on le voit, pour expliquer les effets de cette machine de recourir à l'action, fort peu probable, de l'eau qui s'écoule dans le canal de décharge ni à aucune analogie avec des phénomènes d'un ordre très-différent observés par Dubuat. Tout y est parfaitement d'accord avec les principes généraux de l'hydraulique et si la variation continuelle du mouvement ne permet pas, dans l'état actuel de la science, de faire une théorie des effets observés, il est cependant possible d'en apprécier la marche.

Ainsi la diminution de pression qui se produit dans la veine fluide à laquelle donne passage l'ajustage tronconique évasé que forment les deux appendices *ab* et *dd'*, va en croissant, comme l'indique la théorie, avec la vitesse d'écoulement et par conséquent avec la charge motrice ou la hauteur du niveau NN au-dessus du niveau LM. Or c'est quand cette diminution de pression a atteint une certaine intensité que le contre-poids, se trouvant insuffisant, laisse redescendre le tuyau mobile sur son siége. Si donc, pour une certaine charge motrice, le contre-poids a été réglé de manière qu'il ne conserve qu'une prépondérance convenable pour cette charge, il pourra arriver que, si celle-ci diminue, il en résulte dans la vitesse d'écoulement une diminution telle que la soupape ou le tuyau mobile ne s'abaisse plus et que le jeu de la machine soit interrompu.

Si, au contraire, le niveau s'élève, la vitesse d'écoulement augmentant et ayant plutôt atteint la limite qui détermine la diminution de pression correspondante à la descente du tuyau mobile, celui-ci retomberait plus vite.

Si le siége *aa* de la soupape cessait d'être noyé et que le contre-poids ayant soulevé le tuyau mobile et l'écoulement ayant commencé, la pression exercée de bas en haut par la veine fluide, bien que limitée par la vitesse d'écoulement, s'ajouterait encore à l'aotion du contre-poids pour maintenir le tuyau mobile élevé et le jeu normal de la machine ne se produirait plus.

Il pourrait même arriver que, pour un règlement donné du contre-poids et le siége de la soupape étant d'abord convenablement noyé sous le niveau d'aval LM, si celui-ci venait à baisser sensiblement la pression qu'il exerce sur l'appendice *dd*, ne fût plus suffisante pour que son action, jointe à celle du contre-poids, ne fît plus descendre le tuyau mobile, ce qui, comme dans le cas précédent, en empêcherait le jeu.

A l'inverse si le niveau d'aval LM montait sensiblement, il faudrait changer le contre-poids, sans quoi le tuyau mobile une fois baissé ne se relèverait plus.

L'on voit par ces observations que cet appareil ingénieux, outre qu'il ne convient que pour des chutes assez faibles, n'est pas susceptible de fonctionner régulièrement quand les niveaux d'amont ou d'aval varient d'une manière notable, quoiqu'il soit possible cependant de le régler de manière qu'il puisse encore marcher entre certaines limites de variation de ces niveaux.

Ces circonstances exigent que l'appareil soit surveillé par un agent assez intelligent.

Il faut de plus observer qu'à chaque oscillation, l'eau qui remplissait le tuyau mobile redescend au niveau du canal de fuite et même plus bas, et que le travail moteur employé pour l'élever dans ce tuyau, étant détruit à la rentrée de cette eau dans le réservoir il a été consommé en pure perte. Cette perte est évidemment proportionnelle à l'aire de la section transversale de ce tuyau et à sa hauteur qui est celle à laquelle on veut élever l'eau. Par conséquent, pour une chute motrice donnée, elle sera proportionnellement d'autant plus grande que la hauteur du bassin de réception sera plus considérable. L'emploi de cette machine est donc d'autant moins favorable qu'il s'agit d'élever l'eau plus haut.

L'auteur n'a proposé l'usage de cette machine ingénieuse que pour l'utilisation des petites chutes et l'élévation de l'eau à de faibles hauteurs. Dans ces conditions, elle réalise, d'après des expériences faites au Conservatoire des arts et métiers en 1855, environ 0,43 du travail moteur. Elle est simple, d'une installation peu dispendieuse et par conséquent susceptible de rendre des services principalement à l'agriculture.

*Bélier hydraulique de M. Foex.* — Cet ingénieur, qui a été longtemps attaché au service des eaux de la ville de Marseille, sous les ordres du savant et regrettable M. de Montricher, a introduit dans la construction des béliers hydrauliques une modification qui a pour but de diminuer beaucoup l'intensité des chocs que produit la soupape d'arrêt et les ébranlements qui en résultent ; ce qui a permis de construire des appareils de ce genre de dimensions bien plus grandes que par l'ancienne disposition.

La figure 5, pl. V, représente le bélier hydraulique de M. Foex dans ses dispositions les plus récentes.

A est le corps du bélier disposé comme à l'ordinaire et de diamètre D.

CDEF est un cylindre venu de fonte, avec le corps, et dont le diamètre est habituellement égal à 1.1D ; ce qui lui donne une section égale à 1.20 fois celle du corps.

Q, Q sont des ouvertures ménagées dans la surface du cylindre CDEF pour l'échappement de l'eau, et dont la surface totale est pour les quatre égale à 1.20 fois celle du cylindre, ou 1.45 fois celle de la section du corps du bélier.

Le cylindre CDEF a deux fonds plans qui lui sont solidement fixés.

Dans ce cylindre est la soupape d'arrêt NPO, qui est formée de deux plateaux P' de même diamètre, réunis par un tuyau creux P, et qui se meut à frottement doux dans le cylindre.

Cette soupape doit avoir un poids à peu près double de celui d'une colonne d'eau de même base que ses plateaux, et dont la hauteur serait double de celle qui correspond à la vitesse maximum de sortie; c'est-à-dire un peu moindre que celle de la chute.

B est la partie antérieure du réservoir d'air qui va en s'évasant pour se raccorder avec le corps principal II de ce réservoir, dont elle est séparée par un diaphragme percé d'orifices aussi larges que possible, et munis de soupapes verticales à clapet ELM.

K est une soupape de rentrée d'air pour remplacer dans le réservoir celui que l'eau a entraîné.

I est le tuyau d'ascension qui part du corps du réservoir d'air, lequel est ordinairement un simple tuyau cylindrique en fonte.

R'R'R' sont de petits orifices ménagés dans la partie supérieure du cylindre où se meut la soupape d'arrêt, et percés un peu au-dessus de la position inférieure du plateau supérieur P' de la soupape d'arrêt.

S est un support en fer disposé dans la direction de l'axe de la soupape, et sur lequel elle vient reposer. On le recouvre d'une plaque de caoutchouc vulcanisé et d'une feuille mince de tôle pour diminuer l'intensité du choc.

Lorsque l'eau du réservoir moteur commence à s'écouler

par le tuyau A d'un mouvement qui s'accélère rapidement, elle s'échappe d'abord par le passage libre que démasque la soupape et par les orifices Q, Q, ; mais bientôt sa vitesse devient assez grande pour qu'elle oblige la soupape NPO à s'élever.

L'intervalle libre entre le plateau inférieur P' et l'ouverture du cylindre CDEF allant en diminuant, l'eau, qui ne trouve plus un passage suffisant, s'élance par le tuyau creux P et arrive sous le fond supérieur CD. Dans les premiers instants, une partie de cette eau s'échappe par les petits orifices R'R' ; mais comme ils sont insuffisants, elle remplit toute la capacité qui existe encore entre le fond CD et le plateau P' supérieur, en même temps que le plateau inférieur intercepte le passage par le bas du cylindre.

A cet instant, la soupape NPO se trouve également pressée en sens contraire sur ses deux plateaux et s'arrête.

En même temps, l'eau qui afflue du réservoir ne trouvant plus d'issue par la soupape d'arrêt pénètre d'abord dans la partie antérieure B du réservoir d'air, puis ouvre les soupapes KLM et entre dans le corps de ce réservoir, d'où une partie s'élève dans le tuyau d'ascension, pendant que l'autre comprime l'air.

Après la période d'arrêt, la soupape NPO redescend par son propre poids sur son siège et les mêmes effets se reproduisent.

Comme il importe de régler la durée des périodes, le cylindre CDEF est entouré à l'extérieur et à hauteur des orifices R'R' d'une bague mobile qui en couvre à volonté une portion plus ou moins grande.

Le principe et le jeu de ce bélier sont, comme on le voit, les mêmes que ceux du bélier de Montgolfier ; mais la disposition donnée à la soupape d'arrêt diminuant l'intensité des chocs et les ébranlements, il est devenu possible de donner à ces appareils des dimensions beaucoup plus considérables que par le passé, et de les employer à élever de grands volumes d'eau.

Nous en citerons les applications suivantes :

Un bélier de ce genre a été établi pour utiliser une chute de $7^m,08$ et élever l'eau à $29^m,92$ de hauteur. Il dépense $41^{lit},26$ et élève $5^{lit},72$ par seconde.

Le travail moteur est donc égal à

$$41^{kil},26 \times 7^m,06 = 292^{km},12.$$

L'effet utile à $\quad 5^{kil},72 \times 29^m,92 = 171^{km},14.$

Et le rendement est

$$\frac{171,14}{292,12} = 0,58.$$

Le rapport des hauteurs d'élévation et de chute est

$$\frac{29^m,2}{7,08} = 4^m,22.$$

Le diamètre du corps est de $0^m,30$.

Pour une même valeur du rapport de la hauteur d'ascension $H'$ à la hauteur de chute $H$, le bélier hydraulique ordinaire a donné, dans les expériences d'Eytelwein, un rendement d'environ 0,76.

Un bélier établi à la Darcussia pour une chute motrice de 10 mètres dépense $4^{lit},675$ par seconde, donne 30 pulsations en $1'$ et élève $2^{lit},065$ à $12^m,50$ en $1''$.

Le diamètre du corps du bélier est de $\quad 0^m,10$

Le diamètre du tuyau de refoulement est de $0^m,05$

La capacité du réservoir d'air est environ 200 litres ou de cent fois le volume d'eau élevé en $1''$.

Le travail moteur est $4^{kil},675 \times 10^m = 46^{km},75$

L'effet utile est $\quad 2^{kil},065 \times 12^m,50 = 25^{km},81$

Le rendement est donc

$$\frac{25,81}{46,75} = 0,55$$

Le rapport des hauteurs d'élévation est égal à

$$\frac{12,50}{10,00} = 1,25$$

Pour une même valeur de ce rapport, le bélier ordinaire a fourni, dans les expériences de M. Eytelwein, un rendement égal à 0,65 environ.

**155.** *Du balancier hydraulique.* — M. Dartigues, fondateur de la cristallerie du Baccarat, avait fait construire dans ses établissements, et antérieurement à Vonèche (Provinces-Rhénanes), une machine oscillante qu'il avait nommée balancier hydraulique, et sur laquelle une commission de l'Académie des sciences, composée de MM. de Prony, Biot et Girard, a fait, le 26 mai 1817, un rapport favorable. Cette machine a aussi été établie à la cristallerie de Baccarat, où elle a fonctionné pendant quelques années.

Elle se composait (pl. V, fig. 1) d'un balancier mobile autour d'un axe placé au milieu de sa longueur et aux deux extrémités duquel étaient suspendus, à 2 mètres de distance de l'axe, deux coffres carrés de $0^m,92$ de côté, ayant une surface de base égale à $0^{mq},8464$.

Dans leur mouvement oscillatoire, ces coffres, dont trois côtés seulement étaient fermés, s'élevaient alternativement, dans des espèces de puits, de manière que le fond de l'un d'eux affleurait celui d'un canal supérieur d'arrivée de l'eau motrice, tandis que l'autre était descendu à hauteur du niveau du canal de fuite. Ces caisses étaient guidées de manière que le côté ouvert, frottant toujours sur la surface adjacente du puits, il y avait très-peu de perte d'eau.

L'on conçoit facilement que l'eau affluente chargeant la caisse supérieure pendant que la caisse inférieure se vidait, il se produisait un mouvement alternatif qui était réglé par l'appareil lui-même, au moyen de vannes ou de pales que le balancier abaissait ou élevait, selon qu'il fallait interrompre ou permettre l'arrivée de l'eau.

Le balancier transmettait son mouvement alternatif à deux pompes qui élevaient et refoulaient l'eau dans des bassins supérieurs.

L'on ne possède sur les effets de cet appareil qu'une seule expérience dont les résultats ont été communiqués le 9 novembre 1818 par M. Dartigues à l'Académie des sciences. La chute motrice était $H = 1^m,83$; le volume d'eau admis à chaque oscillation dans la caisse supérieure avait $0^{mq},8464$ de base sur $0^m,33$ de hauteur; il était donc égal à

$$Q = 0^{mq},8464 \times 0^m,33 = 0^{mc},279312.$$

Le travail moteur dépensé à chaque oscillation était donc

$$1000\ QH = 279^{kil},312 \times 1^m,83 = 511^{km},145.$$

Les pistons de la pompe foulante avaient $0^{mq},0275$ de surface et une course de 1 mètre; ils refoulaient donc à chaque course, sauf un peu de perte, $Q = 0^{mc},0275$ d'eau et le réservoir était à la hauteur $H = 13^m,50$ au-dessus du niveau du canal d'arrivée, ce qui, pour chaque coup de piston correspondait à un effet utile représenté par

$$Q'H' = 27^{kil},5 \times 13^m,5 = 371^{km},25.$$

Par conséquent, le rendement de cette machine était égal à

$$\frac{Q'H'}{QH} = \frac{371,25}{511,14} = 0,72.$$

Ce résultat, très-satisfaisant, montre que dans certains cas cette machine, fort simple, pourrait rendre des services, principalement pour des irrigations, en admettant même qu'une construction rustique en réduisît l'effet à 0,55 ou 0,60.

# MACHINES A COLONNE D'EAU.

**156.** *Machine à colonne d'eau de Bélidor*[+]. — L'on doit à cet illustre et savant officier d'artillerie du siècle dernier, parmi beaucoup d'idées ingénieuses, celle d'une machine dans laquelle l'action d'une chute d'eau serait directement utilisée pour élever une partie du liquide dépensé.

Le tuyau A, qui amène l'eau, est terminé par un robinet à trois orifices et est en communication constante avec celui de dessus. L'une des ouvertures latérales peut laisser affluer le liquide dans le grand cylindre C et sur son piston qui, en cédant à la pression, recule et pousse le petit piston du cylindre D et refoule vers le réservoir d'air, et de là dans le tuyau d'ascension B, l'eau qui était contenue dans ce cylindre D. Les pistons étant arrivés à la fin de leur course, qui est la même, le robinet F, par l'action de la machine elle-même, tourne et permet, d'une part, à l'eau amenée par le tuyau A de passer par le tuyau H et de là derrière le piston D, et de l'autre, à celle qui avait rempli le cylindre C dans la course précédente, de s'échapper à l'extérieur. Dans cette seconde période, le grand cylindre se vide et le petit cylindre D se remplit, tandis que par la détente de l'air du régulateur l'ascension continue dans le tuyau B.

Les mêmes effets se continuent d'une manière analogue.

Le volume d'eau dépensé étant égal à celui qu'engendre le grand piston, et le volume d'eau élevé à celui qu'engendre le petit piston, si l'on nomme

D le diamètre du grand piston;

H la hauteur de chute dont on dispose au-dessus du canal

‎* *Architecture hydraulique*, tome II, éd. de 1739, page 237 et suivantes, par M. Bélidor, commissaire provincial d'artillerie.

de fuite dont le niveau doit être aussi rapproché que possible du robinet F';

D' le diamètre du petit piston;

H' la hauteur d'élévation au-dessus du même niveau;

L la longueur de course commune aux deux pistons, le travail moteur aura pour expression pour chaque course,

$$\frac{1000\,D^2L}{1,273} \times H;$$

et le travail ou l'effet utile sera

$$\frac{1000\,D'^2L}{1,273} \times H.$$

Par conséquent, le rapport du second au premier, ou le rendement de la machine, sera

$$\frac{D'^2H'}{D^2H} = K;$$

de sorte que pour obtenir le même rendement K avec des données différentes, il faudrait faire varier les quarrés des diamètres des pistons en raison inverse des hauteurs de chute et d'ascension.

L'on aura d'ailleurs entre le volume d'eau Q que l'on peut dépenser par seconde, le diamètre D du grand cylindre, la longueur de la course L, et le nombre N de coups de piston par minute, la relation

$$Q = \frac{1000\,D^2L}{1,273} \times \frac{N}{60} = \frac{1000\,D^2}{1,273} V,$$

$V = \dfrac{LN}{60}$ étant la vitesse moyenne du piston en $1''$.

Cette machine, qui ne paraît pas avoir jamais été exécutée, est ingénieuse, mais elle présente plusieurs inconvénients que l'on pourrait peut-être atténuer beaucoup par de bonnes dispositions. Il faut d'abord y éviter les arrêts brusques, que l'incompressibilité de l'eau rendrait très-dangereux, et il importe que la vitesse des pistons et du liquide soit toujours très-faible.

Les variations de hauteur de la colonne d'eau motrice pouvant exercer une grande influence sur la marche de la machine, il faudrait régler les proportions des cylindres de manière que la marche fût assurée pour la plus petite valeur de cette hauteur, et prendre des dispositions pour modérer la marche pour les hauteurs supérieures.

Au lieu de robinets, il conviendrait d'ailleurs d'employer des tiroirs qui, s'ouvrant et se fermant graduellement, rendraient les changements de marche plus doux.

Si nous sommes entré dans ces détails sur une machine qui n'a été ni exécutée ni expérimentée, c'est qu'elle a une grande analogie avec les machines dites à colonne d'eau, dont nous allons nous occuper.

**157.** *Machines à colonne d'eau de la mine d'Huelgoat, département du Finistère.* — Nous emprunterons la description succincte que nous allons donner de cette belle machine, au mémoire que M. Yuncker, l'habile et savant ingénieur auquel l'on en doit la construction, a inséré dans les *Annales des mines*, en 1835, et nous extrairons du même mémoire les résultats principaux d'observation auxquels elle a donné lieu.

La mine d'Huelgoat, par sa situation topographique, se prêtait heureusement à l'établissement d'une machine à colonne d'eau. Les cours d'eau qui sillonnent les vallées qui la dominent pouvaient être facilement amenés au-dessus de l'ouverture supérieure du puits, et les galeries d'écoulement, placées à de grandes profondeurs, permettaient d'utiliser la chute considérable de 66$^m$,00 de hauteur.

M. Yuncker a préféré aux machines à double effet celles qui ne sont qu'à simple effet, parce que celles-ci sont d'un mécanisme plus simple, d'une installation plus facile, commodes à visiter et à graisser, et surtout parce qu'elles permettent la transmission directe du mouvement du piston moteur à celui de la pompe. Les tirants des machines à simple effet n'étant en outre soumis à l'action de la résistance et n'ayant de grands efforts à transmettre que dans un seul sens, qui peut être celui de la résistance à la traction, les dimensions qu'il est nécessaire de donner à ces pièces sont alors beaucoup moindres que si elles devaient agir alternativement dans les deux sens, et l'on évite d'ailleurs les chocs qui se produisent toujours avec plus ou moins d'intensité dans les machines à double effet.

Enfin il y a avantage à avoir deux machines à simple effet au lieu d'une machine à double effet, pour atténuer les inconvénients, très-graves en pareil cas, de chômages résultant des réparations.

**158.** *Description de la machine.* — Nous distinguerons dans la machine d'Huelgoat ce qui est relatif à l'appareil moteur, de ce qui se rapporte aux pompes d'épuisement (pl. VI, fig. 2).

Le premier se compose d'un grand cylindre Y dans lequel se meut le piston principal P soumis à l'action motrice de la colonne de pression. Ce cylindre porte à sa partie inférieure, une tubulure T qui sert alternativement à l'introduction et à l'émission de l'eau motrice. Le piston principal P est poussé de bas en haut dans le premier cas, et dans le second il redescend sous l'action de son poids propre, de celui des tiges et de leur équipage. Pour assurer la continuité du mouvement alternatif de ce piston, il suffit de régulariser l'admission et l'émission du liquide. A cet effet, au robinet à trois orifices employé dans les anciennes machines à colonne d'eau, M. de Reichenbach, habile et savant ingénieur bavarois, a substitué l'appareil que nous allons décrire et qui a été imité et perfectionné par M. Yuncker pour la mine d'Huelgoat.

La tubulure T est adaptée contre une autre qui présente un tuyau HH' interposé entre le cylindre Y et la colonne de chute. A distances égales de la tubulure T, mais de côté opposé, viennent aboutir deux tuyaux horizontaux O et S. Le premier, O, qui termine inférieurement la colonne de chute, est, à proprement parler, le tuyau d'admission ; le second, qui communique avec la galerie d'écoulement, est le tuyau d'émission.

Un piston R fonctionne dans l'intérieur du tuyau HH' et peut venir se placer alternativement dans les deux espaces cylindriques $bc$ et $b'c'$ égaux en hauteur et en diamètre, et symétriques par rapport à la tubulure T.

Dans la seconde position, le piston R intercepte la communication entre le tuyau d'émission et le cylindre Y, tandis qu'au contraire l'eau de la colonne de chute peut affluer sous le grand piston P et le pousser de bas en haut.

A l'inverse, dans la première position, le dessous du piston P est en communication avec le tuyau d'émission, et l'affluence de l'eau du tuyau de chute dans le cylindre Y est interrompue.

Pour faire arriver le piston R à ces positions successives, voici le dispositif imaginé par M. de Reichenbach :

Un piston J, placé sur le prolongement de la tige du piston R, se meut dans la partie supérieure du tuyau HH'. Son diamètre est un peu plus grand que celui du piston R, et il est par conséquent soumis de bas en haut à une pression contraire un peu supérieure à celle qui sollicite de haut en bas ce piston R. Ce piston J peut donc s'élever sous l'action de cet excès de pression et entraîner dans son mouvement le piston R.

Pour faire ensuite redescendre celui-ci, il faut produire en sens contraire un excès de pression suffisante. A cet effet, le piston J porte à sa face supérieure une sorte de fourreau cylindrique qui laisse entre lui et la surface intérieure du cylindre HH', dont il traverse le couvercle par une boîte à étoupes, un espace annulaire qui peut être mis alternativement, au moyen d'un tuyau $aa3$, en communication avec la colonne de chute et avec l'air extérieur.

Dans le premier cas, l'on conçoit que la pression de la colonne de chute, s'exerçant à la fois de bas en haut sur la surface totale inférieure du piston J et de haut en bas sur la partie annulaire de sa surface supérieure, l'excès de la première sur la seconde de ces pressions peut être inférieure à la pression que la même colonne de chute exerce de haut en bas sur le piston R, et qu'en définitive l'ensemble des deux pistons doit descendre.

La communication que le tuyau $aa3$ établit entre le tuyau de chute et le dessous du piston J est ouverte ou fermée au moyen d'une tige auxiliaire $pi$ qui porte deux petits pistons et qui se meut dans un corps cylindrique par l'action d'un système de leviers, sur lesquels vient agir une tige $dd$, montée sur le piston P, et qui porte des taquets ou tocs. A chaque montée et à chaque descente, ces tocs font osciller le système des leviers de la manière convenable, et assurent ainsi l'admission de l'eau du tuyau de chute dans l'espace annulaire supérieur au piston J ou son évacuation.

Cette description suffit pour donner une idée du jeu de la belle machine dont nous nous occupons, et nous sommes forcé de renvoyer, pour de plus amples détails, à la description complète qui en a été donnée par M. Yuncker dans le huitième volume de la troisième série des *Annales des Mines*, année 1835.

Il est cependant important d'indiquer comment M. Yuncker est parvenu à atténuer l'effet des chocs qui se manifestent dans les arrêts qu'il faut faire éprouver au mouvement de la colonne de chute.

Pour rendre ces arrêts, ainsi que les changements de direction du mouvement du piston P moins brusques, le piston R a été rendu légèrement tronconique à ses parties supérieure et inférieure, et de plus l'on a ménagé sur les deux parties tronconiques huit cannelures cunéiformes qui ont leurs têtes rangées sur le pourtour des bases du piston.

Lorsque la régulation s'effectue en montant, par exemple, on voit que le piston R, qui occupait la partie $b'é$ du cylindre

HH', après avoir cheminé à travers la tubulure T, va présenter sa surface supérieure à l'entrée du cylindre *bc*. A ce moment, le mouvement de la colonne de chute serait arrêté si la surface extérieure du piston était unie; mais les cannelures de cette surface offrant encore une issue à l'eau, celle-ci continue à pénétrer dans la tubulure en quantité décroissante jusqu'à ce que les sommets des cannelures soient eux-mêmes engagés dans le cylindre *bc*. C'est alors seulement que le piston P arrive à la limite supérieure de sa course, et que la colonne de chute reprend l'état de repos.

Mais, presque au même instant, les sommets des cannelures supérieures atteignant le bord *b'* de la tubulure, l'émission commence graduellement, ainsi que la descente du piston, dont le mouvement s'accélère à mesure que les cannelures se dégagent et que la base inférieure du piston R atteint le point *b*, limite de sa course.

Des effets analogues se produisent à la fin de la course descendante et au commencement de la course ascendante qui suit.

L'on voit que par ce dispositif, aussi simple qu'ingénieux, le mouvement ascensionnel du piston, ainsi que celui de descente de la colonne de chute, sont graduellement éteints, et que le piston recommence sa course descendante sans vitesse initiale et la termine sans secousse; ce qui satisfait autant que possible aux conditions exposées dans les notions fondamentales pour la bonne marche des machines à mouvement alternatif et rappelées spécialement aux n°ᵒˢ 2 et suivants de cette partie, en ce qui concerne les machines à élever l'eau.

**159.** *Effet utile de la machine à colonne d'eau d'Huelgoat.* — Cette machine était destinée à fonctionner dans une galerie d'écoulement placée à 230 mètres au-dessous du point d'arrivée supérieur de l'eau; mais, par diverses circonstances dépendant des nécessités de l'exploitation, elle ne l'a été qu'à

155 mètres au-dessous de ce point. A cette profondeur, le rendement observé a été égal à 0,45 du travail moteur, et M. Yuncker estime qu'à celle de 230 mètres il atteindrait 0,60 à 0,65.

Depuis 1835, époque à laquelle cet ingénieur faisait connaître ces résultats, il n'a pas été recueilli d'autres observations.

**160.** *Machine à colonne d'eau des salines de Saint-Nicolas Varangeville (Meurthe).* — M. Pfetsch, directeur de cet établissement, y a fait établir, en 1860, une belle machine à colonne d'eau horizontale, dont la disposition générale se rapproche beaucoup de celle qui avait été proposée par Bélidor et dans laquelle, outre les perfectionnements dus à M. de Reichenbach, il en a lui-même introduit quelques-uns. Nous emprunterons la description de cette machine à une note rédigée par M. Pfetsch et insérée aux *Annales des Mines*, tome XVII, 1860.

La machine à colonne d'eau de Saint-Nicolas Varangeville (pl. VI, fig. 3) est complétement construite dans le système de Reichenbach; seulement elle est horizontale. Elle est à double effet et a été très-bien exécutée dans les ateliers de M. Dyckhoff, à Bar-le-Duc.

La disposition horizontale a été adoptée pour faciliter l'installation et diminuer la dépense.

La machine est assujettie sur deux grosses pièces de chêne, bien reliées entre elles par de forts ferrements, et reposant sur une base en maçonnerie. L'eau motrice est amenée dans un réservoir placé à l'orifice supérieur du puits. De là, par une conduite en fonte, l'eau est dirigée verticalement au fond du puits où elle se rend par le tuyau A (fig. 3) dans le cylindre de la machine.

Dans la position que représente la figure pour les pistons O et N de l'appareil de distribution, l'eau de la colonne de chute peut venir, par le canal P, presser sur le piston B. Sous cette action la tige C se meut vers la droite avec le piston B auquel elle est fixée et pousse en même temps devant elle le piston V de la pompe fixé à l'autre extrémité de la tige C. Le piston V refoule ainsi l'eau qui se trouve devant lui dans le corps de pompe et la force à s'élever dans le tuyau d'ascension $x$ après avoir passé par le clapet $y$.

La tige C porte une tringle D qui obéit au mouvement de va-et-vient de la tige principale. A cette tringle D sont fixées les coulisses E et F qui servent à régler la course de la machine.

Pendant le mouvement de la tringle D, la coulisse E rencontre l'extrémité du levier GG, lequel se trouve ainsi entraîné et change la position des petits pistons H et J; aussitôt l'eau de chute, qui par l'ouverture K a toujours accès entre les deux petits pistons, trouvant l'ouverture L libre, vient par là presser sur le piston M et le porter de droite à gauche en même temps que les pistons N et O; ces trois pistons étant reliés entre eux par une tige commune.

Ce déplacement des pistons N et O ferme à l'eau de chute le canal P et lui rend accessible le canal Q, par lequel elle vient presser le grand piston de droite à gauche et le ramène à sa position première pour recommencer le même jeu de a machine.

L'eau qui avait d'abord poussé le piston B de gauche à droite, s'échappe, par suite du déplacement des pistons M, N et O, par le canal P et le tube d'émission R.

Pendant le mouvement de retour du piston B, le levier GG est ramené dans la position représentée par la figure, les petits pistons H et I reprennent leur position première, et l'eau de chute, qui avait porté les pistons M, N, O de droite à gauche, trouvant l'orifice S libre, s'échappe par cette ouverture et par le tuyau T. Alors la pression étant presque totalement soustraite sur la droite du piston M, les trois pistons M, N, O sont ramenés à la position représentée par la figure.

Tous les pistons se retrouvant dans la même situation qu'au commencement de la période que l'on vient d'examiner, le même jeu de la machine recommence et ainsi de suite.

Le piston B fait dix courses simples ou cinq courses doubles en 1'. Sa course est égale à 0$^m$,80. Sa vitesse est donc

$$\frac{10}{60} \cdot 0^m,80 = 0^m,135.$$

Le volume d'eau dépensé en 1″ est de 0$^{mc}$,003888 et la hauteur de chute réelle est de 163 mètres.

Le travail moteur est donc égal à

$$3^{km},888 \times 163^m = 633^{km},74 = 8^{chev},45.$$

La machine remonte par heure 15$^{mc}$,9 ou par seconde 4$^{kil}$,417 d'eau salée à 87 mètres de hauteur. Le litre de cette eau pèse 1$^{kil}$,200. L'effet utile de la pompe est donc

$$4.417 \times 1^{kil},2 \times 87^m = 661^{km},13.$$

Mais en outre la machine à colonne d'eau fait marcher une petite pompe dont l'effet utile est de 27$^{km}$,75.

Ainsi l'effet utile total que produit cette machine est égal à

$$461^{km},13 + 27^{km},75 = 488^{km},88$$

pour un travail moteur absolu égal à 633$^{km}$,74.

Son rendement est donc

$$\frac{488,88}{633,74} = 0,771.$$

La disposition fort simple donnée à cette machine à colonne d'eau permet d'en aborder facilement toutes les parties, de les visiter et de les graisser exactement, et sous ce rapport elle nous semble préférable à celle des machines à colonne d'eau verticales.

**161.** *Conditions de l'établissement des machines à colonne d'eau.*
—Les principes généraux que nous avons exposés aux n$^{os}$ **1** et suivants s'appliquent de tous points aux machines à colonne

d'eau, mais comme il est évident, *a priori*, que ces machines doivent marcher très-lentement, cette condition étant une fois satisfaite, les pertes de force vive et le travail des résistances passives y sont assez faibles pour qu'il ne soit pas nécessaire d'établir pour en calculer les effets des formules assez compliquées, ce qui, sans offrir de difficultés, n'aurait que peu d'utilité.

**162**. *Établissement d'une machine à colonne d'eau horizontale.* — Les résultats des observations faites sur la machine de Varangeville permettent de poser des règles assez simples pour l'établissement de machines analogues.

En effet, sachant que le rendement de la machine atteint au moins 0,70, et connaissant le volume d'eau motrice Q, la hauteur de chute disponible H, la hauteur H′ à laquelle on veut élever l'eau, l'on aura la relation

$$0,70.1000\,QH = 1000\,Q'H',$$

d'où l'on tire pour la valeur du volume d'eau Q′ que la machine pourra élever

$$Q' = \frac{0,70\,QH}{H'},$$

ce qui donne

$$\frac{Q'}{Q} = \frac{0,70H}{H'},$$

ou si, à l'inverse, le volume d'eau Q′ à élever est donné et que l'on veuille déterminer le volume d'eau Q à dépenser, on aura pour son expression

$$Q = \frac{Q'H'}{0,70H}.$$

Le piston de la pompe a la même vitesse et la même course L que celui de la machine, et cette vitesse V ne devant pas excéder $V = 0^m,12$ à $V = 0^m,15$ en $1''$, on aura, en nommant

D le diamètre du cylindre de la machine et $D'$ le diamètre du corps de pompe,

$$\frac{D^2}{1,273} V = Q \qquad \frac{D'^2}{1,273} V = Q',$$

et par suite

$$D^2 = \frac{1,273\,Q}{V},$$

ou

$$D = \sqrt{\frac{1,273\,Q}{V}},$$

et

$$D'^2 = \frac{1,273\,Q'}{V} = \frac{Q'}{Q}\,D^2 = \frac{0,70H}{H'}\,D^2,$$

d'où

$$D' = D\sqrt{\frac{0,70H}{H'}}.$$

Quant à la course des pistons elle peut être égale à quatre ou cinq fois le diamètre du cylindre de la machine, pour ne pas trop multiplier le nombre des courses et les changements de sens du mouvement.

L'appareil régulateur est la partie la plus importante à bien proportionner, pour assurer le jeu de la machine. La marche de cet appareil est déterminée par l'excès de la pression que l'eau exerce alternativement sur l'une et l'autre de ses faces.

Comme cette pression provient de la hauteur à peu près constante du niveau dans le réservoir supérieur, il faut faire en sorte que les deux pistons O et N soient, dans les deux sens, alternativement pressés par des efforts égaux.

A cet effet le diamètre du piston N doit être tel que sa surface diminuée de celle de la section de sa tige soit égale à la surface totale du piston O, ce qui oblige à donner au corps dans lequel ils se meuvent deux diamètres différents.

De plus l'expérience ayant montré que, dans la machine de Varangeville, pour vaincre les résistances de cette distribution un effort de 75 kilog. environ doit être exercé de gauche à droite sur le petit piston M, il faut d'abord calculer son diamètre D de manière que la hauteur de pression H, à laquelle il est toujours soumis, atteigne une valeur suffisante dans les deux sens. Mais il faut observer que, d'une part la portion de la surface de ce piston, qui est exposée à cet effort, n'est que l'excès de la surface du cercle sur celle de la section de la tige, et d'autre part que la pression qui doit être exercée de droite à gauche, pour produire le mouvement en sens contraire, doit vaincre non-seulement la résistance propre de la distribution, mais encore la pression permanente qu'exerce la colonne motrice sur la face opposée avec laquelle elle est toujours en communication.

Par conséquent puisque cette dernière pression est estimée à 75 kilog., celle qui doit être produite par la même colonne sur la face de droite du piston doit être égale à 150 kilog.

En d'autres termes la surface du piston soumise à la pression motrice doit recevoir du côté droit, où elle est tout entière libre, une pression de 150 kilog. et sur l'autre face, en partie occupée par la tige, une pression de 75 kilog. seulement; ce qui indique que la section de la tige doit être la moitié de la surface du piston.

D'après ces conditions, le diamètre D du petit piston M, moteur de la distribution, sera déterminé par la relation

$$\frac{1000\,D^2}{1,273}\,H_1 = 150^{kil},$$

d'où

$$D = \sqrt{\frac{1,273\,H_1}{1000}\,150}.$$

Il est bien entendu d'ailleurs que, s'il s'agissait d'établir une machine à colonne d'eau de proportions très-différentes, il faudrait admettre pour la résistance de la distribution une autre valeur, que l'on pourrait calculer approximativement en admettant que cette résistance est à peu près proportionnelle à la somme des contours des pistons frottants.

**163.** *Pompes oscillantes.* — Ce genre de pompe se rapproche de celui des pompes rotatives ; mais il en diffère en ce que les plaques ou diaphragmes, qui forment le piston, sont fixées à demeure sur l'axe de rotation, et sont animées d'un mouvement d'oscillation alternatif.

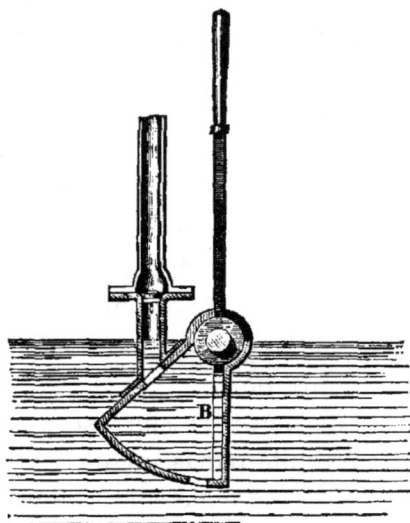

La figure ci-contre offre un exemple de ce genre de pompe et suffit pour en faire comprendre le jeu. Le piston B, en se mouvant alternativement dans un sens ou dans l'autre, produit l'aspiration vers l'une de ses faces et le refoulement par l'autre. La nécessité de rendre bien hermétiques les joints qui existent à ses extrémités et sur toute la surface du cylindre intérieur·dans lequel il se meut est un des plus grands inconvénients de ce dispositif.

Les constructeurs ont cherché à y remédier, soit par des garnitures à ressorts, soit par des espèces de garnitures métalliques faciles à renouveler; mais le défaut existe toujours et reparaît plus ou moins avec le temps, surtout si l'on veut élever des eaux troubles.

Un autre inconvénient grave particulier au dispositif de la figure ci-dessus, c'est la petitesse relative et à peu près obligée des passages d'aspiration et de refoulement.

**164.** *Pompe de Bramah.* — Cet illustre ingénieur, auquel l'on doit l'invention des cuirs emboutis pour la garniture des pistons, dont l'usage a permis de réaliser la presse hydraulique imaginée par Pascal, a fait établir, particulièrement pour le service des incendies, une pompe à piston oscillant suivant directement le mouvement du balancier. Un beau modèle. de cette pompe existe depuis longtemps au Conservatoire, et il a servi de type à plusieurs appareils analogues.

Le corps de pompe est cylindrique (pl. VII, fig. 2); son axe est horizontal; une cloison pleine, dirigée suivant le rayon vertical inférieur, le partage en deux zones. Le tuyau d'aspiration arrive au bas de ce rayon et y débouche par deux ouvertures, garnies chacune d'un clapet, qui s'élève de bas en haut. Le piston a la forme d'un rectangle, dirigé parallèlement à un diamètre, et il a deux ouvertures munies de clapets qui se lèvent aussi de bas en haut.

Le tuyau de refoulement, placé verticalement à la partie supérieure du corps de pompe, est surmonté par un réservoir d'air et communique avec le tuyau d'ascension.

La figure montre suffisamment quel est le jeu de cette pompe, qui est à double effet avec un seul corps.

L'on remarquera que l'oscillation du balancier ne pouvant avoir qu'une amplitude limitée, le piston ne s'approche du diaphragme vertical fixe qu'à une certaine distance, et laisse ainsi un espace vide assez considérable qui, pour des pompes aspirantes, réduirait beaucoup la hauteur d'où elles pourraient élever l'eau.

Les ouvertures que recouvrent et démasquent alternativement les clapets sont un peu trop petites; mais elles pourraient être facilement augmentées. De plus, la position donnée à celles par lesquelles afflue l'eau aspirée, tend à ramener sans cesse les corps étrangers sur leurs clapets, et doit occasionner des arrêts fréquents d'autant plus fâcheux, que la visite et le nettoyage de ces clapets seraient difficiles.

**165.** *Pompe de M. Vasselle.* — Un constructeur français, M. Vasselle, avait cherché, à l'exposition de 1849, à éviter ces défauts en remplaçant le diaphragme vertical par deux diaphragmes inclinés qui portaient les soupapes d'aspiration, et contre lesquels le piston pouvait s'approcher, de manière à réduire beaucoup l'espace nuisible. Les clapets ainsi disposés ne pouvaient que difficilement être obstrués par les corps étrangers qui retombaient presque toujours dans le tuyau d'aspiration, dont l'ouverture était tout à fait libre.

Pour s'opposer aux fuites entre les bords du piston et les parois du corps de pompe, Bramah employait des garnitures de cuir; l'on a aussi essayé de ménager tout autour du piston une gorge, dans laquelle on coulait de l'alliage fusible qui formait ainsi une sorte d'anneau susceptible de prendre, par le frottement, la forme très-exacte des surfaces. Mais ce moyen n'est guère praticable que dans les villes où il y a des ateliers et des ressources variées.

Le défaut de toutes les pompes de ce genre, c'est la difficulté du démontage, de la visite et du remplacement des garnitures. Il conviendrait donc de les disposer de manière à faciliter ces opérations. Quand elles sont en bon état, elles fonctionnent d'ailleurs d'une manière satisfaisante.

Lors des expériences faites à l'occasion de l'exposition de 1849, la pompe de M. Vasselle, employée à élever l'eau à 10 mètres de hauteur, a donné un rendement de 0,33, résultat supérieur à celui que l'on a obtenu alors avec la plupart des pompes à clapets métalliques.

La pompe à incendie du même constructeur, manœuvrée par dix hommes à la vitesse de cent onze coups ou cinquante-six oscillations du balancier par minute, a fourni 2005 litres par minute, et son rendement, estimé par la moitié de la force vive imprimée à l'eau, a été trouvé d'environ 0,50, résultat favorable et supérieur à celui de la plupart des pompes à incendie.

**166.** *Pompe oscillante à corps sphérique.* — Un constructeur anglais, M. Gray, a présenté à l'exposition de 1855 une pompe oscillante qui dans sa disposition générale ressemble beaucoup à celle de Bramah. Elle en diffère néanmoins par quelques dispositions assez heureuses.

Le corps de pompe (pl. VII, fig. 1) dans laquelle se meut le piston oscillant est sphérique et le piston circulaire, ce qui facilite beaucoup l'application de garnitures étanches. Ce corps de pompe est surmonté immédiatement par un réservoir d'air qui peut servir de régulateur si la pompe est employée pour un service d'incendie. Le mouvement d'oscillation du piston est produit par une bielle qui agit dans l'intérieur du réservoir d'air et par une manivelle dont l'axe traverse une boîte à étoupes.

Les deux soupapes d'aspiration sont surmontées de deux chapelles qui permettent de les visiter facilement ainsi que celles du piston.

Cette pompe a été soumise, au Conservatoire, à des expériences dynamométriques, et quoiqu'elle y soit arrivée en assez mauvais état, son rendement en élevant l'eau à près de 5 mètres de hauteur seulement a été de 0,40 à 0,44.

# EXPÉRIENCES SUR LES POMPES.

**167.** *Pompe rustique de M. de Valcourt.* — L'on doit à ce savant agriculteur la construction d'une pompe élévatoire fort simple, qui peut être facilement construite et réparée par les ouvriers des campagnes, et qui est particulièrement propre à l'élévation des eaux troubles et des purins de ferme.

Le corps de pompe et le tuyau d'élévation ne font qu'un seul et même tuyau à section carrée ou polygonale ; la première étant plus simple, on l'adopte plus habituellement. Quatre planches A, B, C, D (pl. VII, fig. 3), assemblées à rainures et languettes et clouées entre elles, constituent le corps de pompe. On assure leur réunion par des planchettes F, F clouées transversalement et jointives sur toute la hauteur. Il est bon d'enduire de goudron ou de colthar la surface extérieure des planches ABCD et la surface intérieure des planchettes FF, avant de clouer celles-ci.

La soupape d'arrêt, placée au bas du corps de pompe, est formée par un morceau de bois de 0$^m$,08 à 0$^m$,10 d'épaisseur, en forme de pyramide tronquée, qui s'applique contre un logement semblable qu'on lui a ménagé au bas du corps de pompe, en amincissant un peu les extrémités des planches formant ce corps. Une ouverture carrée, qu'il convient de faire aussi grande que possible, en laissant seulement 25 à 30 millimètres de largeur aux bords du siége de la soupape, est pratiquée dans ce siége, qui est fixé par de longues vis à bois au corps de pompe.

La soupape est formée par un simple morceau de cuir de semelle I, fort, replié et cloué ou mieux fixé à vis sur un des bords du siége. Ce cuir I est cloué à un coin en bois J, recouvert lui-même d'un disque en plomb destiné à donner un peu de poids à la soupape pour assurer sa fermeture quand la pompe est au repos afin qu'elle garde l'eau. La forme de coin donnée à la pièce I, a pour but d'empêcher la soupape de se renverser quand elle se lève et de faciliter sa chute.

Pour les pompes de $0^m,15$ de côté et plus, il convient de percer le siége de deux ouvertures garnies chacune de leur soupape.

Dans tous les cas l'entrée de ces ouvertures doit être évasée et avoir les bords arrondis dans la partie inférieure, pour atténuer les effets de la contraction.

Pour former le piston l'on prend un prisme de bois dur à section carrée, ayant 4 à 6 millimètres de côté de moins que l'intérieur du corps de pompe. Ce prisme doit avoir $0^m,08$ à $0^m,10$ de hauteur. On évide ses faces latérales et l'on enlève ses angles en laissant sur chaque face deux languettes de 2 à 3 centimètres au plus de largeur, dont on assure bien la solidité avant l'évidement au moyen de pointes. La profondeur des évidements ainsi ménagée doit être d'autant plus grande que le piston est plus gros. Dans les pompes ordinaires on recommande, comme nous le verrons, de donner à l'aire du passage masqué par les soupapes, au moins la moitié de celle de la section transversale du corps de pompe ou du piston.

Pour chercher à satisfaire à la condition d'une proportion convenable, appelons

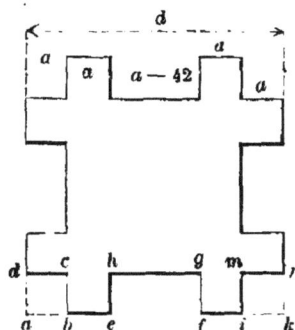

$a$ le côté du carré du piston,

$x$ la saillie et la largeur des liteaux, que nous chercherons d'abord à faire à section carrée.

L'on voit de suite à l'inspection de la figure que la somme des aires de passage autour du piston se composera de

4 fois l'aire des carrés semblables à $abcd$ ou $4x^2$,

4 fois l'aire des rectangles semblables à $efgh$ ou $4(a - 4x)x$.

L'aire totale de ces passages sera donc

$$4x^2 + 4(a - 4x)x.$$

Si elle doit être une fraction $\frac{1}{n}$ de l'aire $a^2$ du piston, on aura pour déterminer $x$ la relation

$$4x^2 + 4(a - 4x)x = \frac{a^2}{n},$$

ou

$$x^2 - \frac{1}{3}ax + \frac{a^2}{12n} = 0,$$

d'où

$$x = \frac{1}{6}a \pm a \sqrt{\frac{1}{36} - \frac{1}{12n}}.$$

Les deux solutions satisfont à la question; mais en examinant la quantité sous le radical l'on voit qu'il n'est pas possible de faire $n$ plus petit que 3, puisque pour cette valeur la quantité sous le radical devient nulle, et qu'au-dessous elle deviendrait négative et le radical imaginaire.

Si donc nous faisons $n = 3,$ l'on en déduit

$$x = \frac{1}{6}a,$$

et il est facile de vérifier que la condition que l'on s'est imposée est satisfaite, car on a alors

$$4x^2 + 4(a - 4x)x = \frac{4}{36}a^2 + 4\left(a - \frac{4}{6}a\right)\frac{a}{6} = \frac{1}{3}a^2.$$

On donnera donc aux languettes une largeur et une saillie égale à $\frac{1}{6}$ du côté du piston, et pour assurer la solidité de ces parties, il sera bon de les relier au corps du piston à l'aide de vis à bois suffisamment longues.

A 0$^m$,025 ou 0$^m$,030 au-dessous de la surface supérieure du piston, l'on fait, sur chacune de ses faces, une entaille N (pl. VII, fig. 3) à section triangulaire telle que le cuir NO cloué sur les faces inclinées de ces entailles, et suffisamment large, dépasse le dessus du piston, 40 à 55 millimètres environ, et s'applique sur les parois du corps de pompe. Ce cuir,

de l'épaisseur de celui que l'on emploie aux semelles, doit
être d'une seule pièce et former autour du piston une sorte
de gobelet en pyramide tronquée.

Il est facile d'en tracer le développement à l'aide du des-
sin du piston et du corps de pompe, et l'on aura seulement
soin que la jonction des deux extrémités de ce développement
se fasse, non dans un angle, mais au milieu de l'une des faces
du piston.

M. de Valcourt ajoute que cette forme peut également
s'appliquer à un corps de pompe cylindrique et qu'alors le
cuir aura la forme d'un cône tronqué.

Ces pompes destinées aux travaux de la campagne doivent
ordinairement être manœuvrées par un seul homme, et par
conséquent il importe de les proportionner d'après la hauteur à laquelle on veut élever l'eau. A cet effet l'on rappellera
que l'effet utile du travail d'un homme agissant à l'aide d'un
levier à mouvement alternatif sur une semblable pompe et
pendant 8 heures de travail par jour, ne peut guère être
estimé à plus de 6$^{km}$ en 1$''$ ou 360$^{km}$ en 1$'$ en admettant des intermittences dans le travail et le piston devant donner environ
40 coups à la minute, le travail utile d'un coup mesuré par
le produit de l'eau élevée et de la hauteur d'élévation sera
au plus égal à $\dfrac{360}{40} = 90^{km}$.

En divisant ce produit par la hauteur d'élévation de l'eau
qui est donnée, on aura le volume d'eau à élever ou le volume à engendrer par coup de piston, et la vitesse d'un piston
devant être comprise entre 0$^m$,15 et 0$^m$,20, l'on voit que la
course G du piston qui en fait 40 en 60$''$ ou $\dfrac{2}{3}$ d'un par seconde, sera donnée par la relation

$$\frac{2}{3}G = 0^m,15 \quad \text{ou} \quad \frac{2}{3}G = 0^m,20,$$

d'où $\qquad G = \dfrac{0^m,45}{2} = 0^m,225 \quad \text{à} \quad G = 0^m,30.$

Les limites de la course étant fixées, en divisant le volume d'eau à élever par coup par cette valeur de la course, on aura la surface du piston, et la racine carrée de cette surface sera le côté du carré du piston.

EXEMPLE. Supposons qu'il s'agisse d'élever des eaux de purin ou d'épuisement à 4 mètres de hauteur au-dessus du niveau d'une fosse.

Le travail d'un coup étant estimé à $9^{km}$, le poids d'eau à élever par minute sera $\frac{9^{km}}{4^m} = 2^{kil},25$ ou $2^{lit},25$. Si la course est fixée à $0^m,25$, la vitesse du piston sera $0^m,25 \times \frac{40}{60} = 0^m,166$ en $1''$ à raison de 40 coups en $1'$. L'aire de section du piston sera donc $\frac{2^{lit},50}{1^{dec},66} = 1^{decq},35 = a^2$, ce qui donne pour le côté du piston $a = \sqrt{1^{dec},35} = 1^{dec},16$ soit $0^m,12$.

L'on construit aujourd'hui pour les épuisements beaucoup de pompes de ce genre, dont le corps est formé par un simple tuyau de fer blanc cylindrique et dont le piston est un cornet tronconique en cuir. Au bas du tuyau l'on adapte une soupape d'arrêt pour éviter qu'il ne se vide à chaque retour du piston. Quoique cette précaution ne soit pas indispensable, puisque le piston redescend à chaque coup au-dessous du niveau inférieur, ces pompes rendent de bons services. Il est prudent, quand elles sont en fer-blanc et qu'on est exposé à les placer dans une situation inclinée, de fixer le tuyau sur une pièce de bois pour éviter qu'il ne se fausse et ne se déchire.

Il convient de prolonger un peu au-dessous de la soupape d'arrêt le corps de pompe carré ou cylindrique, en le garnissant au bout d'une toile ou d'une plaque métallique percée de petits trous nombreux, pour éviter l'introduction des corps étrangers dans le corps de pompe. Souvent aussi on place cette extrémité dans un panier d'osier qui remplit l'effet d'un crible.

**168**. *Expériences sur les pompes à incendie*. — Les expériences sur ces pompes ont été faites de deux manières différentes : on les a d'abord essayées comme machines à élever l'eau en recevant le liquide dans un réservoir placé à des hauteurs de 3 mètres à 5 mètres environ, dans lequel on jaugeait le volume élevé et versé directement par un tuyau de cuir sans lance. Dans ce cas, l'effet utile de la pompe était estimé par le produit du poids de l'eau élevée et de la hauteur d'élévation.

Le second mode de comparaison a été mis en usage en armant le tuyau de sa lance et en recueillant le volume d'eau $Q^{mc}$ fourni par la pompe en $1''$. Le diamètre de l'orifice de la lance ayant été au préalable mesuré avec une grande exactitude au moyen d'un calibre qui donnait les dixièmes de millimètres, l'on a pu en déduire l'aire de l'orifice de sortie et calculer la vitesse moyenne de passage V par cet orifice en divisant le volume d'eau débité par l'aire du passage.

À l'aide de ces données, l'on a eu la valeur de la force vive $\dfrac{1000\,Q, V^2}{g}$, imprimée à l'eau par les pistons, et l'effet utile de cette pompe a été estimé par la moitié de cette quantité

$$\frac{1}{2}\frac{1000\,QV^2}{g} = 1000\,QH$$

en nommant H la hauteur due à la vitesse de sortie de l'eau et que l'on a désignée dans les tableaux comme la hauteur d'élévation.

*Comparaison de ces deux modes d'évaluation*. — L'on rappellera que dans chacun de ces modes de comparaison le travail consommé par les frottements propres de la pompe, dans sa marche à vide, entre comme une quantité constante à vitesse égale et assez considérable, en sorte que ce travail des résistances passives est dans une proportion d'autant plus grande avec le travail total, que ce dernier est plus faible. Par conséquent, le rendement ou l'effet utile de la pompe a dû être plus sensiblement diminué par cette cause, quand la pompe élevait l'eau à de faibles hauteurs, que quand elle la refoulait à de grandes vitesses correspondantes à des hauteurs d'élévation plus considérables.

L'on ne sera donc pas étonné de voir le rendement des pompes à incendie croître rapidement avec la vitesse de sortie ou avec le produit qu'elles fournissent. C'est d'ailleurs ce qui résulte des considérations théoriques exposées au numéro 35.

**169.** *Pompe à incendie aspirante et foulante de M. Carl Metz, de Heidelberg.* — Cette pompe à incendie est faite pour être manœuvrée par quatorze hommes. Elle est à deux cylindres, avec réservoir d'air. Ses proportions générales sont à peu près celles des pompes en usage en France. Le dessus des cylindres est fermé et la tige passe à travers une garniture, afin de permettre d'utiliser la course ascendante du piston pour fournir au besoin de l'air au pompier lors des feux de cave.

Les pistons sont des cylindres en bronze tournés et ajustés avec très-peu de soin et sans garnitures dans le corps de pompe alésé.

POMPE ASPIRANTE ET FOULANTE DE M. CARL METZ, DE HEIDELBERG, A INCENDIE, A DEUX PISTONS A SIMPLE EFFET.
Diamètre du corps de pompe, 0^m.135; course des pistons, 0^m.165; volume engendré par coup, 2^{lit},37.

| NUMÉROS des expériences. | NOMBRE de coups doubles en 1'. | VITESSE des pistons en 1". | VOLUME d'eau lancé en 1'. | VOLUME d'eau par coup double de piston. | RAPPORT du volume d'eau réel au volume engendré par le piston. | HAUTEUR d'élévation. | LONGUEUR du tuyau de refoulement. | DIAMÈTRE de la lance. | EFFET utile en 1". | TRAVAIL moteur en 1". | RENDEMENT de la pompe. | |
|---|---|---|---|---|---|---|---|---|---|---|---|---|
| | | m. | lit. | lit. | | m. | m. | mill. | km. | km. | | |
| | 35,5 | 0,097 | 163 | 4,59 | 0,975 | 2,700 | 8,20 | » | 7,30 | 27,2 | 0,270 | |
| | 46,0 | 0,126 | 212 | 4,60 | 0,978 | 2,700 | 8,20 | » | 9,55 | 33,8 | 0,283 | 0,378 |
| | 53,9 | 0,148 | 247,5 | 4,58 | 0,975 | 2,700 | 8,20 | » | 11,10 | 39,4 | 0,282 | |
| | 57,3 | 0,558 | 261 | 4,56 | 0,970 | 2,700 | 8,20 | » | 11,70 | 62,0 | 0,189 | |
| | 35,8 | 0,097 | 161 | 4,56 | 0,970 | 11,80 | » | 14,9 | 31,60 | 40,0 | 0,790 | |
| | 47,5 | 0,131 | 205 | 4,37 | 0,930 | 19,00 | » | 14,9 | 65,00 | 123,0 | 0,530 | le tuyau fuyait. |
| | 66,0 | 0,178 | 290 | » | » | 64,7 | 31 | 13,2 | 313,00 | 352,0 | 0,890 | |
| | 81,0 | 0,219 | 355 | » | » | 61,0 | 31 | 14,9 | 360,00 | 508,0 | 0,710 | |
| | | | | | 0,950 | | | | | | 0,800 | |

L'on remarquera que, dans les deux dernières expériences du tableau, le travail moteur, développé par seconde par chacun des quatorze hommes employés à la manœuvre, était de

$$\frac{352^{km}}{14} = 25^{km} \text{ et } \frac{508}{14} = 36^{km},$$

ce qui excède ce que l'on peut demander à un homme, même pendant un temps assez court.

Pour atteindre de grandes hauteurs, il faut donc, comme le fait d'ailleurs M. C. Metz, recourir à une lance d'un diamètre réduit.

**170.** *Pompe à incendie de M. Merry Weather, de Londres.* — Ces pompes, parfaitement exécutées et adoptées pour le service des pompiers de la ville de Londres, sont destinées à être manœuvrées par vingt-six hommes. Elles sont à clapets métalliques.

POMPE A INCENDIE ASPIRANTE ET FOULANTE DE M. MERRY WEATHER, DE LONDRES.

Diamètre des pistons, 0ᵐ.1785; course des pistons, 0ᵐ.188; volume engendré par les deux pistons, 9ᶫⁱᵗ.40.

| NUMÉROS des expériences. | NOMBRE de coups de piston en 1′. | VITESSE du piston en 1″. | VOLUME d'eau lancé en 1″. | VOLUME d'eau par coup de piston | RAPPORT du volume réel au volume engendré par le piston. | HAUTEUR d'élévation. | LONGUEUR du tuyau de refoulement. | DIAMÈTRE de la lance. | EFFET utile en 1″. | TRAVAIL moteur en 1″. | RENDEMENT de la pompe. | |
|---|---|---|---|---|---|---|---|---|---|---|---|---|
| | | m. | lit. | lit. | | m. | m. | mill. | k.m. | km. | | |
| | 25,8 | 0,081 | 220 | 8,51 | 0,910 | 4,33 | » | » | 15,9 | 53,4 | 0,298 | |
| | 29,1 | 0,091 | 258 | 8,89 | 0,940 | 4,34 | » | » | 18,7 | 59,1 | 0,315 | 0,347 |
| | 44,0 | 0,138 | 381 | 8,65 | 0,920 | 4,35 | » | » | 27,6 | 89,2 | 0,309 | |
| | 56,2 | 0,157 | 431 | 7,19 | 0,760 | 4,33 | » | » | 31,0 | 119,0 | 0,260 | |
| | 24,8 | 0,078 | 185 | 7,48 | 0,79 | 13,00 | 13,50 | 15,95 | 40,1 | 69,8 | 0,572 | |
| | 25,4 | 0,079 | 199 | 7,82 | 0,83 | 15,10 | 13,50 | 17,20 | 50,0 | 86,8 | 0,573 | |

Diamètre du tuyau de refoulement : 0ᵐ,060. — Section : 0ᵐᵠ,00284.

**171.** *Conséquences de ces expériences.* — L'on voit, par les résultats consignés dans le tableau précédent, que cette pompe élevant l'eau à une hauteur de $4^m,35$ environ et avec une vitesse de piston qui ne dépassait pas $0^m,138$ en $1''$, donnait un effet utile égal, en moyenne, à $0^m,307$ du travail dépensé par le moteur; ce qui est un peu supérieur au rendement de M. Metz, inférieur à celle de M. Tylor, et supérieur à celles de MM. Letestu et Flaud.

A la vitesse de $0^m,078$ en $1''$, et en fonctionnant à la lance, elle rend $0,572$ du travail moteur.

Le jeu de la pompe s'est arrêté quand on l'a fait fonctionner avec des eaux troubles.

**172.** *Pompe à incendie de M. Tylor* (Angleterre). — Cette pompe, assez bien construite, est destinée à être manœuvrée par vingt-six hommes ; mais son balancier n'est pas disposé d'une manière commode.

POMPE A INCENDIE DE M. TYLOR (ANGLETERRE), A DEUX CYLINDRES A SIMPLE EFFET, ASPIRANTE ET FOULANTE POUR 26 HOMMES.

Course du piston, 0$^m$,1984 ; volume engendré par course, 7$^{lit}$,84.

| NUMÉROS des expériences. | NOMBRE de coups doubles en 1'. | VITESSE des pistons en 1". | VOLUME d'eau élevé en 1". | VOLUME d'eau par coup de piston. | RAPPORT du volume réel au volume engendré par le piston | HAUTEUR d'élévation | LONGUEUR du tuyau de refoulement. | DIAMÈTRE de la lance. | EFFET utile en 1". | TRAVAIL moteur en 1". | RENDEMENT de la pompe. | |
|---|---|---|---|---|---|---|---|---|---|---|---|---|
| | | | | lit. | | m. | mill. | km. | km. | | | |
| | 15,00 | 0,049 | » | » | » | » | » | » | » | 2,64 | » | |
| | 28,00 | 0,093 | » | » | » | » | » | » | » | 6,52 | » | |
| | 32,00 | 0,106 | » | » | » | » | » | » | » | 8,56 | » | |
| | 23,20 | 0,076 | 179,00 | 7,56 | 0,96 | 4,953 | » | » | 14,8 | 31.2 | 0,475 | |
| | 23,55 | 0,078 | 174,85 | 7,42 | 0,95 | 5,005 | 7,90 | » | 14,6 | 35.0 | 0,418 | |
| | 35,15 | 0,116 | 226,50 | 6,44 | 0,82 | 5,005 | 7,90 | » | 18,9 | 57.3 | 0,329 | 0,391 |
| | 35,70 | 0,118 | 231,50 | 6,47 | 0,82 | 5,005 | 7,90 | » | 19,3 | 57.5 | 0,360 | |
| | 47,50 | 0,157 | 294,50 | 6,19 | 0,79 | 5,005 | 7,90 | » | 24,5 | 77.0 | 0,318 | |
| | 55,65 | 0,184 | 315,00 | 5,66 | 0,72 | 5,005 | 7,90 | » | 26,4 | 82.0 | 0,322 | |
| | 64,00 | 0,211 | 406,50 | 6,36 | 0,81 | 5,020 | 7,90 | » | 34,0 | 111.0 | 0,360 | |
| | 60,00 | 0.198 | 269,75 | 4,50 | 0,58 | 13,865 | 9,10 | 19,15 | 62,0 | 99.0 | 0,625 | 0,545 |
| | 74,00 | 0,244 | 317,00 | 4,29 | 0,55 | 14,600 | 9,10 | 19,15 | 77,0 | 166.0 | 0,465 | |

**173.** *Conséquences de ces expériences.* — Si l'on représente graphiquement les résultats des expériences faites sur la marche à vide de cette pompe, l'on reconnaît que le travail consommé par les frottements est à peu près proportionnel à la vitesse des pistons, et que pour la vitesse de $0^m,10$ par seconde il est d'environ $7^{km},10$.

Lorsque cette pompe a été employée à élever l'eau à 5 mètres environ de hauteur, son rendement a paru décroître à mesure que la vitesse augmentait, et tandis qu'il était de 0,446 en moyenne aux vitesses de $0^m,076$ et $0^m,078$, il n'a plus été que de 0,306 à la vitesse de $0^m,211$.

Cette dernière vitesse est un peu trop forte, en règle générale, mais la diminution très-sensible du rendement de la pompe doit être attribuée à la petitesse des passages et aux étranglements qu'éprouve la veine fluide. On remarque en même temps que le rapport du volume d'eau produit au volume engendré par le piston diminue aussi notablement quand la vitesse augmente ; ce qui tient aussi à ce qu'alors les soupapes ne jouent plus bien.

A la lance, la pompe a rendu 0,625 à la vitesse de $0^m,198$, et seulement 0,465 à celle de $0^m,244$.

Il convient aussi de remarquer que la vitesse de $0^m,198$ correspond à une hauteur de 20 mètres environ, et que l'eau projetée par la lance ne peut atteindre cette hauteur par suite de la résistance de l'air. Lors donc qu'il serait nécessaire de faire arriver l'eau plus haut, il faudrait augmenter la vitesse, par suite le volume d'eau lancé, si l'orifice restait le même, et enfin le travail moteur, déjà fort considérable pour le nombre d'hommes que l'on peut employer à une pompe.

Dans des cas pareils, il faudrait changer la lance et la remplacer par une autre d'un plus petit diamètre pour pouvoir lancer plus haut un jet moins abondant.

POMPE ASPIRANTE ET FOULANTE A INCENDIE, DE M. LETESTU, A DEUX PISTONS A SIMPLE EFFET.

Course des pistons, 0<sup>m</sup>,158 ; volume engendré par coup, 4<sup>lit</sup>.98

| NUMÉROS des expériences. | NOMBRE de coups doubles en 1'. | VITESSE des pistons en 1". | VOLUME d'eau lancé en 1". | VOLUME d'eau par coup de piston. | RAPPORT du volume d'eau réel au volume engendré par le piston. | HAUTEUR d'élévation. | LONGUEUR du tuyau de refoulement. | DIAMÈTRE de la lance. | EFFET utile en 1". | TRAVAIL moteur en 1". | RENDEMENT de la pompe. | |
|---|---|---|---|---|---|---|---|---|---|---|---|---|
| | | m. | lit. | lit. | | m. | m. | mill. | km. | km. | | |
| | 36,97 | 0,097 | 170,80 | 4,64 | 0,93 | 3,49 | 5 | » | 9,9 | 37,7 | 0,265 | |
| | 38,97 | 0,103 | 174,31 | 4,48 | 0,90 | 3,48 | 5 | » | 10,1 | 37,7 | 0,268 | 0,271 |
| | 43,04 | 0,113 | 198,20 | 4,61 | 0,93 | 3,49 | 5 | » | 11,5 | 39,6 | 0,292 | |
| | 59,78 | 0,158 | 268,00 | 4,46 | 0,89 | 3,50 | 5 | » | 15,6 | 60,0 | 0,260 | |
| | | | | | 0,91 | | | | | | | |
| | 43,00 | 0,113 | 178,00 | 4,16 | 0,83 | 25,25 | 70 | 13 | 81,0 | 222,0 | 0,365 | |
| | 48,50 | 0,127 | 205,00 | 4,22 | 0,85 | 16,55 | 70 | 16 | 56,0 | 200,0 | 0,280 | |
| | 48,65 | 0,128 | 206,00 | 4,24 | 0,85 | 35,85 | 5 | 13 | 123,0 | 277,0 | 0,540 | |
| | 49,30 | 0,130 | 204,00 | 4,15 | 0,84 | 26,65 | 5 | 14 | 90,5 | 192,0 | 0,470 | 0,452 |
| | 51,40 | 0,135 | 225,00 | 4,36 | 0,87 | 24,85 | 5 | 15 | 93,0 | 205,0 | 0,455 | |
| | 52,11 | 0,137 | 234,00 | 4,48 | 0,90 | » | 5 | 15 | » | » | » | |
| | 52,85 | 0,140 | 234,00 | 4,44 | 0,89 | 21,25 | 5 | 16 | 83,0 | 182,0 | 0,432 | |
| | | | | | 0,87 | | | | | | | |

**174.** *Conséquences de ces expériences.* — Les résultats consignés dans ce tableau montrent : 1° que cette pompe, élevant l'eau à la hauteur de 5 mètres, a donné un rendement moyen de 0,271 du travail moteur, tandis que dans les mêmes circonstances les pompes du système de la ville de Paris, à clapets métalliques, très-bien construites d'ailleurs par M. Flaud, n'ont fourni qu'un rendement de 0,194 ; 2° que pour des hauteurs d'élévation de 20 mètres à 35 mètres environ, le rendement moyen de cette pompe serait de 0,49 du travail moteur, sauf le cas où elle marchait à la vitesse de $0^m,127$, avec une lance de 16 millièmes de diamètre, dont la trop grande ouverture produisait une diminution de la vitesse, et par suite de l'effet utile.

Ces résultats obtenus avec la pompe foulante de ce constructeur sont supérieurs à ceux que j'avais constatés sur une pompe du même modèle en 1849, et qui n'avaient porté l'effet utile, avec la lance, qu'à 0,35 du travail moteur. Cette amélioration est due à une meilleure disposition des pistons et de leurs garnitures, qui permettent un passage plus libre du liquide, en même temps que les frottements sont diminués.

Le même constructeur fabrique un modèle de pompe aspirante et foulante plus spécialement destiné à la marine, et dont les pistons ont le même diamètre avec une course de 182 millièmes de course au maximum. Les essais faits sur ce modèle à l'occasion de l'exposition de 1849 sont consignés dans le rapport du jury, page 31.

« En aspirant l'eau claire dans un puits de 6 mètres de profondeur, par une traînée horizontale de 10 mètres de longueur, au moyen de tuyaux en cuir et en la refoulant dans un réservoir placé à 10 mètres au-dessus de la bâche, à la vitesse moyenne de cinquante-cinq coups en 1″, elle a fourni 248 litres en 1′. Sa marche a été régulière et d'une douceur remarquable : les chocs et les ébranlements qui se produisent dans les pompes à clapets métalliques ne se manifestèrent nullement dans celle-ci. Le rapport de

l'effet utile, mesuré par le produit du poids de l'eau élevée
et de la hauteur d'élévation au travail moteur, fourni par le
dynamomètre, ou ce qu'on est convenu de nommer le rendement, a été de 45 pour 100, résultat très-satisfaisant pour
une pompe de ce genre, et double de celui que l'on obtient
généralement avec les pompes dites des modèles de la ville
de Paris, de 125 millièmes de diamètre.

« Le rapport entre le volume d'eau débité et le volume
engendré par les pistons a été en moyenne égal à 0,843 à la
course de $0^m,167$ et à la vitesse de $0^m,152$ en $1''$. »

Essayés à la lance de 16 millièmes de diamètre, à la vitesse
de cinquante-cinq coups de balancier en $1'$, à la course de
$0^m,167$, elle a fourni 248 litres en $1'$, et son effet utile, mesuré par la moitié de la force vive, communiquée à l'eau, a
été trouvé égal à 0,45 du travail moteur.

Mais on doit remarquer que les frottements des pistons et
les autres résistances de cette pompe paraissent absorber
une portion notable du travail moteur.

Malgré cette supériorité sur les autres pompes françaises,
il y a lieu de remarquer que, par suite des frottements et
des autres résistances, l'effet utile de cette pompe, employée
à élever l'eau à de petites hauteurs, est très-inférieur à celui
de plusieurs pompes anglaises, et qu'il y a lieu de l'améliorer
sous ce rapport.

**175.** *Pompe de M. Perry*, de Montréal (Canada). — Dans
cette pompe, fort bien exécutée, les deux cylindres sont un
peu inclinés en dehors, afin de diminuer l'obliquité de la
tige par rapport au piston dans le mouvement du balancier.

Les résultats des expériences faites au Conservatoire des
arts et métiers, en 1855, sont consignés dans le tableau
suivant :

POMPE A INCENDIE A DEUX CORPS DE POMPE A SIMPLE EFFET, ASPIRANTE ET FOULANTE, DE M. PERRY,

DE MONTRÉAL (CANADA).

Diamètre du corps de pompe, 0m.129; course des pistons, 0m.299; volume engendré par coup, 7lit.82.

| NUMÉROS des expériences. | NOMBRE coups simples en 1'. | VITESSE des pistons en 1". | VOLUME d'eau lancé en 1". | VOLUME d'eau par coup de piston. | RAPPORT du volume réel au volume engendré par le piston. | HAUTEUR d'élé-vation. | EFFET utile. | TRAVAIL moteur en 1". | RENDEMENT de la pompe. | TRAVAIL moteur consommé par le frottement et par coup de piston. | LONGUEUR du tuyau de refoule-ment. | DIAMÈTRE de la lance. |
|---|---|---|---|---|---|---|---|---|---|---|---|---|
| | | mill. | lit. | lit. | | m. | k.m. | k.m. | | km. | m. | millim. |
| 1 | 33,00 | » | » | » | » | » | » | 10,9 | » | 19,8 ⎫ | » | » |
| 2 | 45,00 | » | » | » | » | » | » | 15,2 | » | 20,3 ⎬20,3 | » | » |
| 3 | 51,00 | » | » | » | » | » | » | 17,7 | » | 20,8 ⎭ | » | » |
| 4 | 43,80 | 0,219 | 315 | 7,19 | 0,92 | 2,94 | 15,4 | 53,5 | 0,287 ⎫ | » | 6,10 | » |
| 5 | 49,70 | 0,247 | 353 | 7,10 | 0,91 | 2,94 | 17,2 | 54,0 | 0,318 ⎬0,302 | » | 6,10 | » |
| 6 | 21,90 | 0,109 | 154 | 7,01 | 0,89 | 8,35 | 21,4 | 56,8 | 0,378 ⎭ | » | 70,00 | 16 |
| 7 | 24,20 | 0,121 | 180 | 7,45 | 0,95 | 11,45 | 34,4 | » | » | » | 70,00 | 16 |

**176.** *Conséquences des résultats précédents.* — Les chiffres consignés dans le tableau ci-dessus montrent : 1° que le frottement des pistons et des autres parties mobiles de cette pompe consomment en moyenne un travail moteur de $20^{km},3$ par coup de piston, c'est-à-dire aux $\frac{2}{5}$ du travail moteur total employé pour élever l'eau à $2^m,94$ de hauteur ; 2° qu'à la vitesse de 43,8 à 49,7 coups en 1', et quand la pompe n'élève l'eau qu'à $2^m,94$, son rendement est environ 0,30 du travail moteur ; 3° que le rendement croît avec la hauteur à laquelle on élève l'eau, et s'élève à 0,38 environ pour la hauteur de $8^m,35$, malgré l'augmentation de longueur des tuyaux et le surcroît de résistance qui en résulte. C'est d'ailleurs ce qu'il est facile de s'expliquer, comme nous l'avons dit plus haut, puisque le travail des frottements propres de la machine ne croît pas en proportion de la longueur des tuyaux dans cette pompe, dont les pistons ont une garniture d'étoupe, et d'une autre part, la vitesse de marche de la machine a été, dans ce cas, réduite à moitié, et que, par conséquent, les pertes de force vive aux passages ont été bien inférieures à ce qu'elles étaient dans les expériences 4 et 5, où la pompe élevait un volume à peu près double à une vitesse aussi presque double. Ce qui confirme qu'il y a grand avantage à diminuer la vitesse des pistons, et montre que, pour élever plus d'eau, il faut bien mieux accroître le diamètre des pistons qu'augmenter leur vitesse.

POMPE A INCENDIE A DEUX CORPS DE M. FLAUD, DE PARIS, A DEUX PISTONS A SIMPLE EFFET, FOULANTE.

Diamètre du corps de pompe, 0ᵐ.1257; course des pistons, 0ᵐ.2485; volume engendré par coup, 6ˡⁱᵗ.11.

| NUMÉROS des expériences. | NOMBRE de coups doubles en 1'. | VITESSE des pistons en 1". | VOLUME d'eau lancé en 1'. | VOLUME d'eau par coup de piston. | RAPPORT du volume réel au volume engendré par le piston. | HAUTEUR d'élévation. | LONGUEUR du tuyau de refoulement. | DIAMÈTRE de la lance. | EFFET utile en 1". | TRAVAIL moteur en 1". | RENDEMENT de la pompe. |
|---|---|---|---|---|---|---|---|---|---|---|---|
| | | | lit. | lit. | | m. | m. | mill. | km. | km. | |
| 1 | 3,09 | 0,128 | 173 | 5,58 | 0,913 | 13,50 | 70 | 15 | 39,0 | » · | » |
| 2 | 3,89 | 0,160 | 217 | 5,57 | 0,912 | 16,55 | 70 | 16 | 60,0 | 179,0 | 0,334 |
| 3 | 4,52 | 0,187 | 253 | 5,59 | 0,915 | 3,32 | 5 | » | 14,0 | 67,0 | 0,209 |
| 4 | 4,56 | 0,188 | 257 | 5,62 | 0,920 | 3,32 | 5 | » | 14,2 | 75,0 | 0,189 }0,194 |
| 5 | 4,78 | 0,198 | 269 | 5,71 | 0,935 | 3,32 | 5 | » | 14,8 | 81,0 | 0,183 |

Les résultats de cette expérience montrent que cette pompe
ne rend en moyenne, aux faibles vitesses de $0^m,191$ en $1''$,
que $0,194$ du travail moteur dépensé, lorsqu'elle n'élève
l'eau qu'à $3^m,32$. Quand la hauteur d'élévation est plus grande
et la vitesse plus petite, le rendement s'accroît, parce que
l'influence des frottements constants est proportionnellement
moindre, et que les pertes de force vive sont moindres.

Dans des expériences faites en 1849, à l'occasion de l'exposition, une pompe du même modèle, élevant l'eau à $10^m,00$
de hauteur, avait donné un rendement de $0,33$ du travail
moteur, résultat identique avec celui qui a été obtenu en
1855. Il y a lieu de croire que les passages de l'eau sont trop
petits dans ces pompes et qu'ils donnent lieu à des étranglements et à des pertes de force vive que l'on pourrait diminuer.

**177.** *Pompes à double piston dans un seul corps.* — L'idée
de placer dans un même corps de pompe deux pistons de
diamètres différents, avec une seule tige, ou de diamètres
égaux ou à peu près égaux, avec deux tiges séparées, est déjà
fort ancienne. On trouve dans le *Theatrum machinarum*, de
Leupold, la description d'un système de ce genre, dans lequel deux pistons de diamètres différents, ordinairement
calculés de façon que la surface du plus grand soit double
de celle du plus petit, étaient mus par une même tige.

Il existe depuis longues années, au Conservatoire, une
pompe d'arrosage à deux pistons et à deux tiges, qui est représentée pl. VII, fig. 8. Les deux pistons marchent en sens
contraire, et l'on voit que dans la période indiquée par les
flèches, le piston inférieur, en s'élevant, produit au-dessous
l'aspiration et au-dessus un refoulement qui ouvre la soupape du piston supérieur, lequel est une sorte de fourreau
enveloppant le piston inférieur. Ce piston supérieur, en descendant, diminue encore l'espace qui le sépare de l'autre et
l'eau est chassée dans le tuyau de refoulement.

Dans la période inverse, l'aspiration cesse, les pistons s'écartent, l'espace qui les sépare se remplit par l'ouverture de la soupape du piston inférieur, tandis que la soupape du piston supérieur se ferme et détermine le refoulement de l'eau dans le même sens.

Par suite de cette disposition, l'aspiration est intermittente, tandis que le refoulement est continu dans le même sens, ce qui est important pour les pompes d'arrosage ou pour celles qui sont destinées aux incendies.

M. Faivre a construit une pompe qui, par le volume donné à la tige du piston principal, est en réalité une pompe à deux pistons et à une seule tige. Elle est décrite dans le septième volume de la publication industrielle de M. Armengaud, et représentée pl. VII, fig. 9.

L'on voit facilement, à l'inspection de la figure, que la tige du piston principal fait fonction de piston plongeur et sa section transversale ayant une aire moitié moindre que celle du corps de pompe, l'on comprend de suite que, soit dans la montée, soit dans la descente, le volume d'eau refoulée est le même et égal à la moitié de celui qui a été aspiré dans une course simple.

L'aspiration est donc intermittente et le refoulement continu.

Ce dispositif est évidemment préférable au précédent.

M. Hubert, habile ingénieur hydraulicien, construit aussi des pompes à deux pistons, marchant en sens contraire. Les figures 10 et 11, pl. VII, et les explications précédentes, suffiront pour en faire comprendre le jeu.

M. Perrin, constructeur de Besançon, a exposé en 1856 une pompe analogue, mais dans laquelle le petit piston forme une cloche à air, servant de régulateur au jet. C'est en cela que cette pompe présente quelque chose de neuf, car la disposition fondamentale de la construction est connue depuis longtemps, comme on vient de le voir.

Des expériences dynamométriques faites sur cette pompe au Conservatoire des arts et métiers, ont donné les résultats contenus dans le tableau suivant :

POMPE A INCENDIE DE M. PERRIN, A BESANÇON, A UN SEUL CORPS DE POMPE ET A DEUX PISTONS, A DOUBLE EFFET.

Diamètre du grand piston, 0ᵐ,199; course des pistons, 0ᵐ,1715; volume engendré par coup, 5ˡⁱᵗ,32.

| NUMÉROS des expériences. | NOMBRE de coups doubles en 1'. | VITESSE des pistons en 1". | VOLUME d'eau lancé en 1'. | VOLUME d'eau par coup de piston. | RAPPORT du volume réel au volume engendré par le piston. | HAUTEUR d'élévation. | LONGUEUR du tuyau de refoulement. | DIAMÈTRE de la lance. | EFFET utile en 1". | TRAVAIL moteur en 1". | RENDEMENT de la pompe. |
|---|---|---|---|---|---|---|---|---|---|---|---|
| | | m. | lit. | lit. | | m. | m. | mill. | km. | km. | |
| 1 | 33,42 | 0,095 | 163,0 | 4,85 | 0,91 | 9,50 | 70 | 16 | 25,7 | 121,0 | 0,214 |
| 2 | 34,73 | 0,099 | 175,5 | 5,05 | 0,95 | 14,10 | 70 | 15 | 41,0 | 142,0 | 0,288 |
| 3 | 43,32 | 0,121 | 206,0 | 4,88 | 0,91 | 3,34 | 5 | » | 11,5 | 69,5 | 0,165 |
| 4 | 51,80 | 0,148 | 248,0 | 4,81 | 0,90 | 3,34 | 5 | » | 13,8 | 95,0 | 0,145 |

Les résultats de ces expériences montrent que cette pompe donne lieu à des pertes considérables de travail moteur par suite du frottement de ses deux pistons, dont le contour a un grand développement, ce qui est un défaut commun à tous les dispositifs de ce genre et doit les faire rejeter. Une perte de travail notable est due probablement aussi aux pertes de force vive à travers des passages trop petits. L'on voit enfin que l'effet utile décroît rapidement à mesure que la vitesse des pistons augmente, et qu'à la vitesse de $0^m,095$ pour les pistons, il n'est guère que $0,21$ du travail moteur.

POMPE A INCENDIE, ASPIRANTE ET FOULANTE, A UN SEUL CORPS A DOUBLE EFFET, DE M. LEMOINE, DE QUÉBEC,

MANŒUVRÉE PAR 40 HOMMES.

Diamètre du cylindre, 0$^m$,160; course du piston, 0$^m$,3632; volume engendré par coup, 14$^{lit}$,39.

| NUMÉROS des expériences. | NOMBRE de coups doubles en 1'. | VITESSE des pistons en 1". | VOLUME d'eau élevé en 1'. | VOLUME d'eau par coup de piston. | RAPPORT du volume réel au volume engendré par le piston. | HAUTEUR d'élévation. | LONGUEUR du tuyau de refoulement. | DIAMÈTRE de la lance. | EFFET utile en 1". | TRAVAIL moteur en 1". | RENDEMENT de la pompe. | |
|---|---|---|---|---|---|---|---|---|---|---|---|---|
| | | m. | lit. | | | m. | m. | | km. | km. | | |
| 1 | 14,50 | 0,087 | 196,0 | 13,67 | 0,94 | 14,40 | 12,30 | » | 10,4 | 71,0 | 14,7 | |
| 2 | 14,50 | 0,087 | 196,7 | 13,57 | 0,94 | 14,50 | 12,30 | » | 11,3 | 69,0 | 16,4 | 0,175 |
| 3 | 22,30 | 0,135 | 305,5 | 13,67 | 0,94 | 22,30 | 7,50 | » | 16,8 | 76,7 | 21,9 | |
| 4 | 33,65 | 0,204 | 454,0 | 13,55 | 0,93 | 33,65 | 7,50 | » | 27,0 | 168,0 | 16,1 | |
| | | | | | 0,94 | | | | | | 0,175 | |

**178.** *Conclusions relatives aux pompes à incendie.* — De l'ensemble des expériences précédentes il résulte que, sous le rapport du rendement, on peut classer les pompes à incendie, expérimentées en 1855, au Conservatoire, dans l'ordre suivant :

POMPES EMPLOYÉES A ÉLEVER L'EAU A DES HAUTEURS DE 3ᵐ,00 A 5ᵐ,00.

| NOMS DES CONSTRUCTEURS. | RAPPORT des volumes engendrés aux volumes d'eau élevés. | RENDEMENT ou rapport de l'effet utile au travail moteur. |
|---|---|---|
| Merry Weather................. | 0,920 | 0,397 |
| Tylor......................... | 0,887 | 0,391 |
| Perry......................... | 0,910 | 0,302 |
| Carl Metz..................... | 0,974 | 0,278 |
| Letestu....................... | 0,910 | 0,271 |
| Flaud......................... | 0,920 | 0,194 |
| Perrin........................ | 0,900 | 0,155 |

POMPES EMPLOYÉES A PROJETER L'EAU AVEC LA LANCE.

| NOMS DES CONSTRUCTEURS. | RAPPORT des volumes engendrés aux volumes d'eau élevés. | RENDEMENT ou rapport de l'effet utile au travail moteur. |
|---|---|---|
| Carl Metz..................... | 0,950 | 0,800 |
| Merry Weather................. | 0,810 | 0,573 |
| Tylor......................... | 0,565 | 0,545 |
| Letestu....................... | 0,870 | 0,452 |
| Perry......................... | 0,910 | 0,378 |
| Flaud......................... | 0,912 | 0,334 |
| Perrin........................ | 0,950 | 0,288 |
| Lemoine, de Québec........... | 0,900 | 0,175 |

**179.** *Pompe jumelle de M. Stolz.* — Sous le nom de pompe jumelle, ce constructeur a disposé une pompe à deux corps, qui sont en communication continue l'un avec l'autre, et qui jouit de la propriété que dans l'aspiration comme dans le refoulement, l'eau marche toujours dans le même sens, ce qui en rend le mouvement continu et diminue beaucoup les chocs qui, dans les pompes ordinaires. se produisent souvent au moment où le mouvement des pistons change de sens.

L'appareil (pl. VII, fig. 12) se compose de deux corps de pompe, A et B, lesquels marchent dans des directions constamment opposées et d'un mouvement alternatif, deux pistons C et D, munis de clapets, E et F, s'ouvrant de bas en haut. L'eau aspirée en G suit dans son mouvement d'ascension le piston C, dont la soupape à clapet est fermée. En même temps, l'eau refoulée par le même piston passe par le conduit H pour arriver dans le corps de pompe B, traverse le piston D, qui descend dont la soupape s'ouvre, gagne la capacité I, qui forme réservoir, et arrive à l'orifice d'évacuation K.

Dans la période suivante de mouvement, le piston D, en remontant, produit l'aspiration, et est suivi par l'eau qui est dans le conduit H et au-dessus du piston C, dont la soupape s'ouvre par l'action de l'eau qui afflue par l'orifice G.

L'on voit par cette description et par l'examen de la figure que l'eau marche effectivement toujours dans le même sens et que les seules soupapes indispensables sont celles des pistons qu'il est facile de visiter.

La suppression du changement de direction dans le mouvement de l'eau permet de faire marcher ces pompes plus rapidement que les autres, ce qui peut offrir des avantages particulièrement pour les pompes à incendie.

Les circuits assez nombreux que l'eau doit parcourir doivent donner lieu à des pertes de force vive qui diminuent un peu l'avantage que le constructeur à eu en vue.

Nous ne possédons pas de résultats d'expériences sur le rendement de ce modèle de pompes.

### Pompes d'épuisement.

**180.** *Pompes d'épuisement de M. Denizot.* — Ce constructeur, dont les ateliers sont établis à Nevers, avait présenté à l'exposition universelle de 1855, une pompe d'épuisement à deux cylindres à simple effet, qui avait été soumise au Conservatoire à des expériences dynamométriques pour en constater le rendement. Ces essais avaient fait reconnaître que pour des hauteurs d'élévation de 2$^m$,25 à 2$^m$,35 seulement, cette pompe donnait un effet utile égal à 0,515 du travail moteur; résultat déjà très-favorable pour ce genre de pompe élevant l'eau à une si faible hauteur.

Depuis, M. Denizot a présenté à la Société d'encouragement une nouvelle pompe destinée au même usage et dans laquelle il a introduit des perfectionnements notables.

Cette pompe tout entière en tôle étamée (pl. VIII, fig. 1) a deux corps de 0$^m$,45 de diamètre et de 0$^m$,93 de hauteur, contenant chacun un cylindre fixe de 0$^m$,25 de diamètre sur 0$^m$,42 de hauteur, muni à sa partie supérieure d'une garniture conique en cuir maintenue par deux brides et dont le bord est destiné à former joint avec une cloche mobile qui recouvre et enveloppe le cylindre fixe. Cette cloche a 0$^m$,40 de diamètre intérieur et elle enveloppe la garniture en cuir. Elle est percée à sa partie supérieure d'un orifice de 0$^m$,17 de diamètre recouvert par un clapet incliné à 25 centimètres à l'horizon.

Cette pompe a des orifices larges et bien proportionnés à l'exception du tuyau d'aspiration qui paraît un peu trop petit.

Elle offre de grands espaces nuisibles et a besoin d'être amorcée, surtout dès qu'il s'agit d'aspirer à des hauteurs notables, ce qui, d'ailleurs, n'est pas le cas des pompes d'épuisement.

La disposition de cette machine permet aux corps étrangers d'un certain volume de traverser les orifices sans que le jeu en soit interrompu, condition nécessaire pour le service auquel elle est destinée.

Les expériences faites au Conservatoire des arts et métiers ont fourni les résultats consignés dans le tableau suivant :

NOUVELLE POMPE D'ÉPUISEMENT DE M. DENIZOT, DE NEVERS.

Diamètre des pistons, 0ᵐ,40; course des pistons, 0ᵐ,173; volume engendré
par course des pistons, 0ᵐ,0217.

| NUMÉROS des expériences | NOMBRE de coups doubles en 1'. | VITESSE des pistons en 1''. | VOLUME d'eau élevé en 1'. | VOLUME d'eau élevé par coup de piston. | RAPPORT du volume réel au volume engendré par le piston. | HAUTEUR d'élévation. | EFFET UTILE EN 1'. | TRAVAIL MOTEUR en 1''. | RENDEMENT. |
|---|---|---|---|---|---|---|---|---|---|
| | | m. | | lit. | | m. | km. | km. | |
| 1 | 17 | 0,097 | 673,54 | 19,81 | 0,91 | 4,70 | 52,73 | 74,42 | 0,708 |
| 2 | 20 | 0,115 | 777,20 | 19,43 | 0,90 | 4,70 | 51,74 | 78,08 | 0,663 |
| 3 | 17,5 | 0,100 | 716,80 | 20,48 | 0,94 | 4,70 | 54,54 | 76,83 | 0,710 |
| 4 | 19 | 0,110 | 764,37 | 20,11 | 0,92 | 4,70 | 53,57 | 77,85 | 0,688 |
| | | | | | 0,92 | | | | 0,692 |

**181.** *Conséquences des résultats contenus dans le tableau précédent.* — Ces résultats montrent que cette pompe bien proportionnée, dans laquelle l'on a atténué autant que possible
les frottements par l'emploi d'un cuir flexible pour garniture,
dont les orifices laissent passer les corps étrangers qui se
rencontrent souvent dans les épuisements, fournit un rendement égal à 0,69 du travail moteur même en n'élevant
l'eau qu'à 4ᵐ,70 et que le volume d'eau qu'elle fournit est
égal à environ 0,92 du volume engendré par la cloche mobile qui fait fonction de piston.

Cette pompe doit donc être classée au premier rang de
celles que nous avons eu l'occasion d'expérimenter.

**182.** *Pompe d'épuisement de M. Delpech, de Castres* (pl. VIII,
fig. 2 et 3).—Cette pompe est aspirante et foulante et à double
effet. Elle se compose d'un corps vertical en cuivre, en communication constante aux deux extrémités de la course du
piston avec une boîte à eau ou bâche fermée, qui elle-même
communique avec une boîte latérale dans laquelle sont disposées toutes les soupapes. La bâche est partagée en deux
chambres au milieu de sa longueur par un diaphragme per-

pendiculaire à l'axe de la tige du piston, et la boîte à eau
contient quatre compartiments distincts et renferme autant
de siéges pour le même nombre de soupapes sphériques métalliques ou formées par des boules de caoutchouc vulcanisé,
creuses et remplies de grenaille de plomb pour les lester.

Les deux soupapes ou boulets qui communiquent avec la
même chambre du cylindre et avec la même face du piston
sont placés l'un au-dessus de l'autre, de telle sorte que le
boulet inférieur communique avec l'aspiration et le boulet
supérieur avec le tuyau de refoulement. Les soupapes qui
sont en rapport avec l'autre chambre du cylindre ou l'autre
face du piston, sont disposées d'une manière analogue et la
partie de chaque compartiment de la boîte à eau qui est
comprise entre ses deux soupapes est toujours en communication avec le côté correspondant du cylindre ou de la bâche.

Le volume total de l'eau contenue à un moment donné
dans la bâche, dans le cylindre et dans la boîte à eau étant
beaucoup plus considérable que celui du cylindre seul, on
comprend qu'une partie seulement du liquide aspiré parvient
jusqu'au corps de pompe, ce qui donne à cet appareil la
propriété de pouvoir fonctionner avec des eaux très-limo-
neuses ou très-chargées de corps étrangers sans qu'ils pénè-
trent dans le cylindre qui est dès lors à l'abri des détériora-
tions que produit le passage de ces matières dans d'autres
pompes.

On voit par cette description que cette pompe offre par
son ensemble et surtout par la disposition du cylindre et du
corps de pompe, une grande analogie avec les pompes élévatoires à double effet employées par MM. Cordier père et fils,
dans les machines hydrauliques de Genève, d'Angoulême, etc.,
avec les pompes à air ou à eau horizontales construites par
MM. Cail et Cie et avec celles de MM. Japy (pl. VIII, fig. 5.)

Quoi qu'il en soit, la disposition générale adoptée par
M. Delpech est ingénieuse, et les expériences, dont il va être
rendu compte, ont montré que les résultats obtenus étaient
satisfaisants.

Les dimensions principales de la pompe essayée étaient les suivantes :

Diamètre du corps de pompe. . . . . . . . . . . . . . .   0$^m$,300

Course du piston. . . . . . . . . . . . . . . . . . . . . . .   0$^m$,194

Diamètre des boulets. . . . . . . . . . . . . . . . . . . .   0$^m$,160

Poids d'un boulet. . . . . . . . . . . . . . . . . . . . .   4$^{kil}$,300

Diamètre des passages au siége des boulets. . . .   0$^m$,120

Rapport entre l'aire des sections du passage et
l'aire du piston. . . . . . . . . . . . . . . . . . . . . . . . .   0$^m$,162

Les résultats des expériences sont consignés dans le tableau suivant :

POMPE D'ÉPUISEMENT DE M. DELPECH, DE CASTRES, A UN SEUL
CYLINDRE, A DOUBLE EFFET.

Diamètre du piston, 0$^m$,300 ; course du piston, 0$^m$,194 ; volume engendré par course du piston, 27$^{lit}$,009 ;

| NUMÉROS des expériences. | NOMBRE de coups doubles en 1'. | VITESSE des pistons en 1". | VOLUME d'eau élevé en 1'. | VOLUME d'eau élevé par coup de piston. | RAPPORT du volume réel au volume engendré par le piston. | HAUTEUR d'élévation. | EFFET UTILE EN 1'. | TRAVAIL MOTEUR en 1". | RENDEMENT. de la pompe. |
|---|---|---|---|---|---|---|---|---|---|
| | | m. | lit. | lit. | | m. | km. | km. | |
| 1 | 14,30 | 0,046 | 361,00 | 25,27 | 0,936 | 3,413 | 20,10 | 30,28 | 0,665 |
| 2 | 19,28 | 0,062 | 466,00 | 24,40 | 0,902 | 3,480 | 26,21 | 45,50 | 0,577 |
| 3 | 21,61 | 0,069 | 525,00 | 24,31 | 0,900 | 2,871 | 24,04 | 44,20 | 0,545 |
| 4 | 23,67 | 0,075 | 573,00 | 24,85 | 0,900 | 2,882 | 26,15 | 48,30 | 0,544 |
| 5 | 28,50 | 0,092 | 686,00 | 24,07 | 0,891 | 3,037 | 32,49 | 72,50 | 0,448 |
| | | | | | 0,926 | | | | 0,556 |

**185.** *Conséquences des résultats précédents.*—Les chiffres consignés dans ce tableau montrent que le produit en eau de cette pompe est d'environ 0,90 du volume engendré par son piston et que son effet utile s'élève aux faibles vitesses à 0,60 et plus du travail moteur dépensé.

Ce résultat joint à la propriété constatée qu'a cette pompe

de laisser passer les corps étrangers par ses soupapes sans que son jeu en soit troublé, la placent au rang des meilleures pompes d'épuisement.

L'emploi des soupapes sphériques creuses en caoutchouc vulcanisé remplies de grenaille de plomb, dont l'invention ne paraît pas appartenir exclusivement à M. Delpech, évite les chocs et les ébranlements qui en sont la conséquence, en même temps qu'il permet une fermeture suffisamment hermétique des orifices, quand il se trouve momentanément sur le siége quelque corps étranger.

Ces soupapes sont, il est vrai, sujettes à se dégrader, mais elles sont faciles à remplacer quand on a eu la précaution nécessaire de s'en procurer de rechange.

**184.** POMPE D'ÉPUISEMENT DE M. LETESTU, A DEUX PISTONS.

Diamètre du corps de pompe, $0^m.4033$; course des pistons, $0^m,189$ à $0^m,130$; volume engendré par coup, $0^m,1895$ pour les trois premières expériences, $0^m,1305$ pour les quatre dernières expériences (pl. VII, fig. 6).

| NUMÉROS des expériences. | NOMBRE de coups doubles en 1". | VITESSE des pistons en 1". | VOLUME d'eau élevé en 1'. | VOLUME d'eau élevé par coup de piston. | RAPPORT du volume réel au volume engendré par le piston. | HAUTEUR d'élévation. | EFFET UTILE EN 1'. | TRAVAIL MOTEUR en 1". | RENDEMENT de la pompe. |
|---|---|---|---|---|---|---|---|---|---|
| | | m. | lit. | lit. | | m. | km. | km. | |
| 1 | 8,09 | 0,0306 | 361,86 | 44,73 | 0,920 | 2,400 | 25,9 | 14,48 | 0,559 |
| 2 | 11,80 | 0,0373 | 525,50 | 44,53 | 0,922 | 2,396 | 39,5 | 20,96 | 0,532 |
| 3 | 13,59 | 0,0515 | 610,19 | 44,90 | 0,945 | 2,400 | 52,0 | 24,50 | 0,473 |
| | | | | | 0,929 | | | | 0,513 |
| 4 | 12,70 | 0,0275 | 385,0 | 30,35 | 0,938 | 2,295 | 29,3 | 55,00 | 0,503 |
| 5 | 13,70 | 0,0298 | 418,0 | 30,50 | 0,945 | 2,315 | 31,95 | 55,50 | 0,505 |
| 6 | 18,70 | 0,0387 | 572,0 | 30,72 | 0,950 | 2,305 | 22,0 | 46,85 | 0,472 |
| 7 | 21,20 | 0,0462 | 655,0 | 30,90 | 0,955 | 2,320 | 25,35 | 55,92 | 0,454 |
| | | | | | 0,947 | | | | 0,484 |

*Conséquences de ces expériences.* —Ces deux séries d'expériences montrent que le volume d'eau réellement élevé est environ 0,93 à 0,95 du volume engendré par les pistons,

ce qui est un résultat d'autant plus favorable qu'il est obtenu
à des vitesses assez faibles.

On remarquera que dans chacune des deux séries l'effet
utile paraît être d'autant plus grand que la vitesse du piston
est plus faible; ce qui est d'ailleurs parfaitement rationnel. Il
semble aussi, à vitesse égale, que le rendement de la pompe
est plus favorable aux grandes courses qu'aux petites, ce qui
conduirait à conclure que, pour augmenter le produit des
pompes, il faut accroître le diamètre et la course des pistons
et ne leur laisser prendre que de faibles vitesses.

Le rendement moyen de la première série a été de 0,513
et celui de la deuxième de 0,483; résultats favorables surtout
si l'on a égard à la faible élévation de l'eau et à l'influence
relativement très-grande du travail consommé par les frottements constants pour une aussi petite hauteur d'élévation.

**185.** *Pompe d'épuisement de M. Nillus, du Havre.* — Cette
pompe est du système connu depuis longtemps sous le nom
de pompe des prêtres. M. Nillus a cherché à en améliorer la
construction en donnant au siége fixe, contre lequel vient
s'appuyer le cuir dans son mouvement d'élévation et d'abaissement, des contours convenablement arrondis pour conserver à ce cuir sa flexibilité le plus longtemps possible.

Cette pompe convient pour aspirer l'eau à des profondeurs
modérées et elle fonctionne assez bien avec des eaux troubles
et même chargées de sable.

Le diamètre du cuir qui remplace le piston est de $0^m,600$.
Celui du clapet que porte ce cuir est de $0^m,145$ et le diamètre
du tuyau d'aspiration est de $0^m,170$.

POMPE D'ÉPUISEMENT DE M. NILLUS JEUNE, DU HAVRE, ASPIRANTE
A DEUX CYLINDRES.

| NUMÉROS des expériences. | NOMBRE de coups doubles en 1'. | VITESSE des pistons en 1". | VOLUME d'eau élevé en 1'. | VOLUME d'eau élevé par coup de piston. | RAPPORT du volume réel au volume engendré par le piston. | HAUTEUR d'élévation. | EFFET UTILE EN 1'. | TRAVAIL MOTEUR en 1". | RENDEMENT de la pompe. |
|---|---|---|---|---|---|---|---|---|---|
| | | m. | lit. | | | m. | km. | km. | |
| 1 | 14,90 | 0,625 | 678,00 | » | » | 2,45 | 27,6 | 53,5 | 0,515 |
| 2 | 15,90 | 0,667 | 672,00 | » | » | 2,45 | 27,4 | 58,0 | 0,472 |
| 3 | 17,66 | 0,745 | 746,66 | » | » | 2,45 | 30,5 | 59,0 | 0,518 |
| 4 | 26,30 | 1,110 | 116,00 | » | » | 2,45 | 47,2 | 109,0 | 0,433 |

0,502

**186.** *Conséquences des expériences.* — Il résulte des expériences consignées dans le tableau précédent, que tant que la vitesse de la tige, qui conduit le cuir, ne dépasse pas $0^m,75$ en 1", l'effet utile de cette pompe élevant l'eau à $2^m,45$ de profondeur, est en moyenne de 0,502; résultat à peu près identique avec ceux qui ont été obtenus des pompes de M. Letestu et de M. Denizot.

**187.** *Conclusions générales relatives aux pompes d'épuisement.* — De l'ensemble de ces expériences l'on peut conclure les résultats moyens suivants, pour la comparaison des diverses pompes d'épuisement expérimentées au Conservatoire des arts et métiers à l'occasion de l'exposition de 1855.

| NOMS DES CONSTRUCTEURS. | RAPPORT des volumes engendrés aux volumes d'eau élevés. | RENDEMENT ou rapport de l'effet utile au travail moteur. |
|---|---|---|
| Delpech........................ | 0,926 | 0,556 |
| Denizot........................ | 0,930 | 0,690 |
| Letestu......... ............ | 0,940 | 0,500 |
| Nillus (Junior) ................. | | 0,502 |

# COMPARAISON DES POMPES A BALANCIER
## ET DES POMPES A MANIVELLE.

**188.** *Expériences comparatives sur l'emploi des hommes aux pompes à balancier ou à manivelle, par M. Chavés.* — Le mode d'application du travail de l'homme au mouvement des pompes paraît avoir sur l'effet utile obtenu une influence beaucoúp plus grande qu'on ne le suppose généralement, et l'on s'exposerait à de graves erreurs si l'on ne tenait pas compte de cette influence dans la comparaison des divers appareils que l'on peut avoir à examiner.

L'on doit à M. Chavés, ingénieur civil, des observations qui mettent hors de doute l'avantage que présente l'emploi du mouvement de rotation continu produit à l'aide de manivelles, sur l'usage des balanciers à mouvement alternatif.

Les machines qu'il a expérimentées étaient des pompes à balancier et des pompes à manivelle. Les hommes, dans leur journée de dix heures, travaillaient par intermittences d'un quart d'heure, c'est-à-dire qu'après avoir travaillé un quart d'heure, ils se reposaient pendant le même temps, pour recommencer ensuite. Ils ne fournissaient ainsi réellement que cinq heures de travail utile.

Toutes les pompes essayées étaient d'un petit modèle et leurs pistons avaient des diamètres compris entre $0^m,07$ et $0^m,12$ de diamètre, et des courses de $0^{mi},18$ à $0^m,25$.

L'on observait pour chaque pompe les volumes d'eau élevés et les hauteurs d'élévation. L'effet utile de la pompe était le produit de ces deux nombres.

De l'ensemble de ses expériences, M. Chavés a conclu que sur des pompes des proportions indiquées ci-dessus, l'effet utile mesuré en eau élevée par un homme, dans une journée de dix heures, est avec

une pompe à balancier................. 75000 km.

une pompe à volant et à manivelle.... 142000.

Ce qui indique l'avantage considérable du mouvement de rotation sur le mouvement alternatif.

Ces quantités de travail rapportées à la seconde donnent pour le travail moyen utile obtenu d'un homme, dans une journée de dix heures,

avec une pompe à balancier............... $2^{km},08$

une pompe à volant et à manivelle........ 3 ,95.

Mais les hommes n'ayant réellement travaillé que cinq heures, ils ont fourni pendant chaque seconde de leur travail effectif un effet utile double de celui qui vient d'être indiqué.

Ces expériences, d'accord avec les principes que nous avons exposés au n° 35 et avec tous les résultats d'observation que nous avons rapportés, ont aussi mis en évidence l'accroissement du rendement des pompes avec la hauteur d'élévation de l'eau. Aussi, avec les pompes à balancier le travail utile journalier d'un homme a été trouvé en élevant l'eau à :

24m de hauteur, égal à  89000 km

de 6 à 12m           »       73500

Avec les pompes à volant et à manivelle, ce travail a été, en élevant l'eau à :

15m,50,   égal à  163600 km

de 8 à 10m  »    131300.

*Rapport entre le volume d'eau élevé du volume engendré par le piston.* — M. Chavés a aussi comparé les pompes aspirantes et foulantes sous le point de vue du rapport des volumes d'eau élevés et du volume engendré par les pistons, ainsi que sous celui de l'influence de la vitesse des pistons sur ce même rapport.

Les résultats qu'il a obtenus confirment ceux des expériences que nous avons fait connaître et sont très-concluants. Ainsi : 1° pour des pompes à double effet, à pistons pleins, aspirantes et foulantes, il a reconnu qu'aux vitesses de :

21 à 22 coups en 1′ le débit était 0,90 du volume engendré,
24 à 29      »      »     0,87     »
47          »      »     0,80     »
67          »      »     0,64     »

2° pour les pompes à pistons plongeurs, aspirantes et foulantes, aux vitesses de :

14 à 18 coups en 1′ le débit était 0,95 du volume engendré,
20 à 28      »      »     0,92     »
35          »      »     0,87     »
45          »      »     0,75     »

d'où résulte cette conséquence que pour les pompes foulantes le rapport du volume d'eau élevé au volume engendré par le piston diminue à mesure que la vitesse augmente.

Quant aux pompes élévatoires et aux pompes d'épuisement, qui rentrent dans cette dernière catégorie, les résultats sont différents. M. Chavés a constaté que pour ces pompes aux vitesses de :

27 à 28 coups en 1′ le débit est 0,92 du volume engendré,
29 à 40      »      »     0,92     »
50 à 60      »      »     0,95     »

ce qui semblerait indiquer que le rapport du volume d'eau élevé au volume engendré par le piston croît un peu avec la vitesse du piston.

L'on sait d'ailleurs que dans quelques circonstances ce rapport a été trouvé pour ce genre de pompes supérieur à l'unité.

# POMPES EMPLOYÉES POUR LA DISTRIBUTION D'EAU DANS LES VILLES.

**189.** *De quelques appareils de distribution et d'élévation d'eau dans les villes.* — Les grandes machines à l'aide desquelles on élève et on distribue les eaux dans les villes sont soumises aux conditions et aux règles que nous avons indiquées précédemment. Malgré la diversité des dispositions adoptées, les résultats peuvent être à peu près les mêmes, pourvu que les principes soient bien observés. Nous passerons en revue quelques-uns des dispositifs appliqués par divers constructeurs.

L'usage de plus en plus répandu des grands appareils d'élévation des eaux a fait passer dans la pratique usuelle et même dans les transactions auxquelles elles donnent lieu, le mode de mesure du travail des forces que nous avons admis au n° **16** des *Notions fondamentalas*, et qui consiste, dans le cas actuel, à multiplier le poids de l'eau élevée par la hauteur d'élévation.

En effet, dans tous les traités passés en pareilles occasions, il est devenu d'usage d'estimer l'effet utile des machines par ce produit ou, suivant l'expression consacrée, *en eau élevée.*

Ainsi, quand une machine élève dans le bassin de réception $0^{m \cdot c}$,050 ou 50 kilogr. d'eau en $1''$ à $30^m$ de hauteur, on dit que son effet utile est de :

$$50^{kil} \times 30^m = 1500^{km} \text{ en } \tfrac{1500}{75} = 20^{chev}.$$

exprimés en eau élevée.

De plus, comme très-souvent les machines sont mues par un moteur à vapeur et qu'il importe de limiter la consommation de combustible au chiffre le plus bas possible, les constructeurs s'engagent ordinairement à fournir la force d'un

cheval d'effet utile exprimée en eau élevée, comme nous venons de l'expliquer, au moyen d'une consommation déterminée. Nous en verrons tout à l'heure des exemples.

Mais dans l'application de ces transactions, il se présente
une difficulté sur laquelle il est bon de donner quelques explications.

. Les machines que l'on emploie à l'élévation des eaux n'ont
pas toujours seulement à vaincre les résistances propres de
la pompe et celle qu'oppose la pesanteur à cette élévation ; il
faut de plus, la plupart du temps, qu'elles refoulent cette
eau dans des conduites d'une grande longueur , présentant
par le frottement de l'eau contre leurs parois et par leurs
dispositions particulières, des résistances additionnelles étran-
gères au jeu même de la pompe. Il ne serait donc pas équi-
table que ce surcroît de résistance fût compris dans l'effet
utile de l'appareil, sans qu'on en tînt compte.

Si l'on connaissait bien la disposition, les dimensions, les
contours, l'état intérieur des conduites, les règles de l'hydraulique que nous avons données aux n°ˢ 127 et suivants,
permettraient de calculer ce surcroît de résistances avec une
approximation suffisante ; mais, outre que tous les éléments
nécessaires ne sont pas toujours connus, l'appréciation de
leur influence n'étant à la connaissance que des ingénieurs
instruits, elle ne serait pas assez palpable pour la plupart des
administrateurs.

Il y a un moyen simple de mettre en évidence et de mesurer,
au moins avec une exactitude acceptable, la résistance totale
qu'éprouve un appareil hydraulique : c'est l'emploi d'un manomètre ordinaire, ou mieux à air libre, placé sur le réservoir d'air régulateur, dont les machines sont toujours pour-
vues. Cet instrument, convenablement disposé, indique la
pression totale que la machine doit vaincre. Cette pression
se compose : 1° de la hauteur réelle à laquelle l'eau est élevée au-dessus du point où le manomètre est placé, au-dessous du point de déversement dans le réservoir de réception,
hauteur qui est connue directement ;

2° De la hauteur de pression, qui équivaut aux résistances de la conduite.

Cette dernière hauteur est fort souvent comparable à la première.

En retranchant la première hauteur de la hauteur totale indiquée par le manomètre, l'on obtient la mesure de la pression due aux résistances de la conduite exprimée en colonne d'eau ; puis, en ajoutant celle-ci à la hauteur réelle à laquelle le débouché supérieur de la conduite se trouve, au-dessus du bassin supérieur d'alimentation, l'on obtient la hauteur totale de la pression résistante que la pompe doit vaincre. C'est cette dernière, exprimée en mètres, que l'on doit multiplier par le poids de l'eau élevée en $1''$, pour obtenir l'*effet utile mesuré en eau élevée*. Ce produit, exprimé en kilogrammes élevés à un mètre et divisé par $75^{km}$, donne l'effet utile mesuré en chevaux, lequel doit ensuite être comparé à la consommation de combustible pour reconnaître si les conditions du marché ont été remplies.

**190.** *Machines à élever les eaux des ponts d'Ivry et de Saint-Ouen.* — Ces deux machines, construites dans les ateliers de la compagnie Cavé, sont décrites dans le 12ᵉ volume de la publication industrielle de M. Armengaud, auquel nous empruntons les détails suivants :

La machine du pont d'Ivry se compose de deux pompes foulantes à simple effet, et d'une pompe, dite nourricière, à double effet, aspirante et foulante. — Celle-ci aspire l'eau de la Seine à $3^m,00$ environ au-dessous du sol de la chambre des machines et la refoule dans un réservoir situé à $3^m,00$ au-dessus des pompes élévatoires, qui dès lors ne sont plus que des pompes foulantes, dont les pistons reçoivent même l'eau dans le sens de leur mouvement d'aspiration avec une certaine pression motrice.

**191.** *Observations relatives à la pompe nourricière.* — Nous ferons remarquer de suite que la pompe nourricière, dans les circonstances dont il est question, semble une superfétation nuisible au point de vue de la bonne utilisation du travail moteur, puisqu'il donne lieu à des pertes de travail qui seraient notamment moindres si les pompes principales opéraient à la fois l'aspiration et le refoulement.

Des observations sur lesquelles nous reviendrons plus loin montrent en effet que le travail moteur, développé par le piston de cette pompe, s'élève à 7$^{chev}$,57, tandis que dans le service courant, le produit des pompes s'élève au plus à 160$^{m·c}$, à l'heure ou à 44$^{lit}$,44 par seconde, lesquels étant livrés aux pompes foulantes, au bas de la course de leur piston, ne sont en réalité élevés utilement que de 3$^{m}$,00, ce qui correspond à un effet utile de :

$$44^{lit},44 \times 3 = 133^{km},32 = 1^{chev},77.$$

ou à un rendement de 0,23 du travail moteur dépensé.

Cependant, quoique l'observation précédente soit fondée, il y a des conditions de sûreté et de facilité de service qui paraissent engager les ingénieurs à prescrire pour les grands services de distribution d'eau l'usage de ces pompes auxiliaires.

**192.** *Disposition particulière des pompes d'Ivry et de Saint-Ouen.* — Le corps de pompe, les pistons et les soupapes des pompes de ces deux appareils élévatoires présentent des dispositions spéciales sur lesquelles il est bon d'appeler l'attention (pl. IX, fig. 1).

Le corps de pompe communique par le haut et par le bas avec le tuyau d'aspiration, qui se bifurque en deux branches. Le piston est plein. Au-dessus du corps de pompe et de la branche verticale du tuyau d'aspiration est une capacité ou boîte à eau dans laquelle sont disposés les clapets d'aspiration et de refoulement; les premiers à gauche et les seconds à droite.

Quand le piston descend, les clapets de refoulement se ferment, et ceux d'aspiration s'ouvrent pour laisser passer l'eau qui vient remplir le vide formé; lorsque le piston remonte, l'eau aspirée le suit, les clapets d'aspiration se ferment et les clapets de refoulement s'ouvrent.

Il y a donc aspiration continuelle, dans la descente comme dans la montée du piston, mais il n'y a refoulement que dans la montée. Mais comme il y a deux pompes à simple effet qui agissent alternativement, le jet est suffisamment continu.

*Observation sur ce dispositif.* — Nous ferons remarquer que si le dispositif que nous venons de décrire peut, sans inconvénient, être appliqué à des pompes destinées à l'élévation continue de l'eau dans des villes où l'aspiration ne se fait pas à une grande hauteur, il pourrait en offrir, si l'on voulait l'appliquer à des pompes destinées à un service intermittent. La grandeur des tuyaux d'aspiration, celle de la boîte à eau, l'absence de soupape de retenue pourraient rendre le service de ces dernières pompes assez incommode, par la nécessité de les amorcer.

**193.** *Dimensions des pompes d'Ivry.* — La pompe nourricière a un diamètre de $0^m,560$; la course moyenne du piston est de $0^m,550$; elle peut varier de $0^m,500$ à $0^m,600$. Le volume moyen qu'engendre le piston est de $0^{m\,c},1354$ par course simple, et de $0^{m\cdot c},2708$ par course double.

La pompe foulante a un diamètre de $0^m,400$ et une course de $0^m,800$; le volume engendré par course simple est donc $0^{m\cdot c},1037$, et pour les deux pompes de $0^{m\cdot c},2074$, c'est-à-dire moindre que celui que peut fournir la pompe nourricière à double effet.

**194.** *Observations faites sur la pompe d'Ivry.* — M. Lebrun, ingénieur, a fait en 1856, sur cette pompe, des observations intéressantes, qui sont rapportées par M. Armengaud dans l'ouvrage déjà cité.

L'application d'un indicateur de la pression sur la machine à vapeur, qui, d'après les conditions du marché, devait fournir un travail disponible de 40 chevaux en marchant 12 tours par minute, avec une détente commençant à $\frac{1}{10}$ de la course du piston et sous une pression de $5^{atm},5$ à $6^{atm}$ dans la chaudière, a d'abord montré que le travail moteur développé par la vapeur sur le piston s'élevait à $60^{chev},18$.

D'une autre part, l'emploi d'un instrument analogue adapté à la pompe nourricière a fourni le diagramme ci-joint, dans lequel la course est représentée à l'échelle de $0^m,10$ pour mètre, et la pression à celle de $0^m,030$ pour 1 atmosphère.

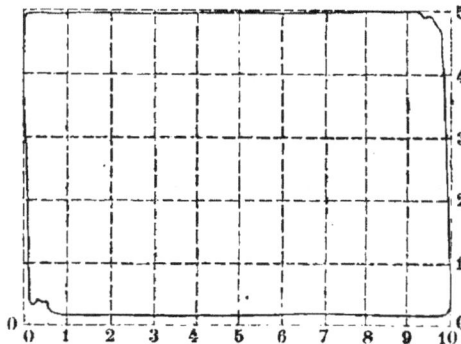

La quadrature de ce diagramme et l'observation de la vitesse, qui était de 14 tours en 1' avec une course de $0^m550$ ou une vitesse moyenne égale à

$$\frac{14 \times 2 \times 0^m,550}{60} = 0^m,257 \text{ en } 1'',$$

a montré que le travail résistant surmonté par le piston était

$$7^{chev},59,$$

ainsi que nous l'avons dit plus haut.

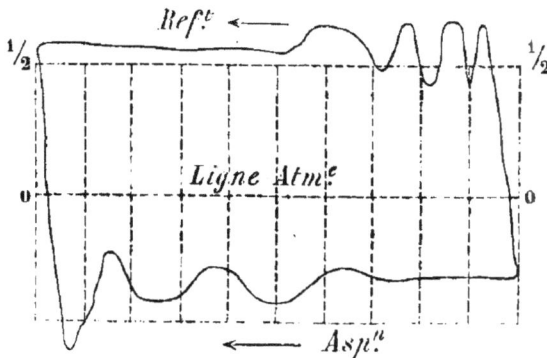

Une observation analogue, dont le diagramme est reproduit par la figure ci-dessus, a été faite sur l'une des pompes foulantes, et la quadrature de la courbe, combinée avec les dimensions du piston qui a 0$^m$,400 de diamètre et une vitesse de 0$^m$,373 en 1$''$, a montré que le travail moteur transmis par ce piston était pour les deux pompes égal à

$$32^{chev},26;$$

ce qui, joint aux 7$^{chev}$,59 consommés par la pompe nourricière, donne pour le travail utile de la machine à vapeur

$$32,26 + 7,89 = 39^{chev},85.$$

Le rendement de la machine à vapeur employée à faire mouvoir les pompes est donc égal à

$$\frac{39,85}{60,18} = 0,66$$

du travail moteur développé sur le piston par la vapeur.

Le volume d'eau élevé étant de 160$^{m \cdot c}$ à l'heure ou 44$^{lit}$,44 en 1$''$, à la vitesse de 14 tours en 1$'$, tandis que le volume engendré par les pistons est de

$$14 \times 2 \times \frac{\overline{0,460}^2}{1,273} \times 0,373 = 0^{m \cdot c},04627;$$

il s'ensuit que le rendement en volume de ces pompes est

$$\frac{6^{m \cdot c},04444}{6^{m \cdot c},04687} = 0,94.$$

L'élévation des bassins de réception au-dessus de l'étiage de la Seine étant de 48$^m$, l'effet utile estimé en eau élevée est égal à

$$\frac{44^{kil},44 \times 48}{75} = 28^{chev},4$$

ou

$$\frac{28,40}{60,18} = 0,47$$

du travail développé par la vapeur sur le piston moteur.

Mais il faut remarquer qu'à l'effet utile ainsi calculé, il convient d'ajouter le travail consommé par la résistance des parois de la conduite qui a 6400 mètres de développement et $0^m,400$ de diamètre, et qui présente sans doute aussi plusieurs coudes, dont le nombre et la disposition ne sont pas indiqués.

Pour apprécier l'influence de ces causes réunies, dont l'effet, comme nous l'avons dit au n° 188, ne peut être mis à la charge de la pompe, l'on a, dans les expériences, placé sur le réservoir à air un manomètre qui a indiqué pour la pression motrice transmise par les pistons de refoulement une pression de 54 mètres, supérieure par conséquent de 6 mètres à la hauteur du bassin de réception des eaux, placé à 48 mètres seulement.

Le travail utile de la pompe est donc en réalité égal à

$$\frac{44^{kil},44 \times 54^m}{75} = 32^{chev},$$

et son rendement est

$$\frac{32}{60,18} = 0,53$$

du travail moteur développé par la vapeur sur le piston.

**195.** *Observation relative au travail consommé par la résistance des parois.* — Si nous appliquons au cas actuel la formule du n° **146** des *Leçons sur l'hydraulique*, 2ᵉ éd., qui donne la perte de charge J par mètre courant de conduite d'eau en service, pour un diamètre $D = 0^m,400$ et un débit par seconde $Q = 0^{m\cdot c},04444$, nous trouvons

$$J = 0,3408 \times \overline{0^{m\cdot c},04444}^{2} = 0^m,000673;$$

de sorte que, pour la longueur de $L = 6400^m$, la perte de charge ou l'excédant de pression résistante due à la résistance seule des parois serait

$$JL = 0,000673 \times 6400^m = 4^m,307.$$

Le manomètre ayant indiqué une différence de 6 mètres

entre la pression résistante totale et la hauteur réelle du bassin de réception, l'excès

$$6^m - 4^m,307 = 1^m,693$$

peut être attribué aux coudes et à quelques rétrécissements ou obstructions dans la conduite.

**196.** *Dépense de combustible par force de cheval de l'effet utile.* — L'effet utile de la pompe étant, comme on vient de le voir, égal à 32 chevaux-vapeur lorsqu'elle élève $44^{lit},44$, et la consommation de combustible étant de 85 kilogrammes par heure, cela revient à une consommation de

$$\frac{85}{32} = 2^{kil},65$$

par heure et par force de cheval exprimée en eau élevée directement au-dessus de la machine.

**197.** *Machine élévatoire de Saint-Ouen.* — Les mêmes constructeurs ont établi à Saint-Ouen une machine semblable à celle d'Ivry, mais dans laquelle on a supprimé la pompe nourricière, et où les pompes, qui ont $0^m,450$ de diamètre, aspirent l'eau directement dans la Seine à 5 mètres au-dessus de l'étiage.

Il paraît cependant que, dans certaines circonstances et en particulier quand les eaux sont devenues très-basses, l'on a regretté la suppression de la pompe nourricière.

Les conditions d'établissement de la machine étaient d'élever 200 mètres cubes d'eau à l'heure, dans une conduite de $0^m,325$ de diamètre et de 4000 mètres de longueur, amenant l'eau dans les réservoirs de Fontenelle à Montmartre, placés à 65 mètres au-dessus de l'étiage de la Seine.

**198.** *Travail moteur développé par la vapeur.* — Les diagrammes relevés à l'indicateur par M. Lebrun ont montré qu'à la vitesse de 14 tours en 1′, la vapeur développait sur le piston moteur un travail égal à $68^{chev},79$.

Le diamètre des pompes est de $0^m,450$, la course de leurs pistons de $0^m,80$, ce qui, à raison de 14 coups doubles en 1', correspond à une vitesse moyenne de $0^m,373$.

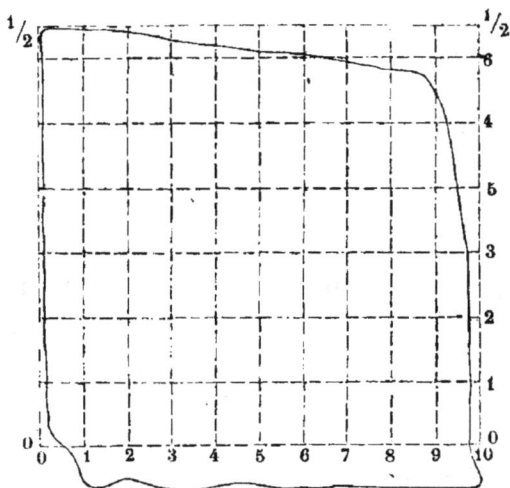

Le diagramme ci-joint a fourni, pour le travail résistant surmonté par les pistons des pompes, la valeur de $54^{ch},25$.

Ce qui établit entre ce travail, qui est réellement le travail moteur des pompes, et le travail développé par la vapeur sur le piston le rapport

$$\frac{54,25}{68,79} = 0,780.$$

*Effet utile des pompes.* — Le volume d'eau réellement élevé étant de $198^{m \cdot c},970$ à l'heure, ou $55^{lit},24$ par seconde, à la hauteur de 65 mètres, qui est celle des bassins de réception au-dessus du niveau inférieur, l'effet utile des pompes est

$$\frac{55^{kil},24 \times 65}{75} = 47^{chev},87,$$

et le rendement net de l'appareil est

$$\frac{47,87}{68,79} = 0,696$$

du travail moteur développé par la vapeur.

Mais le manomètre placé au réservoir d'air indiquant une pression résistante de 71 mètres, supérieure de 6 mètres à la hauteur réelle d'élévation par suite de la résistance des pa-

rois et des pertes de force vive, l'effet utile réel des pompes
doit être estimé à

$$\frac{55^{kil},24 \times 71}{75} = 52^{chev},29$$

et leur rendement à

$$\frac{52,29}{68,79} = 0,760$$

du travail développé par la vapeur sur le piston.

L'effet utile de ces pompes est donc supérieur à celui des
machines d'Ivry, dont elles ne diffèrent que par la suppression de la pompe nourricière, ce qui montre bien que l'emploi de cet organe auxiliaire a pour effet de diminuer beaucoup le rendement de la machine motrice. Mais les motifs
que nous avons fait connaître au n° **188** peuvent, dans beaucoup de circonstances, engager cependant à en conserver
l'usage.

**199.** *Observation relative au travail consommé par la résistance des parois.* — La formule du n° **146** des *Leçons sur
l'hydraulique* donne, pour la perte de charge J par mètre
courant dans une conduite de $0^m,450$ de diamètre débitant
un volume d'eau $Q = 0^{m\cdot c},05524$ en $1''$,

$$J = 0,1876\, Q^2 = 0^m,000572,$$

et pour le cas actuel où la longueur de la conduite est
$L = 4000^m$, la perte totale de charge, ou plutôt l'excès de
résistance à vaincre, est

$$JL = 0^m,000572 \times 4000^m = 2^m,288.$$

Il est donc probable qu'à moins que la conduite ne présente beaucoup de coudes ou des étranglements, l'indication
du manomètre qui a fait estimer le surcroît de charge à
6 mètres est un peu exagéré.

**200.** *Machine à élever les eaux de la ville de Niort.* —
MM. Cordier, habiles ingénieurs auxquels la ville de Genève
doit les appareils hydrauliques qui y élèvent les eaux du
Rhône, ont établi à Niort des machines dont les effets ont été
constatés par des expériences que nous allons faire connaître.

Deux machines à vapeur à balancier et à détente variable
font mouvoir chacune deux pompes aspirantes et foulantes
à double effet, dont la figure fera facilement comprendre le
jeu. (Pl. IX, fig. 2.)

Le piston, qui est plein, se meut dans un fourreau cylindrique en bronze alésé qui forme le corps de pompe et qui
se trouve fixe dans une boîte en fonte partagée en deux
chambres.

L'on voit facilement que, dans le mouvement du piston,
l'aspiration se fait sur l'une des faces alternativement en
même temps que le refoulement est produit par l'autre.

Le corps de pompe est vertical ainsi que les clapets quand
ils sont fermés. Ces clapets sont formés de deux épaisseurs
de cuir réunies et consolidées par trois feuilles de tôle, et
les bords du siége, ainsi que ceux de la bande de cuir qui s'y
appuie, sont taillés en biseau pour mieux assurer la fermeture.

Des regards bien placés et fermés par des tampons auto-
claves permettent de visiter facilement les clapets et l'enveloppe de la pompe pour en dégager au besoin les corps
étrangers.

L'on remarquera encore que, dans la disposition des
pompes, l'on s'est peu préoccupé de la grandeur de l'espace
nuisible, parce qu'elles marchent avec continuité et aspirent
l'eau à une petite profondeur.

Le diamètre des pistons est de 0m,350, leur course peut
être à volonté de 0m,500, 0m,566, 0m,633 et 0m,700, selon
que l'on place le manneton des bielles à ces distances de l'axe
de rotation sur un disque disposé à cet effet.

La tige des pistons ayant 0m,06 de diamètre, il convient
de tenir compte du calcul du volume d'eau élevée.

Des expériences dans lesquelles l'on a comparé le volume d'eau réellement élevé au volume engendré par les pistons ont montré que le rapport de ces volumes ou le rendement des pompes en volume était égal à

$$0,92.$$

Les eaux sont élevées directement au-dessus du réservoir inférieur à 41<sup>m</sup>,50 dans le réservoir de réception, et l'effet utile mesuré en eau réellement élevée a été trouvé égal

$$\frac{32^{kil},41 \times 41^m,50}{75} = 18 \text{ chevaux.}$$

La consommation de charbon de Cardiff correspondante à cet effet a été trouvé égale à 200 kilg. en 3 heures, pendant lesquelles on avait élevé 350<sup>m·c</sup>,06 d'eau dans le réservoir, ou 32<sup>lit</sup>,41 par seconde ; par conséquent elle était de 66<sup>kil</sup>,67 par heure, ou de

$$\frac{66,7}{18} = 3^{kil},70$$

par heure et par force de cheval mesurée en eau élevée.

Dans une autre expérience faite, le 4 mars, en marche régulière, l'on a obtenu un résultat plus favorable. La consommation moyenne des deux machines, avec une détente commençant au septième de la course et sous la pression de 4<sup>atm</sup>,30 à l'une de ces machines et de 4<sup>atm</sup>,60 à l'autre, a été de 45<sup>kil</sup>,24 de charbon de Swansea, et l'effet utile mesuré en eau élevée de 18<sup>cher</sup>,76, ce qui correspond à une consommation de

$$\frac{45,24}{18,76} = 2^{kil},41$$

par heure et par force de cheval mesurée par l'élévation de l'eau.

Ce dernier résultat se rapproche beaucoup de celui qui a été obtenu avec les machines d'Ivry de la Compagnie Cavé.

**201.** *Machine élévatoire du Pont-de-Cé.* — M. Farcot a établi, pour le service des eaux de la ville d'Angers, une machine d'une disposition particulière, dans laquelle le piston de la pompe aspirante et foulante est monté directement sur le prolongement de la tige du piston de la machine à vapeur. Cette disposition générale, qui rend la transmission du mouvement plus simple, ne dispense pas de l'emploi d'un volant destiné à régulariser le mouvement, surtout lorsque, comme dans le cas actuel, la machine à vapeur fonctionne à très-grande détente.

La pompe (pl. IX, fig. 3) est aspirante et foulante, à simple effet, reçoit un piston $p$ en fonte évidé, avec garniture de chanvre, et qui offre à son intérieur un passage annulaire à contours arrondis. Au milieu de ce piston est une sorte de moyeu destiné à servir de support à un clapet conique qui se soulève dans sa période de refoulement et s'abaisse dans celle d'aspiration. Ce clapet en bronze repose, quand il est fermé, sur deux siéges garnis de rondelles en caoutchouc, l'une sur le bord extérieur et supérieur du piston, l'autre sur son noyau ou moyeu. Dans son mouvement, il est guidé par un boulon, ce qui le relie à la tige motrice, et sa course est limitée par une rondelle d'arrêt.

Entre la tige motrice O, qui est le prolongement de celle du cylindre à vapeur et le boulon $u$ qui porte le piston, est interposé un gros cylindre creux en fonte, exactement tourné à sa surface extérieure, et qui, pénétrant dans le corps de pompe par une boîte à étoupe, fait l'office de piston plongeur.

Ce cylindre a une section, à très-peu près égale en superficie à la moitié de celle du corps de pompe ou du piston, de sorte que, quand il descend, il occupe dans ce corps de pompe et en expulse la moitié du volume engendré par le piston, et que, quand il monte dans l'aspiration, il laisse ainsi libre un volume égal à la moitié de celui qu'engendre le piston, et limite encore le volume d'eau refoulé à cette moitié.

Par ce dispositif, qui est d'ailleurs connu, et que M. Faure a employé en 1846, l'on parvient à obtenir une élévation continue de l'eau comme dans une pompe à double effet.

La soupape d'arrêt, disposée au bas du corps de pompe, est facile à visiter par le regard $q'$ ; mais, pour le piston, la visite est plus difficile, parce qu'il faut ou le soulever au-dessus du corps de pompe, ou le faire descendre au-dessous du fond $v'$.

Des observations, exécutées pendant trois journées consécutives, les 27, 28 et 29 mars 1856, ont montré que la consommation de charbon de Sunderland, par heure et par force de cheval estimée en eau élevée aux réservoirs, était respectivement égale à

$$1^{kil},468 \qquad 1^{kil},335 \qquad 1^{kil},292$$

moyenne $\qquad\qquad 1^{kil},365$

Une seconde série d'expériences faites les 18, 19 et 20 juillet 1856 a conduit à des consommations de

$$1^{kil},382 \qquad 1^{kil},233 \qquad 1^{kil},250$$

moyenne $\qquad\qquad 1^{kil},288$ par force de cheval et par heure.

La consommation moyenne peut donc être évaluée à $1^{kil},326$ par heure et par force de cheval estimée en eau élevée.

Le tableau suivant contient d'ailleurs les résultats de ces observations, pour l'intelligence desquelles il est bon de rappeler que la pression indiquée par le manomètre du réservoir d'air de la conduite ascensionnelle comprend implicitement la résistance opposée par les parois de la conduite et celles qui peuvent provenir de diverses autres causes.

RÉSULTATS DES EXPÉRIENCES FAITES SUR LES MACHINES HYDRAULI-
QUES ÉTABLIES AU PONT-DE-CÉ POUR LE SERVICE DE LA VILLE
D'ANGERS, PAR M. FARCOT.

| RÉSULTATS OBSERVÉS. | MARS | | | JUILLET | | |
|---|---|---|---|---|---|---|
| | 27 | 28 | 29 | 18 | 19 | 20 |
| | lit. | lit. | lit. | lit. | lit. | lit. |
| Volume d'eau élevé en 1". | 201535 | 193045 | 195325 | 185183 | 184459 | 187833 |
| Volume d'eau élevé en 1... | 55,98 | 53,62 | 54,25 | 52,54 | 53,44 | 54,05 |
| Pression indiquée par le manomètre du réservoir d'air. | m. 45,51 | m. 14,48 | m. 44,52 | m. 49,69 | m. 50,38 | m. 50,20 |
| Hauteur de manomètre au-dessus du niveau du réservoir inférieur........ | 6,88 | 7,10 | 7,29 | 8,16 | 8,35 | 8,45 |
| Hauteur totale de pression résistante............ | 52,39 | 51,58 | 51,81 | 57,85 | 58,73 | 58,65 |
| Travail produit par seconde en chevaux............ | 39,10 | 36,85 | 37,47 | 40,52 | 41,85 | 52,26 |
| Consommation de houille par heure............ | kil. 57,41 | kil. 49,20 | kil. 48,42 | kil. 56,00 | kil. 51,58 | kil. 52,83 |
| Charbon consommé par heure et par force de cheval d'effet utile...... | 1,468 | 1,335 | 1,292 | 1,382 | 1,233 | 1,250 |
| Moyenne......... | | 1,365 | | | 1,288 | |

**202.** *Machine à élever l'eau, établie par MM. Farcot et fils, au Port-à-l'Anglais, pour la Compagnie des eaux de Paris.* — L'appareil, dans son ensemble, se compose de deux machines à vapeur et de deux systèmes de machines élévatoires. Chacun d'eux comprend une pompe nourricière qui élève l'eau qu'elle aspire dans une bâche placée immédiatement au-dessous d'une pompe foulante, de façon que celle-ci n'aspire l'eau qu'à une très-faible hauteur.

Des dispositions particulières, fort ingénieuses, permettent de faire varier la course du piston de la pompe foulante et de la pompe nourricière, de sorte que celle-ci élève toujours un volume d'eau au moins égal à celui que la première peut refouler dans la conduite.

La pompe nourricière est à simple effet; son piston a

0$^m$,558 de diamètre, et sa course peut varier de 1 mètre à
1$^m$,133, ce qui correspond à des volumes de 0$^{m \cdot c}$,244 à 0$^{m \cdot c}$,272
par course double. La pompe foulante a 0$^m$,345 de diamètre,
et sa course peut varier de 0$^m$,350 à 0$^m$,700, ce qui permet
au volume qu'engendre ce piston de varier, par course
double, de

$$0^{m \cdot c},0652 \text{ à } 0^{m \cdot c},1304,$$

attendu que cette pompe est à double effet. Par conséquent,
chaque pompe nourricière peut au besoin alimenter les deux
pompes foulantes.

Le réservoir d'air commun aux deux pompes nourricières
a 1$^{m \cdot c}$,135, c'est-à-dire plus de quatre fois le volume engendré
par un piston de ces pompes.

Le réservoir d'air de la pompe foulante a une capacité de
3$^{mc}$,50, ou près de vingt-sept fois le volume maximum engendré par le piston dans une course double.

Les variations considérables que nous venons d'indiquer,
et qui sont facultatives, sont exigées par les conditions des
services auxquels ces pompes doivent pourvoir. Elles sont,
en effet, destinées à desservir la maison de santé de Bicêtre,
la commune de Gentilly et celle de Villejuif. L'on conçoit
dès lors combien la prudence indiquait aux ingénieurs et aux
constructeurs de précautions pour être toujours en mesure
de pourvoir à des exigences aussi diverses.

**203**. *Disposition du corps de la pompe foulante.* — La pompe
foulante à double effet est disposée d'une manière analogue à
celles de M. Cordier, comme on peut le voir dans la figure
(pl. IX, fig. 2) qui dispense d'entrer dans des détails descriptifs.

Les contours des passages que l'eau doit parcourir sont
arrondis avec soin pour maintenir, à très-peu près, partout
la même section, afin d'éviter, autant que possible, les
changements brusques de direction et de section, les pertes
de force vive ou de travail moteur qu'ils occasionnent.

Les soupapes d'aspiration et de refoulement sont aussi disposées de la manière la plus convenable.

Il est à regretter que des expériences précises n'aient pas encore été faites sur ces importantes machines.

**204.** *Pompe à double effet de MM. Farcot.* — Ces habiles ingénieurs ont construit pour l'élévation des eaux dans la ville de Lisbonne une pompe à double effet d'une disposition très-simple, et destinée à élever à 20$^m$,00 de hauteur un volume d'eau de 47 litres par tour et à marcher à volonté à des vitesses variables de 30 à 60 tours en 1'.

Cette pompe a été installée et essayée dans la galerie d'expérimentation du Conservatoire des arts et métiers, et elle a donné des résultats qu'il est utile de faire connaître.

**205.** *Description.* — La pompe dont il s'agit (pl. IX, fig. 5) a deux corps, A et A', de 0$^m$,45 de diamètre. Leurs pistons, B et B', n'ont que 0$^m$,15 de course, ce qui oblige à augmenter le nombre de coups par minute, afin d'obtenir avec la même vitesse moyenne le même volume d'eau. Nous verrons plus loin que par suite du jeu des soupapes de cette pompe, ces changements fréquents dans le sens du mouvement ont beaucoup moins d'inconvénients que dans la plupart des autres dispositifs.

Les deux pistons B et B' sont reliés respectivement par leurs tiges $b$ et $b'$ à la traverse C, dont les deux extrémités $c$, $c$ sont embrassées par les deux bielles D, D', articulées chacune à leur autre extrémité aux deux boutons de manivelles $e$, $e'$ de l'arbre horizontal E sur lequel est monté le volant G qui sert de poulie motrice.

L'on voit par cette description que tout le système de a machine est groupé dans un très-petit volume.

D'après ce dispositif les deux pistons marchent toujours simultanément dans le même sens, de sorte que l'eau passe aussi sans changement de direction dans le sens de son mouvement du tuyau d'aspiration au tuyau de refoulement, ou dans le réservoir d'air régulateur.

En effet, le piston B est garni sur toute sa surface de clapets qui s'ouvrent de haut en bas lorsqu'il monte, tandis qu'à l'inverse les clapets du piston B' s'ouvrent de bas en haut quand ce piston descend, et se ferment lorsqu'il monte.

Les deux pistons étant, par exemple, comme l'indique la figure, au bas de leur course commune lorsqu'ils s'élèvent, le piston B' produira l'aspiration au-dessous de lui, et l'eau ainsi élevée entrant dans la capacité M qui communique avec le tuyau d'aspiration, passera par les clapets ouverts du piston B. D'une autre part, l'eau située au-dessus du piston B' sera refoulée dans le réservoir régulateur pendant toute la durée de la course ascensionnelle des pistons.

Lorsque, au contraire, les deux pistons redescendront, les clapets du piston B seront fermés et refouleront au travers des clapets de B', une partie de l'eau contenue dans le réservoir N qui constitue une sorte de poche dans laquelle pourront se déposer les corps étrangers entraînés dans le mouvement, d'où l'on pourra à volonté les retirer par le regard R.

Pendant cette période, le piston B agissant comme s'il était plein aspirera l'eau par sa surface supérieure.

Les deux pistons se succéderont donc dans les effets d'aspiration et de refoulement, sans qu'il soit nécessaire de recourir à l'emploi d'aucune soupape d'arrêt.

Ainsi que nous l'avons dit un peu plus haut, le sens du mouvement de l'eau est toujours le même, ce qui diminue beaucoup les pertes de force vive et celles de travail moteur qui en sont la conséquence, et si les orifices des clapets offraient une section de passage égale à celle des tuyaux d'aspiration et de refoulement, l'on atténuerait encore davantage ces pertes.

C'est cette continuité dans le sens du mouvement de l'eau qui permet d'augmenter le nombre des coups du piston sans accroître leur vitesse moyenne et en réduisant les inconvénients de ces fréquentes alternatives de mouvement sur l'effet du jeu des articulations.

Les orifices recouverts par les clapets sont effectivement

très-grands et partagés en trois tranches parallèles formées chacune de deux ventaux inclinés par la superposition d'une lame de cuir coupée en biseau le long des lèvres de contact et d'une lame épaisse de caoutchouc servant de ressort et constituant la charnière avec la lame de cuir.

Ces deux lames flexibles sont recouvertes par une plaque de métal qui donne à chaque ventail la rigidité nécessaire. En proportionnant convenablement les épaisseurs de la lame de caoutchouc, l'on peut donner au ressort qu'elle forme la force convenable.

La figure (pl. IX, fig. 4 *bis*) représente cette disposition du piston B et de ses clapets, dont l'un est supposé ouvert et les deux autres fermés.

$m$ est la lame de cuir,

$n$ celle de caoutchouc faisant ressort,

$p$ la garniture en métal.

Le clapet peut s'ouvrir jusqu'au contact des arrêts $q$ fixés au piston.

Les clapets de refoulement sont disposés d'une manière identique pour le piston B'.

**206.** *Résultats des expériences.* — L'installation d'une pompe aussi puissante dans la galerie d'expériences du Conservatoire présentait quelques difficultés. Elle a pu néanmoins y être faite assez convenablement, quoique les tuyaux d'aspiration et de refoulement n'ayant que $0^m,18$ de diamètre, ou une section égale au sixième environ de celle des cylindres, il en résultât une vitesse trop grande dans ces tuyaux et par suite une perte de travail qui serait évitée dans le service courant.

Afin de tenir compte autant que possible de cette condition défavorable des expériences, l'on a mis le réservoir d'air de la pompe en communication avec un manomètre à air libre pour déduire des indications de cet instrument une appréciation de la hauteur à laquelle l'eau pourrait être élevée, si les résistances des conduits étaient réduites à des proportions plus favorables.

Dans ces expériences, le travail moteur était mesuré à l'aide d'un dynamomètre de rotation à style, et le débit de la pompe était déterminé en recevant l'eau dans le réservoir à section rectangulaire régulière de la tour.

La comparaison du volume d'eau réellement élevée aux volumes engendrés par les pistons a d'abord conduit à reconnaître que, dans toutes les expériences, le rapport de ces volumes a été compris entre

$$0,90 \quad \text{et} \quad 0,98.$$

Quant au rendement ou au rapport de l'effet utile au travail moteur, il a été estimé de deux manières différentes :

1º L'une, la plus défavorable, eu égard aux circonstances dans lesquelles les expériences ont été faites et que nous avons indiquées plus haut, en prenant pour mesure de l'effet utile le produit du poids de l'eau élevée et de la hauteur d'élévation ou du bassin inférieur d'aspiration au bassin supérieur de réception ;

2º L'autre, un peu trop favorable, en estimant l'effet utile par le produit du poids de l'eau élevée et de la hauteur de pression indiquée par le manomètre, ce qui revient à faire abstraction des pertes de travail occasionnées par les conduits de refoulement.

La première de ces estimations tend évidemment à donner au rendement de la machine une valeur minimum, la seconde une valeur maximum. La valeur exacte sera nécessairement comprise entre les deux précédentes, et quand, pour les applications, l'on ne comptera que sur la première l'on ne risquera guère de se tromper en moins, pour peu que les dispositions prises soient convenables.

L'interposition d'un manomètre a aussi permis de faire faire une expérience intéressante dans laquelle on a en quelque sorte produit l'effet d'une élévation de l'eau à une hauteur bien supérieure à celle du bassin de réception le

plus élevé. En produisant dans la conduite au delà du manomètre un rétrécissement ou plutôt un étranglement très-considérable du tuyau de refoulement, l'on a occasionné au jeu
de la pompe une résistance additionnelle équivalente à celle
d'une hauteur d'élévation plus considérable, et qui était indiquée par la colonne manométrique. Il en est résulté que,
dans les comparaisons où l'on a pris pour hauteurs réelles
d'élévation de l'eau les hauteurs de pression indiquées par
le manomètre, l'on a pu comprendre les résultats de l'expérience faite dans ces conditions; ce qui a permis de constater la variation qu'éprouve le rendement de l'appareil avec
la hauteur.

Les résultats des deux modes d'appréciation du rendement
de la pompe dont nous venons de parler sont consignés dans
le tableau suivant :

EXPÉRIENCES SUR UNE POMPE ASPIRANTE ET FOULANTE, CONSTRUITE
PAR MM. FARCOT POUR LA VILLE DE LISBONNE, EXÉCUTÉES AU CON-
SERVATOIRE DES ARTS ET MÉTIERS.

| NUMÉROS des expériences. | HAUTEUR réelle d'élévation. | RENDEMENT correspondant. | HAUTEUR d'élévation estimée avec le manomètre. | RENDEMENT correspondant. |
|---|---|---|---|---|
| | m. | | m. | |
| 33,0 | 4,30 | 0,431 | 4,12 | 0,431 |
| 42,4 | 4,30 | 0,430 | 4,25 | 0,431 |
| 55,1 | 4,30 | 0,413 | 4,26 | 0,447 |
| 60,5 | 4,30 | 0,456 | 5,07 | 0,537 |
| 5 | 4,30 | 0,432 | 4,42 | 0,461 |
| 23,75 | 7,05 | 0,636 | 7,08 | 0,637 |
| 45,48 | 7,05 | 0,492 | 7,60 | 0,530 |
| 60,00 | 7,05 | 0,448 | 8,33 | 0,530 |
| | 7,05 | 0,525 | 7,67 | 0,566 |
| 39,62 | 10,225 | 0,667 | 10,16 | 0,667 |
| 43,75 | 10,225 | 0,690 | 10,16 | 0,690 |
| 40,50 | 10,180 | 0,612 | 10,12 | 0,612 |
| 55,00 | 10,180 | 0,594 | 10,34 | 0,632 |
| 28,00 | 10,180 | 0,670 | 10,84 | 0,714 |
| | 10,15 | 0,647 | 10,38 | 0,662 |
| 31,0 | 13,05 | 0,736 | 12,98 | 0,736 |
| 24,33 | 13,25 | 0,692 | 13,91 | 0,737 |
| 52,68 | 13,05 | 0,674 | 13,91 | 0,710 |
| 32,50 | 13,25 | 0,624 | 14,11 | 0,665 } 0,707 |
| 55,00 | 13,05 | 0,642 | 14,32 | 0,704 |
| 50,00 | 13,25 | 0,626 | 15,04 | 0,710 |
| 61,98 | 13,05 | 0,567 | 15,55 | 0,687 |
| 55,00 | 13,05 | 0,360 | 23,00 | 0,704 |
| | 13,14 | 0,653 | 14,26 | 0,707 |

**207.** *Conséquences des résultats contenus dans le tableau précédent.* — Quoique l'observation des hauteurs de pression à l'aide
du manomètre présente, comme on le voit, des irrégularités
assez grandes, l'ensemble de ces expériences permet de vérifier ce fait important, que nous avons déjà signalé plusieurs
fois, et qui est, du reste, d'accord avec la théorie que le rendement des pompes augmente avec la hauteur à laquelle
elles élèvent l'eau.

Ainsi les moyennes des quatre séries d'expériences ont

pour des hauteurs d'élévation très-différentes les valeurs suivantes :

| DÉSIGNATION. | HAUTEUR D'ÉLÉVATION | | RENDEMENT MESURÉ par la hauteur | |
|---|---|---|---|---|
| | réelle moyenne. | indiquée par le manomètre. | réelle. | indiquée par le manomètre. |
| 1er bassin...... | m. 4,30 | m. 4,42 | 0,432 | 0,461 |
| 2e bassin...... | 7,05 | 7,67 | 0,525 | 0,566 |
| 3e bassin...... | 10,15 | 10,32 | 0,647 | 0,662 |
| 4e bassin...... | 13,14 | 14,26 | 0,652 | 0,707 |

Nous avons exclu du calcul des moyennes les résultats de
l'expérience faite en produisant un étranglement dans le
tuyau de refoulement pour laquelle la hauteur de pression
indiquée par le manomètre était égale à 23 mètres et le rendement correspondant égal à 0,704. Si l'on réfléchit que, outre
l'augmentation de pression résistante observée, cet étranglement produisait une perte de force vive très-considérable,
l'on reconnaîtra que cette expérience même n'est pas en
désaccord avec les précédentes pour manifester l'accroissement du rendement des pompes avec la hauteur à laquelle
elles élèvent l'eau.

**208.** *Influence de la vitesse sur le rendement.* — Malgré une
anomalie offerte par la première série d'expériences, l'ensemble des résultats montre bien qu'aux petites vitesses le
rendement est supérieur à celui des grandes. Mais il faut
d'ailleurs observer que dans les expériences faites sur cette
pompe, dont les pistons n'ont qu'une course de $0^m,15$, la
grande vitesse de 60 coups à la minute ne correspond au
plus qu'à une vitesse moyenne des pistons égale à

$$2 \times 0,15 \frac{60}{60} = 0^m,30,$$

ce qui est encore une vitesse très-modérée.

Tant que la vitesse ne dépasse pas 45 tours de l'arbre des manivelles en 1', l'on entend à peine le mouvement des clapets.

En résumé, les résultats fournis par cette pompe ont été très-favorables, et si l'idée de faire passer l'eau dans le même sens et successivement par deux pistons accouplés a été appliquée déjà de diverses manières et en particulier par M. Stolz père, dans sa petite pompe de ménage, la bonne disposition des clapets et l'agencement général de la pompe de MM. Farcot n'en doivent pas moins être regardés comme des perfectionnements importants.

**209.** *Des anciennes pompes d'épuisement des mines.*—Dans les anciennes exploitations de mines, à une époque où les bons ouvriers mécaniciens et les bons outils de construction étaient également rares, les exploitations de mines situées au milieu des forêts et loin des villes étaient en général faites à l'aide des moyens les plus simples et les plus grossiers.

Les pompes dont le corps et les tuyaux étaient en bois étaient la plupart simplement aspirantes et disposées en étages, de manière que les unes aspiraient l'eau qui avait été élevée par les autres et déversée dans des bassins étagés de réception.

La rapidité d'usure des garnitures du piston, la difficulté de leur remplacement et de celles des soupapes, la solidarité des pompes qui les paralysait toutes lorsque l'une était arrêtée, la multiplicité des résistances passives développées, les frais considérables d'entretien, et surtout les pertes occasionnées par les chômages qu'entraînaient les réparations, tous ces inconvénients ont depuis longtemps fait remplacer ces anciens engins par des pompes dont les corps et tous les tuyaux sont en métal, dont toutes les parties ajustées avec soin sont faciles à visiter et à réparer, et qui, par la perfection de leur exécution, échappent à la plupart des inconvénients que nous venons d'indiquer.

Par suite de ces progrès, les pompes d'épuisement des

mines sont arrivées à un état de perfection très-comparable à celui des pompes employées pour élever l'eau destinée à la distribution dans les villes. Aussi n'aurons-nous pas à distinguer ces deux sortes d'appareils.

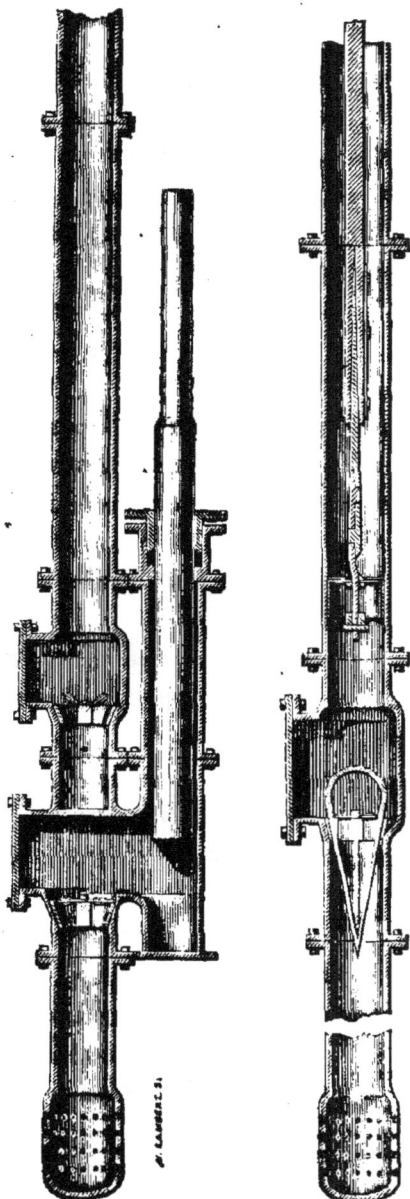

**210**. *Grandes pompes élévatoires.*— La figure ci-contre donne une idée des pompes de ce genre, et fait voir que le corps de pompe proprement dit, en fonte ou en bronze alesé, reçoit un piston muni de deux soupapes, et que la soupape d'aspiration, ordinairement placée à 7 ou 8 mètres au plus du niveau inférieur des eaux, se trouve au bas d'une sorte de boîte ou chapelle, et dont la porte peut s'ouvrir pour visiter et remplacer cette soupape et même le piston.

Dans ces pompes le tuyau d'aspiration et le tuyau d'élévation ont un diamètre à très-peu près égal à celui du piston.

Mais si ces pompes sont simples dans leur construction, elles présentent l'inconvénient grave que la colonne d'eau, souvent d'une grande hauteur qui presse sur le piston, monte et redescend à chaque oscillation d'une quantité égale à la course du piston et que leur jeu est nécessairement très-intermittent.

**211.** *Des pompes foulantes à piston plongeur.*—L'on emploie généralement aujourd'hui des pompes dont le piston est un cylindre le plus souvent en bronze exactement tourné à l'extérieur, et qui se meut dans un corps de pompe placé latéralement aux tuyaux d'aspiration et de refoulement qui peut ainsi être placé dans le prolongement l'un de l'autre.

La partie supérieure du corps de pompe porte un presse-étoupes qui s'oppose aux fuites d'eau, et le corps de pompe n'a pas besoin d'être alesé.

La figure suffit pour faire comprendre le jeu de cette pompe dont le piston aspire en s'élevant et refoule en descendant.

Quelquefois, mais rarement, la disposition inverse est adoptée. Le piston aspire en descendant et refoule en remontant.

Dans les pompes exécutées avec précision, le volume d'eau élevé à chaque coup est presque toujours supérieur à 0,90 du volume engendré par le piston.

**212.** *Consommation de charbon des grandes pompes de Cornouailles.* — Les relevés mensuels traduits avec beaucoup d'exactitude des résultats obtenus avec les machines de Cornouailles les plus perfectionnées, dans lesquelles la vapeur est employée avec détente et condensation, ont montré qu'en 1835 l'effet utile mesuré en eau élevée par heure atteignait en moyenne, pour toutes les machines dont les comptes étaient régulièrement tenus, les valeurs suivantes :

| DIAMÈTRE des CYLINDRES A VAPEUR. | TRAVAIL MOYEN par kilogramme de houille brûlée. | CONSOMMATION par force de cheval et par heure. |
|---|---|---|
| | kil. | kil. |
| Au-dessous de 0,761 | 93133 | 2,89 |
| — 0,761 à 1,017 | 103741 | 2,60 |
| — 1,017 à 1,270 | 132575 | 2,20 |
| — 1,270 à 1,524 | 138641 | 2,04 |
| — 1,524 à 1,780 | 141979 | 1,90 |
| — 1,780 à 2,030 | 175235 | 1,54 |
| — 2,030 à 2,285 | 149998 | 1,80 |

En supposant que la consommation d'un kilogramme corresponde à une heure de travail et en se rappelant que l'unité appelée force de cheval équivaut en une heure à

$$75^{km} \times 3600 = 270000^{km}.$$

Il est facile de ramener les résultats de la 2ᵉ colonne du tableau précédent à la consommation de charbon par force de cheval estimée en eau élevée. Il suffit en effet de diviser chacun des nombres de la 2ᵉ colonne par 270000, ce qui donnerait la force en chevaux correspondante à la consommation d'un kilogramme de houille, et réciproquement la consommation de houille par heure et par force de cheval estimée en eau élevée. C'est ainsi qu'a été calculée la 3ᵉ colonne du tableau précédent.

FIN.

# TABLE DES MATIÈRES.

*Rappel de quelques principes généraux.*

Nᵒˢ.                                                                      Pages.

1. Des machines à élever l'eau.................................... 1
2. Rappel de quelques principes................................ 2
3. Pertes de force vive et de travail produites par les chocs........ 2
4. Travail perdu pendant la période de compression du choc de deux
   corps non élastiques.......................................... 3
5. Perte de force vive ou de travail moteur à la sortie de l'eau..... 5
6. Conséquences et règles qui découlent de ce qui précède........ 6
7. Avantages des mouvements continus........................... 6

*Des soupapes.*

8. Des soupapes................................................. 8
9. Des soupapes à clapets....................................... 8
10. Des soupapes à soulèvement................................. 12
11. Des soupapes à double siége................................. 13
12. Des soupapes tronconiques................................... 15
13. Des soupapes à boulets sphériques........................... 16
14. Des soupapes en caoutchouc................................. 17
15. Dispositions pour la visite des soupapes..................... 18

*De la mise en marche des pompes.*

16. Théorie du mouvement de l'eau dans les pompes.............. 20
17. Période d'aspiration.......................................... 20
18. Limite de la hauteur d'aspiration des pompes................. 25
19. Influence de la soupape d'aspiration.......................... 28
20. Influence des orifices de passage de l'eau.................... 29
21. Cas où l'on est momentanément obligé de faire marcher le piston
    très-vite.................................................... 30
22. Emplacement de la soupape d'aspiration...................... 30
23. Observations relatives aux pompes aspirantes et foulantes...... 30
24. Observation relative aux pompes placées à une petite hauteur au-
    dessous du niveau inférieur................................. 31

*Du mouvement de l'eau dans les pompes.*

25. Circonstances du mouvement de l'eau dans les différentes parties
    d'une pompe................................................ 32
26. Expression du frottement du piston dans les corps de pompe.... 33
27. Applications................................................. 35

Nᵒˢ.                                                                    Pages.

28. Emploi du manomètre pour la mesure de la pression résistante
      totale surmontée par les pompes............................ 38
29. Travail développé par les puissances et par les résistances....... 38
30. Travail des forces extérieures................................. 39
31. Influence de la résistance des parois......................... 41
32. Calculs de la résistance des parois dans les pompes foulantes.... 47
33. Application aux pompes à incendie............................ 48

*Rendement des pompes.*

34. Expression des pertes de force vive dans les pompes aspirantes d'é-
      lévations.................................................. 50
35. Expression du rendement des pompes élévatoires............... 54
36. Applications................................................ 55
37. Pertes de force vive dans les pompes foulantes................ 58
38. Calcul du rendement des pompes à incendie et comparaison avec
      les résultats des expériences.............................. 62
39. Influence du réservoir d'air employé dans les pompes comme ap-
      pareil régulateur.......................................... 66
40. De la capacité du réservoir d'air............................ 68

*Machines simples employées aux épuisements temporaires.*

41. Des machines employées aux épuisements...................... 72
42. Baquetage.................................................. 72
43. Écopes..................................................... 73
44. Emploi du van.............................................. 73
45. Écopes hollandaises......................................... 74
46. Auges mobiles.............................................. 74
47. Auges à soupapes........................................... 75
48. Balance à double zigzag..................................... 75
49. Seaux à bascule............................................ 75

*Machines d'épuisement.*

50. Manège des maraîchers...................................... 78
51. Des puits ordinaires........................................ 80
52. Puits à treuil.............................................. 81
53. Du chapelet................................................ 82
54. Du chapelet incliné......................................... 82
55. Résultats d'observations sur les chapelets inclinés........... 85
56. Du chapelet vertical........................................ 86
57. Perfectionnement dont le chapelet vertical paraît susceptible..... 87
58. Emploi du chapelet vertical comme moteur.................... 87

*Machines élévatoires employées à l'irrigation.*

59. Des norias ou chaînes à pots................................ 89

**N°°.**      **Pages.**

60. Inconvénients des norias........................................ 90
61. Noria de M. Gateau............................................ 91
62. Rendement des norias.......................................... 91
63. Noria de M. Burel............................................. 92
64. Roue chinoise................................................. 93
65. Expériences sur la roue chinoise du Conservatoire des Arts et
     Métiers..................................................... 94
66. Roue à tympan................................................ 96
67. Perfectionnements proposés pour les tympans.................. 98
68. Comparaison du tympan des anciens avec le tympan à dévelop-
     pantes de cercle............................................ 99
69. Détermination du diamètre du noyau creux du tympan.......... 101
70. Roue à pots ou à godets...................................... 102
71. Roue à augets employés à Bayonne en 1834.................... 103
72. Theorie des effets de cette roue à augets................... 104
73. Tracé des augets............................................. 107
74. Nécessité d'un clapet........................................ 109
75. Vitesse de la roue........................................... 109
76. Résultats d'observations..................................... 110
77. Règle pratique............................................... 111
78. Des roues à aubes planes emboîtées dans un coursier circulaire,
     appelées Flashweels........................................ 111
79. Établissement d'une roue à aubes pour l'élévation des eaux... 113
80. De la vis d'Archimède........................................ 115
81. Avantages et rendement de la vis d'Archimède................ 116
82. De la pompe spirale.......................................... 117
83. Expériences faites au Conservatoire des Arts et Métiers...... 122
84. Conséquences des résultats consignés dans le tableau précédent. 123
85. Proportion des tuyaux........................................ 125
86. Assemblage du tuyau des spires avec le tuyau d'ascension..... 128

*Pompes rotatives.*

87. Des pompes rotatives......................................... 129
88. Pompes à engrenages.......................................... 130
89. Pompes rotatives diverses.................................... 130
90. Pompe rotative de M. Stolz................................... 131
91. Pompe rotative à engrenages de M. Leclerc................... 131

*Machines élévatoires à force centrifuge.*

92. Machine élévatoire à force centrifuge de Le Demours.......... 131
93. Pompe à force centrifuge du marquis Ducrest, colonel du régi-
     ment d'Auvergne............................................ 133
94. Pompe à force centrifuge de M. Piatti....................... 134
95. Des pompes à force centrifuge................................ 135
96. Pompe à force centrifuge de M. Appold....................... 137
97. Expériences sur les pompes de M. Appold..................... 138

| N°⁸. | | Pages. |
|---|---|---|

98. Conséquences de ces expériences........................... 140
99. Considérations théoriques sur les pompes à force centrifuge..... 140
100. Formule pratique déduite de l'expérience.................... 142
101. Rapport des aires d'entrée et de sortie de l'eau à travers la roue, et règles pratiques........................................ 144
102. Observation sur la limite de la vitesse que l'on peut imprimer à une pompe à force centrifuge............................... 149
103. Application............................................... 150
104. Détermination de l'aire des sections de passage de l'eau à travers la roue.................................................... 151
105. Autre manière de régler l'aire des sections de passage de l'eau à travers la roue........................................... 153
106. Pompe à force centrifuge de M. Gwinne..................... 153
Expériences sur cette pompe.............................. 155
107. Conséquences des résultats consignés dans le tableau précédent. 157
108. Pompe centrifuge à disques multiples de M. Gwinne........... 158
109. Pompe centrifuge à disques multiples de M. Girard........... 159
110. Installation de l'appareil pour les expériences. Résultats....... 161
111. Observations sur les données et sur les résultats consignés dans le tableau précédent.................................... 165
112. Conséquences de ces résultats............................. 165
113. Cas où le mouvement serait directement transmis à l'appareil par une machine à vapeur à grande vitesse, et expériences sur la résistance de la transmission du mouvement............... 167
114. Observations sur cette vérification des indications du dynamomètre de rotation......................................... 168
115. Conclusion des expériences sur la pompe centrifuge à disques superposés de M. Girard................................... 168
116. Pompe à hélice verticale.................................. 169
117. Résultats d'expériences................................... 169
118. Conséquences de ces expériences........................... 172
119. Machine de Véra.......................................... 172

*Appareils divers.*

120. Appareil pneumatique à élever l'eau......................... 175
121. Effets analogues à celui de l'appareil précédent.............. 179
122. Canne hydraulique........................................ 179

*Béliers hydrauliques.*

123. Du bélier hydraulique..................................... 180
124. Bélier hydraulique de Montgolfier........................... 181
125. Expériences de l'abbé Bossut sur un bélier hydraulique de Montgolfier.................................................... 182
126. Autres observations....................................... 184
127. Observation sur la durée de ces machines.................... 186

| N⁰ˢ. | | Pages. |
|---|---|---|

128. Expériences d'Eytelwein sur le bélier hydraulique............ 186
129. Disposition des soupapes.................................. 187
130. De la manière de calculer le rendement d'un bélier hydraulique 190
131. De l'influence de la forme de la boîte à soupape d'arrêt........ 191
132. Conséquences de ces expé iences........................... 191
133. Influence de la grandeur de l'orifice de la soupape d'arrêt...... 193
134. Conséquences des résultats consignés dans le tableau précédent.. 194
135. Influence de la distance des soupapes...................... 195
136. Du choix des soupapes.................................... 196
137. Influence du poids de la soupape d'arrêt sur le rendement....... 196
138. Expériences sur le mouvement de la soupape d'arrêt.......... 197
139. Influence de la hauteur du niveau des eaux d'aval sur le rende-
     ment................................................... 203
140. Conséquences de ces expériences.......................... 204
141. Influence du réservoir d'air............................... 204
142. Conséquences des résultats précédents..................... 205
143. Influence de la longueur du tuyau conducteur sur le rendement. 205
144. Influence du rapport des hauteurs d'ascension et de chute sur le
     rendement.............................................. 210
145. Expériences spéciales d'Eytelwein sur l'influence du rapport des
     hauteurs de chute et d'ascension sur le rendement.......... 213
146. Conséquences des résultats consignés dans le tableau précédent. 214
147. Détermination du volume d'eau perdue et du volume d'eau
     élevée....    .................. .................    ..... 216
148. Application.............................................. 216
149. Diamètre du tuyau d'ascension............................ 217
150. Marche à suivre pour déterminer les proportions d'un bélier hy-
     draulique............................................... 220
151. Bélier hydraulique appelé hypsydre....................... 221
152. Résultats d'expériences.................................. 223
153. Observations sur les résultats consignés dans le tableau précé-
     dent................................................... 224
154. Machine hydraulique de M. de Caligny.................... 224
     Bélier hydraulique de M. Foex........................... 230
155. Balancier hydraulique de M. Dartigues................... 234

### Machines à colonne d'eau.

156. Machine à colonne d'eau de Bélidor....................... 236
157. Machine à colonne d'eau de la mine de Huelgoat (Finistère).... 238
158. Description de la machine................................ 239
159. Effet utile de la machine à colonne d'eau de Huelgoat......... 242
160. Machine à colonne d'eau des salines de Saint-Nicolas Varangeville
     (Meurthe).............................................. 243
161. Conditions d'établissement des machines à colonne d'eau....... 245
162. Établissement d'une machine à colonne d'eau horizontale....... 246

### Pompes oscillantes.

N°°.                                                                    Pages.
164. Pompe de Bramah...........................................  249
165. Pompe de M. Vasselle......................................  250
166. Pompe oscillante à corps sphérique.......................  251


### Expériences sur les pompes.

167. Pompe rustique de M. de Valcourt..........................  253
168. Expériences sur les pompes à incendie.....................  258
169. Pompe à incendie aspirante et foulante de M. Carl Metz, de Heidelberg...........................................  259
170. Pompe à incendie de M. Merry Weather, de Londres..........  261
171. Conséquences de ces expériences...........................  263
172. Pompe à incendie de M. Tylor (Angleterre).................  263
173. Conséquences de ces expériences...........................  265
     Expériences sur la pompe aspirante et foulante à incendie de M. Letestu............................................  266
174. Conséquences de ces expériences...........................  267
175. Pompe de M. Perry, de Montréal (Canada)...................  268
176. Conséquences des expériences précédentes..................  270
     Expériences sur une pompe à incendie à deux corps de M. Flaud.  271
177. Pompes à double piston dans un seul corps de M. Perrin....  272
     Pompe à incendie de M. Lemoine, de Québec.................  276
178. Conclusions relatives aux pompes à incendie...............  277
179. Pompe jumelle de M. Stolz.................................  277


### Pompes d'épuisement.

180. Pompe d'épuisement de M. Denizot..........................  278
181. Conséquences des résultats contenus dans le tableau précédent..  280
182. Pompe d'épuisement de M. Delpech, de Castres..............  280
183. Conséquences des résultats précédents.....................  282
184. Pompe d'épuisement de M. Letestu..........................  283
     Conséquences des expériences..............................  283
185. Pompe d'épuisement de M. Nillus, du Havre.................  284
186. Conséquences des expériences..............................  285
187. Conclusions générales relatives aux pompes d'épuisement...  285


### Comparaison des pompes à balancier et des pompes à manivelle.

188. Expériences comparatives sur l'emploi des hommes aux pompes à balancier ou à manivelle, par M. Chavés...............  286
     Rapport entre le volume d'eau élevé et le volume engendré par le piston................................................  287

*Pompes employées pour la distribution d'eau dans les villes.*

| Nᵒˢ. | | Pages. |
|---|---|---|
| 189. | De quelques appareils de distribution et d'élévation d'eau dans les villes. | 289 |
| 190. | Machines à élever les eaux du pont d'Ivry et de Saint-Ouen. | 291 |
| 191. | Observations relatives à la pompe nourricière. | 291 |
| 192. | Disposition particulière des pompes d'Ivry et de Saint-Ouen. | 292 |
| | Observations sur ce dispositif. | 293 |
| 193. | Dimensions des pompes d'Ivry. | 293 |
| 194. | Observations sur la pompe d'Ivry. | 293 |
| 195. | Observation relative au travail consommé par la résistance des parois. | 296 |
| 196. | Dépense de combustible par force de cheval de l'effet utile. | 297 |
| 197. | Machines élévatoires de Saint-Ouen. | 297 |
| 198. | Travail moteur développé par la vapeur. | 297 |
| 199. | Observation relative au travail consommé par la résistance des parois. | 299 |
| 200. | Machine à élever les eaux de la ville de Niort. | 300 |
| 201. | Machine élévatoire du pont de Cé. | 302 |
| 202. | Machine à élever l'eau établie par MM. Farcot et fils au Port-à-l'Anglais. | 304 |
| 203. | Disposition du corps de la pompe foulante. | 305 |
| 204. | Pompe à double effet de MM. Farcot. | 306 |
| 205. | Description. | 306 |
| 206. | Résultats des expériences. | 308 |
| 207. | Conséquences des résultats contenus dans le tableau précédent. | 311 |
| 208. | Influence de la vitesse sur le rendement. | 312 |
| 209. | Des anciennes pompes d'épuisement des mines. | 313 |
| 210. | Grandes pompes élévatoires. | 314 |
| 211. | Des pompes à piston plongeur. | 315 |
| 212. | Consommation de charbon des grandes pompes de Cornouailles. | 315 |

FIN DE LA TABLE.

PARIS. — IMPRIMERIE DE CH. LAHURE ET C.
Rue de Fleurus, 9